OpenCV · Python

머신러닝 · 딥러닝 프로그래밍

김동근 지음

Machine Learning & Deep Learning with OpenCV-Python

OpenCV Machine Learning(EM · SVM · ANN_MLP)

TensorFlow model training · save(PB · ONNX)

Pytorch Model training · save(ONNX)

OpenCV DNN(Deep Neural Networks) + Tensorflow · Pytorch

Obect Detection with OpenCV(YOLO · R-CNN · MASK R-CNN · SSD)

KM 가메출판사

지은이 　김동근

펴낸이 　이병렬

펴낸곳 　도서출판 가메 https://www.kame.co.kr

주소 　서울시 마포구 양화로 56, 504호(서교동, 동양한강트레벨)

전화 　02-322-8317

팩스 　0303-3130-8317

이메일 　km@kame.co.kr

등록 　제313-2009-264호

발행 　2022년 3월 30일 1쇄 발행

정가 　26,000원

ISBN 　978-89-8078-311-3

표지/편집디자인 　편집디자인팀

Preface

OpenCV는 BSD 라이센스를 갖는 오픈소스 컴퓨터 비전(Computer Vision) 라이브러리입니다. OpenCV는 C/C++로 구현되었고, 소스가 공개되어있어 사용자가 재빌드할 수 있으며, 윈도우즈, 리눅스, iOS, 안드로이드 등의 다양한 플랫폼에서 C, C++, Python, JAVA 등의 언어로 사용할 수 있습니다. 이 책은 2022년 3월 현재 최신 파이썬 버전인 opencv-python 4.5.5를 사용합니다.

이 책은 필자는 그동안 가메출판사에서 출간한 OpenCV 책과 관련 있습니다. 이 책은 OpenCV의 머신러닝 모듈(cv2.ml)과 딥러닝(cv2.dnn)모듈에 대해 설명합니다.

    ⓪ OpenCV Programming/2010년(초판), 2011년(개정판)
    ⓪ OpenCV 컴퓨터 비전 프로그래밍/2014년
    ⓪ C++ API OpenCV 프로그래밍/2015(초판), 2016(개정판)
    ⓪ Python으로 배우는 OpenCV 프로그래밍/2018(초판), 2021(개정판)

이 책의 구성은 다음과 같습니다.

1장은 영상처리, 컴퓨터 비전, 인공지능, 머신러닝, 딥러닝, 딥러닝 프레임워크, OpenCV, DNN 모듈, SW 설치 등을 설명합니다.

2장은 머신러닝(cv2.ml) 모듈을 설명합니다.

3장은 머신러닝(cv2.ml) 모듈을 이용하여 IRIS, MNIST 데이터 분류, 필기 숫자 인식, cv2.CascadeClassifier에 의한 물체 검출, Extra 모듈에 포함된 cv2.face의 얼굴인식을 설명합니다.

4장은 훈련 데이터를 사용한 TensorFlow, PyTorch의 훈련, 모델 동결, ONNX 출력에 대해서 설명합니다.

5장은 TensorFlow, PyTorch 등으로 훈련된 모델(*.pb, *.onnx)을 OpenCV에서 로드하여 영상을 분류하는 방법을 설명합니다.

6장에서 YOLO(You Only Look Once)로 훈련된 모델을 DNN 모듈을 이용한 물체를 검출하는 방법과 DNN 모델로 로드할 수 없는 ONNX 모델을 onnxruntime으로 실행하는 방법을 설명합니다.

7장은 영역 기반의 Faster R-CNN, Mask R-CNN, SSD(Single Shot Multibox Detector)를 이용한 물체에 대해 설명합니다.

머신러닝과 딥러닝에서 학습(learning)과 훈련(training)은 서로 연관되어 있어, 많은 경우 혼용하여 사용하기도 합니다. 훈련(training)은 반복 프로그램에 의해 구체적 목표에 도달하도록 연습생(trainee, model)을 가르치는 것을 의미합니다. 학습(learning)은 다양한 훈련, 경험 활동을 통해 새로운 지식을 배워가는 일련의 과정으로 훈련보다 보다 넓은 의미입니다.

인공지능에서는 머신러닝(machine learning), 감독학습(supervised learning), 무감독학습(unsupervised learning), 강화학습(reinforcement learning), 딥러닝(deep learning), 전이학습(transfer learning) 등과 같이 넓은 개념으로 학습을 사용합니다. 훈련(training)은 구체적으로 모델을 생성하고, 훈련 데이터에 대해, 목표하는 출력이 나오도록 최적화 방법을 사용하여 반복적으로 모델의 파라미터를 갱신하는 과정입니다.

이 책의 독자는 파이썬 언어에 대한 기초 이해를 필요로 합니다. 파이썬을 기반으로 OpenCV, Tensorflow, PyTorch, ONNX 등을 사용하고 있습니다. 끝으로, 책 출판에 수고해 주신 가메출판사의 관계자 여러분께 감사드리며, 독자 여러분의 영상처리, 컴퓨터 비전, 딥러닝 공부에 도움이 되길 바랍니다.

김 동 근

Contents

CHAPTER 06 YOLO 물체검출

CHAPTER **07** R-CNN · SSD 물체검출

CHAPTER 01 시작하기

01 영상처리 · 컴퓨터 비전 · 인공지능 · 머신러닝 · 딥러닝

인간은 눈 eye으로 영상을 획득하고, 뇌 brain를 사용하여 시각 정보를 처리한다. 인공 지능의 많은 응용이 시각 지능과 관련된다. 비전 관련 자동화 기기들은 눈 대신에 카메라를 이용하여 영상을 획득하고, 뇌 대신에 컴퓨터를 사용하여 시각 정보를 처리한 다. 영상 분류와 인식은 인공지능 Artificial Intelligence, 머신러닝 Machine Learning; 기계학습, 딥러닝 Deep Learning 분야와 밀접한 관련이 있다.

영상처리 Image Processing는 컴퓨터를 사용하여 영상 데이터를 다루는 분야이다. 영상에 포함된 잡음 noise 제거, 영상의 화질 개선, 관심 영역 region of interest 강조, 영역 분할 segmentation, 네트워크 전송, 영상검색 retrieval, 분류 classification, 인식 recognition 등의 영상을 다루는 모든 분야가 영상처리에 포함된다. 의료 영상처리 medical image processing, 위성 영상처리 satellite image processing 같이 분야를 명시하여 용어를 사용하기도 한다.

컴퓨터 비전 Computer Vision은 카메라에 의해 캡처된 영상 프레임에서 의미 있는 정보를 추출하는 분야로 주로 실시간 real time 응용을 다룬다. 컴퓨터 비전의 응용 예는 제품의 결함검사 industrial inspection, 문자인식 character recognition, 얼굴인식 face recognition, 지문인식 fingerprint recognition, 물체검출 object detection, 물체추적 object tracking, 스테레오 비전 stereo vision 등이 있다.

인공지능 Artificial Intelligence, AI은 언어, 인지, 학습 등의 지능을 대신할 수 있는 기계 (컴퓨터)와 관련된 모든 기술, 기법, 시스템을 포함한다. 인공지능은 자연어 처리(음성 인식), 전문가 시스템, 인공신경망, 퍼지로직, 로보틱스, 컴퓨터 비전, 패턴인식, 머신러닝, 딥러닝 등의 다양한 분야를 포함한다.

머신러닝 기계학습; Machine Learning은 인공지능 학습 알고리즘과 관련된 분야이다. 최근 에는 전통적인 퍼지로직, 심볼 추론, 전문가 시스템에서도 학습기능을 포함하고 있다.

[표 1.1]은 머신러닝 기계학습의 주요 알고리즘이다. 감독학습 Supervised Learning은 주어진 정답에 따라 회귀 regression, 분류 classification 등을 수행하고, 무감독학습 Unsupervised Learning은 정답 없이 데이터를 클러스터링한다. 강화학습 Reinforcement Learning은 환경 Environment과 상호작용하면서 보상 reward을 최대화하는 행동 action의 순서를 학습한다.

딥러닝 Deep Learning은 신경망을 다층 multiple layer으로 깊게 연결하여 학습하는 머신러닝 분야이다. CNN Convolutional Neural Network, RNN Recurrent Neural Networks, DNN Deep Neural Networks 등이 있다. [표 1.1]에서 ANN, MLP, RBM YOLO, Mask-RCNN, SSD, GAN, DQN 등이다. ANN, MLP는 DNN에 포함된다.

[표 1.1] 머신러닝의 주요 알고리즘

학습 구분	주요 알고리즘
감독학습	SVM Support Vector Machine, HMM Hidden Markov Model, KNN K-Nearest Neighbors, Naive Bayes, ANN Artificial Neural Networks, MLP Multi-Layer Perceptron, YOLO, Mask-RCNN, SSD
무감독학습	K-means, GMM Gaussian Mixture Models, RBM Restricted Boltzmann Machines, GAN Generative Adversarial Networks
강화학습	Q-learning, DQN Deep Q-Network, SARSA State-Action-Reward-State-Action

학습 learning과 **훈련** training은 서로 연관되어 있어 많은 경우 혼용하여 사용하기도 한다. **훈련** training은 반복 프로그램에 의해 구체적 목표에 도달하도록 연습생 trainee, model을 가르치는 것을 의미한다. **학습** learning은 다양한 훈련과 경험 활동을 통해 새로운 지식을 배워가는 일련의 과정으로 훈련보다 더 넓은 의미이다.

인공지능에서는 인간의 학습을 모델링하여 체계적인 알고리즘을 개발한다. 머신러닝 machine learning, 감독학습 supervised learning, 무감독학습 unsupervised learning, 강화학습 reinforcement learning, 딥러닝 deep learning, 전이학습 transfer learning 등과 같이 넓은 개념으로 학습을 사용한다. 훈련 training은 구체적으로 모델을 생성하고 훈련 데이터에 대해 목표값이 출력되도록 최적화 방법을 사용하여 반복적으로 모델의 파라미터를 갱신하는 과정이다.

02 딥러닝 프레임워크 · OpenCV · DNN 모듈

[그림 1.1]은 딥러닝 프레임워크와 ONNX 그리고 OpenCV의 관계를 표시한다. 딥러닝 프레임워크는 모델 model을 생성하고 데이터셋을 로드하여 최적화 방법으로 모델을 훈련 training시켜 훈련된 모델 trained model의 구조와 가중치를 저장한다.

ONNX Open Neural Network Exchange는 페이스북 메타 플랫폼스, 마이크로소프트 등이 주도하여 개발된 서로 다른 머신러닝 또는 딥러닝 프레임워크 사이의 모델변환과 실행환경을 지원하는 개방형 표준이다. PyTorch는 ONNX 변환 모듈(torch.onnx)이 포함되어 있다.

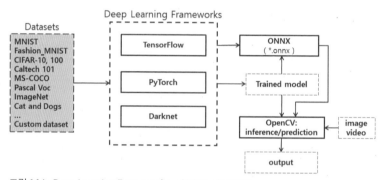

그림 1.1 ▷ Deep Learning Frameworks • ONNX • OpenCV

영상, 비디오를 이용한 물체의 분할 segmentation, 분류 classification, 검출 detection 같은 시각 지능 visual intelligence 응용에서 딥러닝 프레임워크 Tensorflow, PyTorch, Darknet 등를 사용한 훈련모델을 사용하는 방법은 다음과 같다.

01 딥러닝 프레임워크 사용

모델을 훈련시킬 때 사용한 딥러닝 프레임워크를 사용한다. 즉, Tensorflow로 훈련 저장된 모델은 Tensorflow로 로드하여 실행하고, PyTorch 저장모델은 PyTorch로 로드하여 사용하는 방식이다. 영상, 비디오의 경우 전처리 등의 작업이 필요하다. 대부분의 Python API를 사용한 딥러닝 프레임워크는 내부에서 PIL Python Imaging Library; Pillow을 사용하여 영상의 로드, 저장, 전처리, 변환, 디스플레이 등의 기본 영상처리 연산을 제공한다.

02 ONNX 사용

딥러닝 프레임워크 실행환경을 지원하는 ONNX를 이용하여 모델을 변환, 저장하고 로드하여 실행한다.

03 OpenCV DNN 사용

영상처리, 컴퓨터 비전 라이브러리인 OpenCV Open Source Computer Vision를 이용한다. OpenCV는 자체적으로 전통적인 머신러닝 모듈을 포함하고, TensorFlow, Torch, Darknet 등의 주요 딥러닝 프레임워크로 훈련된 모델을 로드하고, 추론하는 DNN 모듈을 지원하여 영상처리, 컴퓨터 비전 작업과 통합을 지원한다.

이 책에서는 딥러닝 프레임워크를 사용한 데이터셋의 훈련, ONNX 출력에 대해 간략히 설명한다. 대부분은 훈련된 모델을 OpenCV에서 로드하고, 입력 영상에 대한 모델의 출력과 출력으로부터 물체를 검출하는 부분을 중심으로 다룬다.

딥러닝 프레임워크 01

최근에는 다양한 딥러닝 개발 프레임워크 frameworks가 무료로 공개되어있다. [표 1.2]는 주요 딥러닝 프레임워크이다.

표 1.2 ▷ 주요 딥러닝 프레임워크

프레임워크	주요 API 언어	버전	개발자
Tensorflow	Python, C++, JAVA script	2.8, keras	Google Brain Team
Keras	Python	2.8	Google researcher, Francois Chollet
PyTorch	Python	1.11	Facebook AI Research

구글에서 개발한 Tensorflow는 다양한 기능을 갖는 딥러링 프레임워크이다. 사용자의 편의성을 위해 Tensorflow 2.x 버전부터는 Keras를 포함하고 있다. TensorFlow는 훈련된 모델을 모바일, IoT 장비에서 사용할 수 있게 변환하고 최적화하는 TensorFlow Lite를 제공한다.

Keras는 구글 연구원이 개발한 파이썬 기반의 직관적이고 쉬운 고수준 API를 제공한다. TensorFlow 백앤드 back-end가 기본이고 CNTK, Theano 등의 백앤드를 사용할 수 있다. Torch 기반으로 개발된 PyTorch는 프로그래머에게 더 쉽고 직관적이라는 장점이 있다. Tensorflow, Keras, PyTorch는 NVIDIA의 CUDA Compute Unified Device Architecture 라이브러리를 이용한 GPU 가속화를 지원한다.

02 OpenCV · DNN 모듈

OpenCV는 초기에 Intel에서 C 언어로 개발된 IPL Image Processing Library을 기반으로 만들어졌으며, 현재는 C/C++로 개발되었다. 2000년에 최초로 일반인에게 공개되었으며, 2022년 3월 현재 기준으로 OpenCV 4.5.5 버전이 최신 버전이다.

OpenCV는 윈도우즈, 리눅스, 안드로이드, 애플의 Mac OS, iOS 등의 다양한 플랫폼에서 사용할 수 있다. OpenCV는 C, C++, Python, JAVA 등의 프로그래밍 인터페이스 API를 제공한다. 이 책에서는 Python에서 OpenCV를 사용한다. [표 1.3]은 OpenCV의 주요 모듈이다. OpenCV의 메인 모듈은 기본 모듈이며, Extra 모듈은 실험적으로 새롭게 추가되는 모듈이다. Python에서 OpenCV를 설치할 때 "opencv-python"은 메인 모듈이 포함되어 있고, "opencv-contrib-python"은 메인과 추가 모듈 전체를 포함한다.

표 1.3 ▷ OpenCV 주요 모듈

구분	Modules
Main Module	core, imgproc, imgcodecs, videoio, highgui, video, calib3d, features2d, objectdetect, dnn, ml, flann, photo, stitching, gapi
Extra Module	aruco, bgsegm, face, fuzzy, tracking, videostab, xfeatures2d, cuda, ...

이 책에서는 Python에서 OpenCV를 사용하여 머신러닝 모듈(cv2.ml)과 DNN 모듈(cv2.dnn)을 중심으로 설명한다.

01 머신러닝 모듈

머신러닝 모듈(cv2.ml)은 영상처리, 컴퓨터 비전 응용에 사용할 수 있는 KNearest, Dtrees, Boost, Rtrees, NormalBayesClassifier, LogisticRegression, SVM, K-means, EM, ANN_MLP 등의 다양한 머신러닝 방법을 포함하고 있다. 2장에서 간단한 2-클래스 분류 데이터를 이용하여 머신러닝 모듈(cv2.ml)을 설명한다. 3장은 머신러닝 모듈을 이용하여 IRIS, MNIST 데이터 분류, MNIST 데이터로 훈련된 모델을 이용하여 마우스로 쓰는 필기 숫자를 인식하는 응용프로그램을 작성하고, cv2.CascadeClassifier에 의한 물체 검출, Extra 모듈에 포함된 cv2.face의 얼굴인식에 대해 다룬다.

02 DNN 모듈

DNN Deep Neural Networks 모듈(cv2.dnn)은 Caffe, Darknet, ONNX, TensorFlow, Torch 등의 주요 딥러닝 프레임워크로 훈련된 모델을 로드하여 입력 영상에 대한 순방향 forward 출력을 계산하고 영상 분류와 물체검출을 지원한다.

4장에서 훈련 데이터를 사용한 TensorFlow, PyTorch의 훈련, 모델 동결 그리고 ONNX 출력에 관해서 설명한다. 5장은 4장에서 TensorFlow, PyTorch 등으로 훈련된 모델 (*.pb, *.onnx)을 OpenCV에서 로드하여 영상을 분류하는 방법을 설명한다. 6장에서는 YOLO You Only Look Once로 훈련된 모델을 DNN 모듈로 로드하여 물체를 검출하는 방법과 DNN 모델로 로드할 수 없는 ONNX 모델을 onnxruntime으로 실행하는 방법을 설명한다. 7장은 영역 기반의 Faster R-CNN, Mask R-CNN, SSD Single Shot multibox Detector를 이용한 물체에 관해서 설명한다.

03 소프트웨어 설치

이 책에서는 윈도우즈에서 파이썬 OpenCV를 사용한다. 파이썬과 OpenCV 모두 버전이 매우 빨리 변경되어 배포된다. 2022년 3월 기준으로 발표된 버전을 설치하여 사용한다. opencv-python 4.5.5와 TensorFlow 2.8은 파이썬 3.7~3.10에서 설치된다. Pytorch 1.11은 파이썬 3.7~3.9에서 설치된다. 이 책에서는 파이썬 3.9에서 OpenCV, Tensorflow, Pytorch를 사용한다.

파이썬의 공식 웹 사이트인 https://www.python.org/downloads/에서 "Python 3.9.11(64비트)"를 다운로드하여 실행한다. 설치 시작화면에서 체크박스를 선택하고, [Install Now] 링크를 클릭하여 파이썬을 설치한다.

파이썬 설치가 완료되면, [그림 1.2] 같이 윈도우즈 명령 cmd 창에서, 파이썬 소프트웨어 패키지를 설치하는 응용프로그램인 "pip"를 사용하여 필요한 패키지를 설치한다.

```
C:\> pip install opencv-contrib-python          ⇐ # numpy는 자동설치 된다.
C:\> pip install matplotlib
C:\> pip install tensorflow
C:\> pip3 install torch==1.11.0+cu113 torchvision==0.12.0+cu113 torchaudio===0.11.0+cu113
-f https://download.pytorch.org/whl/cu113/torch_stable.html     ⇐ # 한 줄로 입력한다.
```

그림 1.2 ▷ pip를 이용한 패키지 설치

"opencv-python"은 메인 모듈을 포함하고, "opencv-contrib-python"은 메인 모듈과 Extra 모듈을 포함한다. 기본적으로 CPU 버전이다. GPU CUDA 버전을 사용하려면 OpenCV 소스를 Cmake로 재구성하여 다시 빌드해야 한다. 여기서는 CPU 버전인 "opencv-contrib-python"을 설치한다.

Opencv, matplotlib, TensorFlow, PyTorch를 설치할 때 numpy, Pillow 등의 필요한 모듈을 확인하고 없으면 설치한다. Numpy 버전이 충돌하는 경우 "pip install numpy --upgrade" 명령으로 업그레이드한다.

Tensorflow에서 GPU 버전을 사용하려면, NVIDIA GPU 드라이버와 CUDA Toolkit을 설치하고, CUDA 딥러닝 가속기인 cuDNN 다운로드하여 압축을 풀어 CUDA Toolkit 폴더의 CUDA 폴더에 (*.dll, *.lib) 파일을 복사한다(https://www.tensorflow.org/install/gpu?hl=ko 참조).

PyTorch는 https://pytorch.org/get-started/locally/ 사이트에서 [그림 1.3]과 같이 표시되는 pyTorch 1.11.0의 pip 명령을 복사하여 명령 창에서 실행한다.

PyTorch Build	Stable (1.11.0)		Preview (Nightly)		LTS (1.8.2)	
Your OS	Linux		Mac		Windows	
Package	Conda	Pip		LibTorch		Source
Language	Python			C++ / Java		
Compute Platform	CUDA 10.2	CUDA 11.3		ROCm 4.2 (beta)		CPU
Run this Command:	pip3 install torch==1.11.0+cu113 torchvision==0.12.0+cu113 torchaudio===0.11.0+cu113 -f https://download.pytorch.org/whl/cu113/torch_stable.html					

그림 1.3 ▷ PyTroch 설치 명령 확인 복사

[그림 1.4]는 파이썬 IDLE에서 설치된 패키지의 버전을 확인한 결과이다.

```
IDLE Shell 3.9.11                                          —  □  ×
File  Edit  Shell  Debug  Options  Window  Help
AMD64)] on win32
Type "help", "copyright", "credits" or "license()" for more information.
>>> from importlib.metadata import version
>>> version('opencv-contrib-python')
'4.5.5.64'
>>> version('tensorflow')
'2.8.0'
>>> version('torch')
'1.11.0+cu113'
>>> version('numpy')
'1.22.3'
>>> version('matplotlib')
'3.5.1'
>>> version('pillow')
'9.0.1'
>>> import cv2
>>> cv2.__version__
'4.5.5'
                                                        Ln: 20  Col: 4
```

그림 1.4 ▷ IDLE에서 패키지 임포트 및 버전 확인

CHAPTER 02 OpenCV 머신러닝

OpenCV 머신러닝 모듈(cv2.ml)은 영상처리, 컴퓨터 비전 응용에 사용할 수 있는 KNearest, Dtrees, Boost, Rtrees, NormalBayesClassifier, LogisticRegression, SVM Support Vector Machine, EM Expectation-Maximization, ANN_MLP Artificial Neural Network, Multi-Layer Perceptron 등의 다양한 머신러닝 기계학습 방법을 포함하고 있다.

[그림 2.1]은 OpenCV 머신러닝(ml)의 주요 클래스 구조이다. 머신러닝 클래스들은 cv2. ml.StatModel에서 상속받아 구현한다. 훈련 데이터 train data를 사용하여 train() 메서드로 모델을 훈련시키고 predict() 메서드로 분류한다.

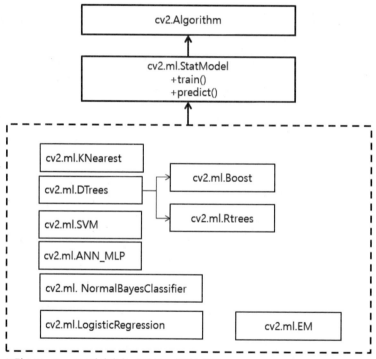

그림 2.1 ▷ OpenCV 머신러닝(ml)의 주요 클래스 구조

데이터 생성　01

여기서는 2장의 OpenCV 머신러닝 모듈 예제에서 사용할 2-클래스 분류 데이터를 Numpy의 np.random.multivariate_normal()로 2차원 정규분포 랜덤샘플을 생성한다.

예제 2.1	2-클래스 분류 데이터 생성('0201_data40.npz', '0201_data50.npz')

```python
01 # 0201.py
02 import cv2
03 import numpy as np
04 import matplotlib.pyplot as plt
05
06 #1 y_train
07 nPoints = 40
08 k = nPoints // 2           # y_train[:k], y_train[k:]
09
10 y_train = np.zeros((nPoints), dtype = np.uint)     # label data
11 y_train[k:] = 1            # y_train[:k] = 0
12
13 #2: create x_train: 2D coords
14 std1 = (30, 50)
15 np.random.seed(1)
16 cov1 = [[std1[0] ** 2, 0], [0., std1[1] ** 2]]
17 pts1  = np.random.multivariate_normal(mean = (200, 200),
18                                    cov = cov1, size = k)
19
20 std2 = (30, 40)
21 cov2 = [[std2[0] ** 2, 0], [0., std2[1] ** 2]]
22 pts2 = np.random.multivariate_normal(mean = (300, 300),
23                                   cov = cov2, size = k)
24
25 x_train = np.concatenate([pts1, pts2])
26
27 #3: save x_train, y_train with 2 class, 40 points
28 height, width =  500, 600
29 np.savez('./data/0201_data40.npz', x_train = x_train,
30          y_train = y_train, size = (height, width))
31
32 #4: display using OpenCV
33 dst = np.full((height, width, 3), (255, 255, 255), dtype = np.uint8)
34 class_color = [(255, 0, 0), (0, 0, 255)]
```

```python
35  for i in range(nPoints):
36      x, y =  x_train[i, :]
37      label = y_train[i]
38      cv2.circle(dst, (int(x), int(y)), radius = 5,
39                  color = class_color[label], thickness = -1)
40  cv2.imshow('dst', dst)
41  #cv2.waitKey()
42
43  #5: x_train, y_train with 2 class, 50 points
44  #5-1: add 10 points
45  k = 10
46  nPoints += k
47  label = np.zeros((k), dtype = np.uint32)            # class 0
48  y_train = np.concatenate([y_train, label],
49                      dtype = y_train.dtype)        # np.int32
50
51  #5-2:
52  std = (40, 40)
53  cov = [[std[0] ** 2, 0], [0., std[1] ** 2]]
54  pts = np.random.multivariate_normal(mean = (350, 150),
55                              cov = cov, size = k)
56  x_train = np.concatenate([x_train, pts],
57                      dtype = x_train.dtype)        # np.float32
58  np.savez('./data/0201_data50.npz', x_train = x_train,
59          y_train = y_train, size = (height, width))
60
61  #5-3: display data using matplotlib
62  ax = plt.gca()
63  ax.set_aspect('equal')
64  #ax.axis('off')
65  ax.xaxis.tick_top()
66  plt.xlim(0, width - 1)
67  plt.ylim(0, height - 1)
68  ax.invert_yaxis()           # ax.set_ylim(ax.get_ylim()[::-1])
69                              # the same as OpenCV
70
71  ax.scatter(x_train[y_train == 0, 0],
72          x_train[y_train == 0, 1], 50, 'b', 'o')
73  ax.scatter(x_train[y_train == 1, 0],
74          x_train[y_train == 1, 1], 50, 'r', 'o')  # 'x'
75  plt.show()
76  cv2.destroyAllWindows()
```

▼ 프로그램 설명

1 2-클래스 분류를 위한 2차원 정규분포 랜덤샘플 데이터를 np.random.multivariate_normal()로 생성하고, np.savez()로 파일에 저장한다.

2️⃣ #1은 nPoints 크기의 2-클래스 레이블(0, 1)을 갖는 y_train을 생성한다. k = nPoints // 2에 의해 y_train[:k]는 0 클래스, y_train[k:]는 1 클래스로 분리된다.

3️⃣ #2는 np.random.multivariate_normal()로 mean = (200, 200), std1 = (30, 50)의 정규분포를 따르는 좌표배열 pts1과 mean = (300, 300), std2 = (30, 40)의 정규분포를 따르는 좌표배열 pts2를 생성한다. x_train = np.concatenate([pts1, pts2])로 x_train.shape = (40, 2)의 배열을 생성한다. pts1의 레이블은 0이고, pts2의 레이블은 1이다.

4️⃣ #3은 x_train, y_train, (height, width)을 '0201_data40.npz' 파일에 저장한다.

5️⃣ #4는 cv2.circle()로 x_train, y_train을 이용하여 class_color의 원을 표시한다([그림 2.2](a)).

6️⃣ #5는 클래스(레이블) 0의 데이터를 mean = (350, 150), std = (40, 40)의 정규분포를 따르는 k = 10개 샘플을 추가로 생성하여 '0201_data50.npz' 파일에 저장하고 matplotlib로 표시한다([그림 2.2](b)). ax.xaxis.tick_top(), ax.invert_yaxis()로 matplotlib의 좌표계의 원점을 OpenCV와 같이 왼쪽-상단 left-top을 변경한다. 생성된 샘플 데이터의 좌표는 np.random. seed()의 초기값에 의존한다.

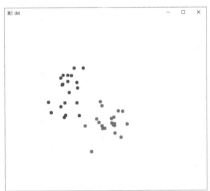
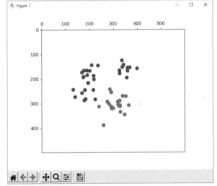

| (a) '0201_data40.npz' | (b) '0201_data50.npz' |

그림 2.2 ▷ 2-클래스 분류 데이터

KNearest 02

KNearest K-Nearest Neighbours, KNN는 k-개의 가까운 이웃의 레이블에서 많은 레이블에 의한 다수결 majority로 분류하는 감독학습 supervised learning이다. 훈련은 거리 계산에 의한 가까운 데이터를 찾는 과정이다. k = 1이면 가장 가까운 훈련 데이터 train data의 레이블과 같은 클래스로 판단한다. k = 3이면 가까운 3개의 훈련 데이터의 레이블 중에서 가장 많은 클래스로 판단한다. 2-클래스 분류와 다중 클래스 multi-class 분류 모두 가능하다.

예제 2.2	KNearest를 사용한 2-클래스 분류 1

```
01  # 0202.py
02  import cv2
03  import numpy as np
04  import matplotlib.pyplot as plt
05
06  #1: load train data
07  with np.load('./data/0201_data50.npz') as X:
08      x_train = X['x_train'].astype(np.float32)
09      y_train = X['y_train'].astype(np.int32)          # np.float32
10      height, width = X['size']
11  ##x_train = np.float32(x_train)
12  ##y_train = np.int32(y_train)
13  ##print("x_train=", x_train)
14  ##print("y_train=", y_train)
15  ##print("height=", height)
16  ##print("width=", width)
17
18  #2: k-nearest neighbours: create, train, and predict
19  #2-1
20  model = cv2.ml.KNearest_create()
21  ret = model.train(samples = x_train,
22                    layout = cv2.ml.ROW_SAMPLE, responses = y_train)
23
24  #2-2
25  x_test = np.array([[100, 200], [200, 250], [300, 300]],
26                    dtype = np.float32)
27  k = 3           # 1, 3, 5
28  ret, y_pred = model.predict(x_test, k)
29  print("y_pred=", y_pred)
30
31  #2-3
32  ret, y_pred2, neighbours, dists = model.findNearest(x_test, k)
33  print("y_pred2=", y_pred2)
34  print("neighbours=", neighbours)
35  print("dists=", dists)
36
37  #3: display data and result
38  #3-1
```

```
39 class_colors = ['blue', 'red']
40 y_pred = np.int32(y_pred.flatten())
41
42 #3-2
43 ax = plt.gca()
44 ax.set_aspect('equal')
45 ax.xaxis.tick_bottom()
46 #ax.axis('off')
47 #ax.xaxis.tick_top()
48 #ax.invert_yaxis()          # ax.set_ylim(ax.get_ylim()[::-1])
49                            # the same as OpenCV
50
51 #3-2
52 ax = plt.gca()
53 ax.set_aspect('equal')
54 ax.xaxis.tick_bottom()
55 #ax.axis('off')
56 #ax.xaxis.tick_top()
57 #ax.invert_yaxis()          # ax.set_ylim(ax.get_ylim()[::-1])
58                            # the same as OpenCV
59
60 plt.scatter(x_train[y_train == 0, 0], x_train[y_train == 0, 1],
61            20, class_colors[0], 'o')
62 plt.scatter(x_train[y_train == 1, 0], x_train[y_train == 1, 1],
63            20, class_colors[1], 'o')
64
65 plt.scatter(x_test[y_pred == 0, 0], x_test[y_pred == 0, 1],
66            50, c = class_colors[0], marker = 'x')
67 plt.scatter(x_test[y_pred == 1, 0], x_test[y_pred == 1, 1],
68            50, c = class_colors[1], marker = 'x')
69
70 #3-3
71 ##for label in range(2):  # 2 class
72 ##    plt.scatter(*x_train[y_train == label, :].T,
73               s = 20, marker = 'o', c = class_colors[label])
74 ##    plt.scatter(*x_test[y_pred == label, :].T,
75               s = 50, marker = 'x', c = class_colors[label])
76
77 #3-4
78 ##for label in range(2):  # 2 class
79 ##    plt.scatter(x_train[y_train == label, 0],
80               x_train[y_train == label, 1],
81               20, class_colors[label], 'o')
82 ##    plt.scatter(x_test[y_pred == label, 0],
83               x_test[y_pred == label, 1],
84               50, c = class_colors[label], marker = 'x')
```

```
85
86  plt.xlim(0, width-1)
87  plt.ylim(0, height-1)
88  plt.show()
```

프로그램 설명

1 KNearest로 3개의 테스트 좌표를 2-클래스로 분류한다. k = 3이면 가까운 3개의 훈련 데이터의 레이블 중에서 가장 많은 클래스로 판단한다. model.getDefaultK() = 10이다.

2 #1은 '0201_data50.npz' 파일에서 훈련 데이터 x_train, y_train와 영상크기 height, width를 로드한다.

3 #2는 KNearest 모델을 생성하고 (x_train, y_train)으로 모델을 훈련하여 x_test 데이터에 대해 분류한다.

#2-1은 ml_KNearest 모델 model을 생성하고, model.train()으로 행 기준 cv2.ml.ROW_SAMPLE의 훈련 데이터 x_train와 레이블 y_train을 이용하여 모델을 훈련한다(훈련시킨다).

4 #2-2에서 model.predict(x_test, k)는 x_test의 각 좌표를 k개의 가까운 이웃을 이용하여 y_pred 레이블로 분류한다.

5 #2-3에서 model.findNearest(x_test, k = 3)는 x_test의 각 좌표에서 k = 3의 레이블 y_pred2, 이웃 neighbours, 거리 dists를 계산한다. 예를 들어, [100, 200]의 가까운 k = 3개 이웃까지의 거리 dists는 [2830.4666 5211.2354 5295.7373]이다. 이들의 레이블은 [0. 0. 0.]이며, 가장 많은 0 레이블로 [100, 200]의 클래스를 결정한다.

6 #3에서 x_train은 marker = 'o'로 표시한다. 레이블 0 y_train = 0의 x_train 데이터는 'blue' 컬러로 표시한다. 레이블 1 y_train = 1의 x_train 데이터는 'red' 컬러로 표시한다. x_test 데이터는 레이블에 따라 'blue'와 'red'로 구분하고, marker = 'x'로 표시한다. 왼쪽-아래 left-bottom를 원점으로 데이터를 표시한다([그림 2.3]).

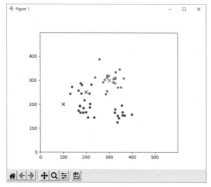

그림 2.3 ▷ KNearest 분류 1: 'x' 표시 좌표, k = 3

예제 2.3	KNearest를 사용한 2-클래스 분류 2: 그리드 좌표

```
01  # 0203.py
02  import cv2
03  import numpy as np
04  import matplotlib.pyplot as plt
05
06  #1: load train data
07  with np.load('./data/0201_data40.npz') as X:        # '0201_data50.npz'
08      x_train = X['x_train'].astype(np.float32)
09      y_train = X['y_train'].astype(np.int32)         # np.float32
10      height, width = X['size']
11
12  #2: k-nearest neighbours: create, train, and predict
13  #2-1
14  model = cv2.ml.KNearest_create()
15  ret = model.train(samples = x_train, layout = cv2.ml.ROW_SAMPLE,
16                    responses = y_train)
17
18  #2-2: x_test-> predictions -> pred
19  step = 2
20  xx, yy = np.meshgrid(np.arange(0, width,  step),
21                       np.arange(0, height, step))
22
23  x_test = np.float32(np.c_[xx.ravel(), yy.ravel()])
24  k = 3                                      # 1, 3, 5
25  ret, pred = model.predict(x_test, k)       # pred.shape = (75000, 1)
26  pred = pred.reshape(xx.shape)              # pred.shape = (250, 300)
27
28  #3: display data and result
29  #3-1
30  ax = plt.gca()
31  ax.set_aspect('equal')
32  #ax.axis('off')
33  #ax.xaxis.tick_bottom()
34  #ax.xaxis.tick_top()
35  #ax.invert_yaxis()                      # ax.set_ylim(ax.get_ylim()[::-1])
36                                          # the same as OpenCV
37
38  #3-2
39  class_colors = ['blue', 'red']
40  plt.contourf(xx, yy, pred, cmap = plt.cm.gray)
41  plt.contour(xx, yy, pred, colors = 'red', linewidths = 1)
42
```

```
43  #3-3
44  for label in range(2):              # 2 class
45      plt.scatter(x_train[y_train == label, 0],
46                  x_train[y_train == label, 1],
47                  20, class_colors[label], 'o')
48
49  plt.show()
```

프로그램 설명

1 KNearest 모델로 격자 그리드로 생성한 테스트 좌표에 대해 2-클래스로 분류하고 분류 경계를 표시한다.

2 #1은 '0201_data40.npz' 파일에서 훈련 데이터 x_train, y_train와 영상 크기 height, width를 로드한다.

3 #2는 KNearest 모델을 생성하여 훈련시키고, x_test 데이터에 대해 분류한다.

#2-1은 ml_KNearest 모델을 생성하고, model.train()로 행 기준 cv2.ml.ROW_SAMPLE의 훈련 데이터 x_train와 레이블 y_train을 이용하여 모델을 훈련한다(훈련시킨다).

4 #2-2는 (height, width) 크기에서 step = 2 간격의 격자 그리드로 x_test를 생성하고, model. predict(x_test, k)로 x_test를 pred 레이블로 분류한다. step에 따라 x_test의 크기가 변한다. pred = pred.reshape(xx.shape)는 화면표시를 위해 pred의 모양을 변경한다.

5 #3은 plt.contourf()로 분류 경계를 colors = 'red' 컬러로 표시한다. plt.scatter()로 x_train 데이터를 레이블에 따라 'blue'와 'red'로 구분하여, marker = 'o'로 표시한다([그림 2.4]).

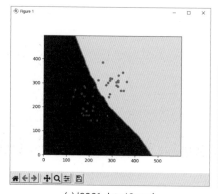

(a) '0201_data40.npz'

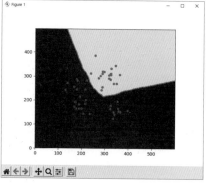

(b) '0201_data50.npz'

그림 2.4 ▷ KNearest 분류 2: 그리드 좌표 분류, k = 3

Dtrees · Boost · Rtrees 03

결정트리 decision tree 분류기는 감독학습 supervised learning으로 Dtrees, Boost, Rtrees가 있다. Dtrees는 Boost와 Rtrees의 기반클래스 base class이다.

Boost는 약분류기 weak classifiers를 결합하여 사용하는 AdaBoost 분류기이다. 결정트리를 약분류기로 사용한다. Rtrees는 랜덤 포레스트 random forest로 여러 개의 결정트리를 개별적으로 사용하여 분류하고, 다수결 투표 majority of votes로 분류 레이블을 결정하는 앙상블 방법을 사용한다. Boost는 2-클래스로 분류한다. Dtrees와 Rtrees는 다중 클래스 multi-class 분류도 가능하다.

예제 2.4	Dtrees, Boost, Rtrees 2-클래스 분류

```python
01  # 0204.py
02  import cv2
03  import numpy as np
04  import matplotlib.pyplot as plt
05
06  #1: load train data
07  with np.load('./data/0201_data40.npz') as X:      # '0201_data50.npz'
08      x_train = X['x_train'].astype(np.float32)
09      y_train = X['y_train'].astype(np.int32)        # np.float32
10      height, width = X['size']
11
12  #2: Decision tree : create, train, and predict
13  #2-1
14  model = cv2.ml.DTrees_create()
15  # If CVFolds > 1 then, tree pruning using cross-validation is
16  # not implemented
17  model.setCVFolds(1)
18  model.setMaxDepth(10)
19  model.setMaxCategories(2)                          # default:10
20
21  #2-2
22  ##model = cv2.ml.Boost_create()
23  ##model.setBoostType(cv2.ml.BOOST_REAL)
24  ##model.setMaxDepth(3)
25  ###model.setWeakCount(100)                          # default
26
```

```python
27 #2-3
28 ##model = cv2.ml.RTrees_create()
29 ##model.setMaxDepth(100)
30 ##model.setTermCriteria((cv2.TERM_CRITERIA_COUNT |
31                          cv2.TERM_CRITERIA_EPS, 100, 0.01))
32
33 #3
34 ret = model.train(samples = x_train, layout = cv2.ml.ROW_SAMPLE,
35                   responses = y_train)
36 print("ret=", ret)
37
38 #4:
39 ret, y_pred = model.predict(x_train)
40 y_pred = y_pred.flatten()
41 accuracy = np.sum(y_train == y_pred) / len(y_train)
42 print('accuracy=', accuracy)
43
44 #5: x_test-> predictions -> pred
45 step = 2
46 xx, yy = np.meshgrid(np.arange(0, width,  step),
47                      np.arange(0, height, step))
48
49 x_test = np.float32(np.c_[xx.ravel(), yy.ravel()])
50 ret, pred = model.predict(x_test)       # pred.shape = (75000, 1)
51 pred = pred.reshape(xx.shape)           # pred.shape = (250, 300)
52
53 #6: display data and result
54 #6-1
55 ax = plt.gca()
56 ax.set_aspect('equal')
57 #ax.axis('off')
58 #ax.xaxis.tick_bottom()
59 #ax.xaxis.tick_top()
60 #ax.invert_yaxis()           # ax.set_ylim(ax.get_ylim()[::-1])
61
62 #6-2
63 class_colors = ['blue', 'red']
64 plt.contourf(xx, yy, pred, cmap = plt.cm.gray)
65 plt.contour(xx, yy, pred, colors = 'red', linewidths = 1)
66
67 #6-3
68 for label in range(2):       # 2 class
69     plt.scatter(x_train[y_train == label, 0],
70                 x_train[y_train == label, 1],
71                 20, class_colors[label], 'o')
72 plt.show()
```

> ### 프로그램 설명

1 Dtrees, Boost, Rtrees 모델로 2-클래스 분류한다. #1은 '0201_data40.npz' 파일에서 훈련 데이터 x_train, y_train와 영상 크기 $height, width$를 로드한다.

2 #2-1은 DTrees 모델을 생성한다. model.setCVFolds(1), model.setMaxDepth(10)를 설정하지 않으면 오류가 발생한다. model.setCVFolds()는 교차검증을 설정한다. 0 또는 1 이외의 값은 오류가 발생한다. model.setMaxDepth()은 트리의 최대깊이를 설정한다.

3 #2-2는 AdaBoost 모델을 생성한다. model.setBoostType()은 부스트 타입 DISCRETE, REAL, LOGIT, GENTLE을 설정한다. 여기서는 분류 문제 처리를 위해 cv2.ml.BOOST_REAL로 설정한다. 회귀 문제는 cv2.ml.BOOST_LOGIT 또는 cv2.ml.BOOST_GENTLE로 설정한다.

   model.setMaxDepth()는 트리의 최대깊이를 설정하고, model.setWeakCount()는 약분류기의 개수를 설정한다. 디폴트는 100이다.

4 #2-3은 RTrees 모델을 생성한다. model.setTermCriteria()로 트리의 개수를 cv2.TERM_CRITERIA_COUNT = 100으로 설정한다.

5 #3은 model.train()로 행 기준 $cv2.ml.ROW\_SAMPLE$ 훈련 데이터 x_train와 레이블 y_train을 이용하여 모델을 훈련한다(훈련시킨다).

6 #4는 model.predict()로 x_train 데이터를 y_pred에 분류하고, 정확도 $accuracy$를 계산한다.

7 #5는 (height, width) 크기에서 step = 2 간격의 그리드로 x_test를 생성하여 model.predict()로 x_test를 레이블 $pred$로 분류한다.

8 #6은 plt.contourf()로 분류 경계를 colors = 'red' 컬러로 표시한다. plt.scatter()로 x_train 데이터를 레이블 $pred$에 따라 'blue', 'red'로 구분하여, marker = 'o'로 표시한다.

9 [그림 2.5]는 DTrees 모델의 실행 결과이다. [그림 2.6]은 Boost 모델의 실행 결과이다. [그림 2.7]은 RTrees모델의 실행 결과이다. 훈련 데이터x_train, y_train에 대해 [그림 2.7](b)의 정확도는 accuracy = 0.98이고, 나머지 실행 결과는 accuracy = 1.0이다.

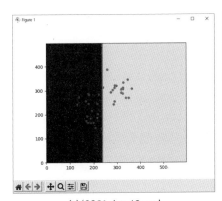

(a) '0201_data40.npz'

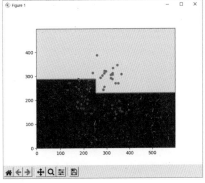

(b) '0201_data50.npz'

그림 2.5 ▷ model = cv2.ml.DTrees_create()

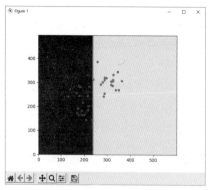 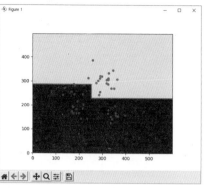

(a) '0201_data40.npz' (b) '0201_data50.npz'

그림 2.6 ▷ model = cv2.ml.Boost_create()

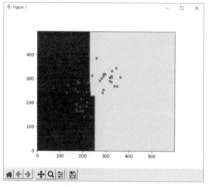 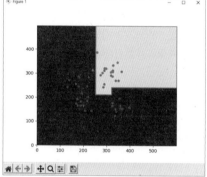

(a) '0201_data40.npz' (b) '0201_data50.npz'

그림 2.7 ▷ model = cv2.ml.RTrees_create()

04 NormalBayesClassifier

NormalBayesClassifier는 정규분포에 대한 베이즈 분류기이다. 각 클래스의 데이터가 정규분포를 따른다고 가정한다. 훈련 데이터를 사용하여 평균, 공분산행렬 covariance matrix을 계산하고, 가장 가능성 있는 클래스로 분류하는 감독학습 supervised learning이다. 2-클래스 분류와 다중 클래스 multi-class 분류 모두 가능하다.

예제 2.5 NormalBayesClassifier 2-클래스 분류

```python
01  # 0205.py
02  import cv2
03  import numpy as np
04  import matplotlib.pyplot as plt
05  np.set_printoptions(precision = 2, suppress = True)
06
07  #1: load train data
08  with np.load('./data/0201_data40.npz') as X:      # '0201_data50.npz'
09      x_train = X['x_train'].astype(np.float32)
10      y_train = X['y_train'].astype(np.int32)        # np.float32
11      height, width = X['size']
12
13  #2: NormalBayesClassifier : create, train, and predict
14  #2-1
15  model =  cv2.ml.NormalBayesClassifier_create()
16  ret = model.train(samples = x_train, layout = cv2.ml.ROW_SAMPLE,
17                    responses = y_train)
18
19  #2-2:
20  ret, y_pred = model.predict(x_train)
21  y_pred = y_pred.flatten()
22  accuracy = np.sum(y_train == y_pred) / len(y_train)
23  print('accuracy=', accuracy)
24
25  #2-3: x_test-> predictions -> pred
26  step = 2
27  xx, yy = np.meshgrid(np.arange(0, width,  step),
28                       np.arange(0, height, step))
29  x_test = np.float32(np.c_[xx.ravel(), yy.ravel()])
30  ret, pred = model.predict(x_test)
31
32  #2-4:
33  ##ret, pred, prob = model.predictProb(x_test)
34  ##prob_sum = np.sum(prob, axis = 1)
35  ##prob[:, 0] /= prob_sum
36  ##prob[:, 1] /= prob_sum
37  ##print("prob=",prob)
38
39  #2-5:
40  pred = pred.reshape(xx.shape)        # pred.shape = (250, 300)
41
42  #3: display data and result
43  #3-1
44  ax = plt.gca()
```

```
45  ax.set_aspect('equal')
46
47  #3-2
48  class_colors = ['blue', 'red']
49  plt.contourf(xx, yy, pred, cmap = plt.cm.gray)
50  plt.contour(xx, yy, pred, colors = 'red', linewidths = 1)
51
52  #3-3
53  for label in range(2): # 2 class
54      plt.scatter(x_train[y_train == label, 0],
55                  x_train[y_train == label, 1],
56                  20, class_colors[label], 'o')
57  plt.show()
```

프로그램 설명

1 NormalBayesClassifier모델로 2-클래스 분류한다. #1은 '0201_data40.npz' 파일에서 훈련 데이터 x_train, y_train와 영상 크기 height, width를 로드한다.

2 #2-1은 NormalBayesClassifier 모델을 생성한다. model.train()으로 훈련 데이터 x_train, y_train를 이용하여 모델을 훈련한다(훈련시킨다).

3 #2-2는 model.predict()로 x_train 데이터를 y_pred에 분류하고, 정확도 accuracy를 계산한다.

4 #2-3은 격자 그리드에서 x_test 데이터를 생성하여 model.predict()로 x_test를 레이블 pred로 분류한다.

5 #2-4는 model.predictProb(x_test)로 레이블 pred, 클래스 확률 prob을 계산한다. 확률이 큰 클래스로 분류한다. prob[:, 0] /= prob_sum, prob[:, 1] /= prob_sum은 클래스 확률의 합이 1이 되도록 정규화 한다.

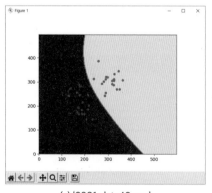
(a) '0201_data40.npz'

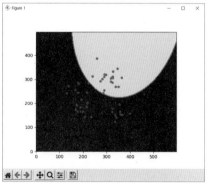
(b) '0201_data50.npz'

그림 2.8 ▷ model = cv2.ml.NormalBayesClassifier_create()

6 #2-5는 화면표시를 위해 레이블 pred의 모양을 그리드의 크기와 같게 변경한다.

7 #3은 plt.contourf()로 분류 경계를 colors = 'red' 컬러로 표시한다. plt.scatter()로 x_train 데이터를 레이블 pred에 따라 'blue', 'red'로 구분하여, marker = 'o'로 표시한다.

8 [그림 2.8]은 NormalBayesClassifier 모델의 실행 결과이다. 훈련 데이터 x_train, y_train에 대해 정확도는 accuracy = 1.0이다.

LogisticRegression 05

LogisticRegression 분류는 독립변수(입력 데이터의 차원)와 종속변수(레이블)의 선형 관계를 확률적으로 계산하여 분류하는 감독학습 supervised learning이다. 입력 데이터를 정규화하지 않으면 분류 정확도가 낮다. OpenCV의 LogisticRegression은 2-클래스 분류와 다중 클래스 multi-class 분류 모두 가능하다. 2-클래스 분류는 model.get_learnt_thetas()에 의한 학습 파라미터 thetas가 한 개 있으며, 다중 분류는 클래스 개수만큼 존재한다.

예제 2.6	LogisticRegression 2-클래스 분류

```
01  # 0206.py
02  import cv2
03  import numpy as np
04  import matplotlib.pyplot as plt
05  #np.set_printoptions(precision = 2, suppress = True)
06
07  #1: load train data
08  with np.load('./data/0201_data40.npz') as X:      # '0201_data50.npz'
09      X_train = X['x_train'].astype(np.float32)
10      y_train = X['y_train'].astype(np.float32)
11      height, width = X['size']
12
13  #2: normalize
14  def calulateStat(X):
15      mu = np.mean(X, axis = 0)
16      var= np.var(X,  axis = 0)
17      return mu, var
18
```

```
19  def normalizeScale(X, mu, var):
20      eps = 0.00001
21      X_hat = (X - mu) / (np.sqrt(var + eps))
22      return X_hat
23
24  mu, var = calulateStat(X_train)
25  print("mu=", mu)
26  print("var=", var)
27  x_train = normalizeScale(X_train, mu, var)
28
29  ##from sklearn.preprocessing import StandardScaler
30  ##scaler = StandardScaler()
31  ##x_train = scaler.fit_transform(X_train)
32
33  #3: a logistic regression classifier
34  #3-1
35  model = cv2.ml.LogisticRegression_create()
36  #model.setTrainMethod(cv2.ml.LogisticRegression_MINI_BATCH) # _BATCH
37  #model.setMiniBatchSize(4)
38  #model.setIterations(100)
39  #model.setLearningRate(0.001)              # default alpha = 0.001
40  #model.setRegularization(cv2.ml.LogisticRegression_REG_L2)
41  #crit = (cv2.TERM_CRITERIA_MAX_ITER +
42  #         cv2.TERM_CRITERIA_EPS, 10000, 0.001)
43  #model.setTermCriteria(crit)
44
45  ret = model.train(samples = x_train, layout = cv2.ml.ROW_SAMPLE,
46                    responses = y_train)
47
48  #3-2
49  ret, y_pred = model.predict(x_train)
50  y_pred = y_pred.flatten()
51  accuracy = np.sum(y_train == y_pred) / len(y_train)
52  print('accuracy=', accuracy)
53
54  #3-3:
55  thetas = model.get_learnt_thetas()[0]
56  # theta[0] + x * theta[1] + y * theta[2]
57  print("thetas=", thetas)
58
59  x_train_t = cv2.hconcat([np.ones((x_train.shape[0], 1),
60                          dtype = x_train.dtype),
61                          x_train])        # [1, x, y]
62
63  x = np.dot(x_train_t, thetas)
64
```

```
65  # from scipy.special import expit
66  def sigmoid(x):
67      return  1./(1. + np.exp(-x))
68  y = sigmoid(x)
69  y_pred2 = np.int32(y>0.5)                    # y_pred
70  accuracy2 = np.sum(y_train == y_pred2) / len(y_train)
71  print('accuracy2=', accuracy2)              # accuracy
72
73  #4: x_test-> predictions -> pred
74  step = 2
75  xx, yy = np.meshgrid(np.arange(0, width,  step),
76                       np.arange(0, height, step))
77
78  X_test = np.float32(np.c_[xx.ravel(), yy.ravel()])
79  #x_test = scaler.transform(X_test)        # sklearn
80  x_test = normalizeScale(X_test, mu, var)
81
82  ret, pred = model.predict(x_test)
83  pred = pred.reshape(xx.shape)
84
85  #5: display data and result
86  #5-1
87  ax = plt.gca()
88  ax.set_aspect('equal')
89
90  #5-2
91  class_colors = ['blue', 'red']
92  plt.contourf(xx, yy, pred, cmap = plt.cm.gray)
93  plt.contour(xx, yy, pred, colors = 'red', linewidths = 1)
94
95  #5-3
96  for label in range(2):                      #2 is number of class
97      plt.scatter(X_train[y_train == label, 0],
98                  X_train[y_train == label, 1],
99                  20, class_colors[label], 'o')
100 plt.show()
```

실행 결과

```
mu= [247.7294 258.23108]
var= [4501.4453 3675.3157]
accuracy= 1.0
thetas= [-1.8123550e-11 1.1226808e-02 9.3896072e-03]
accuracy2= 1.0
```

프로그램 설명

1 LogisticRegression 모델로 2-클래스 분류한다. #1은 '0201_data40.npz' 파일에서 훈련 데이터 X_train, y_train와 영상 크기 height, width를 로드한다.

2 #2는 calulateStat()로 X_train의 평균 mu과 분산 var을 계산한다. normalizeScale()로 X_train 데이터를 (mu, var)를 이용하여 x_train에 정규화 평균 0, 표준편차 1한다. sklearn.preprocessing의 StandardScaler로 정규화한 것과 같다.

3 #3-1은 LogisticRegression 모델을 생성하고, model.train()으로 훈련 데이터 x_train, y_train를 이용하여 모델을 훈련한다(훈련시킨다).

4 #3-2는 model.predict()로 x_train 데이터를 y_pred에 분류하고, 정확도 accuracy를 계산한다.

5 #3-3은 #3-2의 model.predict()를 파라미터 thetas를 이용하여 직접 계산한다.

model.get_learnt_thetas()[0]로 학습된 파라미터를 읽어온다. 2-클래스 분류이므로 0-행에 하나의 학습결과가 있다. thetas는 theta[0] + x * theta[1] + y * theta[2]의 의미이다. x_train의 0-열에 1을 갖는 열을 하나 추가하여 x_train_t를 생성한다. np.dot()로 x_train_t와 thetas를 행렬 곱셈하여 x를 계산한다. sigmoid(x)로 출력 y을 계산한다. y > 0.5 이 참이면 레이블 1, 거짓이면 레이블 0으로 y_pred2에 분류한다. y_pred2는 #3-2의 y_pred와 같다. 정확도 accuracy2는 #3-2의 accuracy와 같다.

6 #4는 격자 그리드에서 x_test 데이터를 생성하여 model.predict()로 x_test를 레이블 pred로 분류한다.

7 #5는 plt.contourf()로 분류 경계를 colors = 'red' 컬러로 표시한다. plt.scatter()로 x_train 데이터를 레이블에 따라 'blue', 'red'로 구분하여, marker = 'o'로 표시한다.

8 [그림 2.9]는 LogisticRegression모델의 실행 결과이다. 훈련 데이터 x_train, y_train에 대해 [그림 2.9](a)는 accuracy = 1.0, [그림 2.9](b)는 accuracy = 0.96이다. 데이터를 정규화 하지 않으면 정확도가 낮아진다.

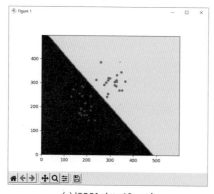 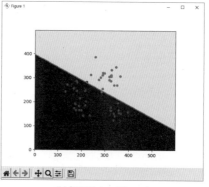

(a) '0201_data40.npz' (b) '0201_data50.npz'

그림 2.9 ▷ model = cv2.ml.LogisticRegression_create()

SVM Support Vector Machine

06

SVM은 클래스 사이의 마진 margin을 최대로 하는 초평면 hyper-plane을 찾는 분류 방법으로 감독학습 supervised learning이다. 다양한 커널 함수를 이용하여 비선형 분류를 할 수 있다. OpenCV에 구현된 SVM 타입은 C_SVC, NU_SVC , ONE_CLASS, EPS_SVR, NU_SVR 등이 있으며, 커널 함수는 LINEAR, INTER, SIGMOID, POLY, CHI2, RBF 등이 있다. 파라미터 값에 C, GAMMA, P, NU, COEF, DEGREE 등이 있다. C는 아웃라이어에 주는 패널티 penalty 값이다. NU는 [0, 1] 범위의 값으로 1에 가까울수록 분류 경계선이 부드러워진다. GAMMA는 RBF, POLY, SIGMOID 등의 커널 함수에서 사용된다. model.setType()으로 SVM 타입을 설정한다. trainAuto() 메서드를 사용하면 현재 설정된 SVM 타입 디폴트 C_SVC과 커널 디폴트 RBF에서 최적의 SVM 파라미터로 모델을 훈련한다. train() 메서드보다 시간은 오래 걸린다. 2-클래스 분류와 다중 클래스 multi-class 분류 모두 가능하다. SVM은 지금도 사용되지만, 딥러닝이 출현하기 이전에 많은 응용 분야에서 인기 있는 분류기였다.

예제 2.7 | SVM 2-클래스 분류

```
01 # 0207.py
02 import cv2
03 import numpy as np
04 import matplotlib.pyplot as plt
05
06 #1: load train data
07 with np.load('./data/0201_data40.npz') as X:        # '0201_data50.npz'
08     x_train = X['x_train'].astype(np.float32)
09     y_train = X['y_train'].astype(np.int32)          # np.float32
10     height, width = X['size']
11
12 #2: Support Vector Machines
13 #2-1
14 model =  cv2.ml.SVM_create()
15
16 #model.setType(cv2.ml.SVM_C_SVC)                     # default
17
18 #2-2
19 ##model.setType(cv2.ml.SVM_NU_SVC)
20 ##model.setNu(0.01)
```

```
21
22  #2-3
23  ##model.setKernel(cv2.ml.SVM_LINEAR)
24
25  #2-4
26  ##model.setKernel(cv2.ml.SVM_INTER)        # histogram intersection
27
28  #2-5
29  ##model.setKernel(cv2.ml.SVM_SIGMOID)
30  ##model.setC(0.1)
31  ##model.setGamma(0.00015)
32  ##model.setCoef0(19.6)
33
34  #2-6
35  ##model.setKernel(cv2.ml.SVM_POLY)
36  ##model.setDegree(3.43)
37
38  #2-7
39  ##model.setKernel(cv2.ml.SVM_RBF)          # default
40  ##model.setC(0.1)
41  ##model.setGamma(0.00015)
42
43  #3
44  ##crit = (cv2.TERM_CRITERIA_EPS + cv2.TERM_CRITERIA_MAX_ITER,
45  ##          100, 0.0001)
46  ##model.setTermCriteria(crit)
47
48  ##ret = model.train(samples=x_train, layout=cv2.ml.ROW_SAMPLE,
49  ##                  responses=y_train)
50
51
52  #4
53  ret = model.trainAuto(samples = x_train, layout = cv2.ml.ROW_SAMPLE,
54                        responses = y_train)
55  print("model.getType() = ", model.getType())
56  print("model.getKernelType()= ", model.getKernelType())
57  print("model.getC()= ", model.getC())
58  print("model.getNu()= ", model.getNu())
59  print("model.getGamma()= ", model.getGamma())
60  print("model.getDegree()= ", model.getDegree())
61  print("model.getCoef0()= ", model.getCoef0())
62
63  #5:
64  ret, y_pred = model.predict(x_train)
65  y_pred = y_pred.flatten()
66  accuracy = np.sum(y_train == y_pred) / len(y_train)
```

```
67  print('accuracy=', accuracy)
68
69  #6: x_test-> predictions -> pred
70  step = 2
71  xx, yy = np.meshgrid(np.arange(0, width,  step),
72                       np.arange(0, height, step))
73
74  x_test = np.float32(np.c_[xx.ravel(), yy.ravel()])
75
76  ret, pred = model.predict(x_test)
77  pred = pred.reshape(xx.shape)
78
79  #7: display data and result
80  #7-1
81  ax = plt.gca()
82  ax.set_aspect('equal')
83
84  #7-2
85  class_colors = ['blue', 'red']
86  plt.contourf(xx, yy, pred, cmap = plt.cm.gray)
87  plt.contour(xx, yy, pred, colors = 'red', linewidths = 1)
88
89  #7-3
90  for label in range(2):              # 2 class
91      plt.scatter(x_train[y_train == label, 0],
92                  x_train[y_train == label, 1],
93                  20, class_colors[label], 'o')
94  plt.show()
```

프로그램 설명

1 SVM 모델로 2-클래스 분류한다. SVM 모델을 생성하고, model.setType()으로 모델 타입을 설정하며 model.setKernel()로 커널을 설정한다. model.trainAuto()로 모델을 훈련하면 설정된 SVM 타입, 커널에서 최적의 SVM 파라미터로 훈련한다. 훈련된 파라미터로 설정 하고 model.train()으로 훈련하면 같은 결과를 얻을 수 있다.

2 #2-1은 SVM 모델을 생성한다. 디폴트 SVM 타입은 cv2.ml.SVM_C_SVC이다.

3 #2-2는 SVM 타입을 cv2.ml.SVM_NU_SVC로 설정한다. model.setNu()로 값을 설정한다.

4 #2-3에서 #2-7까지는 다른 커널에 대한 설정이다. model.trainAuto()의 디폴트 파라미터를 사용하면 편리하다.

5 #3은 model.train()으로 훈련 데이터 x_train, y_train를 이용하여 모델을 훈련한다.

6 #4는 model.trainAuto()로 훈련 데이터 x_train, y_train를 이용하여 자동으로 모델을 훈련 한다.

7 #5는 model.predict()로 x_train 데이터를 y_pred에 분류하고 정확도 accuracy를 계산한다.

8 #6은 격자 그리드에서 x_test 데이터를 생성하여 model.predict(x_test)로 레이블 pred로 분류한다.

9 #7은 plt.contourf()로 분류 경계를 colors = 'red' 컬러로 표시한다. ㄱlt.scatter()로 x_train 데이터를 레이블에 따라 'blue', 'red'로 구분하여, marker = 'o'로 표시한다.

10 [그림 2.10]은 디폴트 SVM 타입 cv2.ml.SVM_C_SVC, 디폴트 커널 함수 cv2.ml.SVM_RBF에서 model.trainAuto()의 결과이다.

11 [그림 2.11]은 디폴트 SVM 타입 cv2.ml.SVM_C_SVC, #2-3의 선형 커널 함수 cv2.ml.SVM_LINEAR에서 model.trainAuto()의 결과이다.

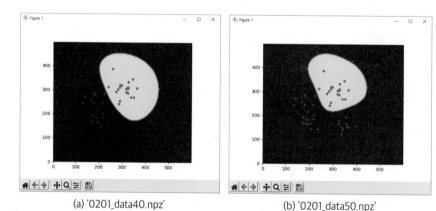

(a) '0201_data40.npz' (b) '0201_data50.npz'

그림 2.10 ▷ model.trainAuto() : cv2.ml.SVM_C_SVC, cv2.ml.SVM_RBF

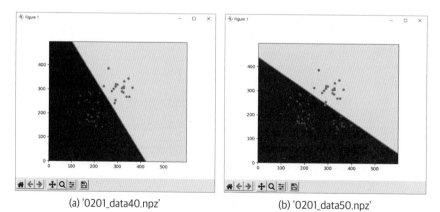

(a) '0201_data40.npz' (b) '0201_data50.npz'

그림 2.11 ▷ model.trainAuto() : cv2.ml.SVM_C_SVC, cv2.ml.SVM_LINEAR

⑫ [그림 2.12]는 #2-2의 SVM 타입 cv2.ml.SVM_NU_SVC, #2-3의 선형 커널 함수 cv2.ml.SVM_LINEAR에서 model.trainAuto()의 결과이다.

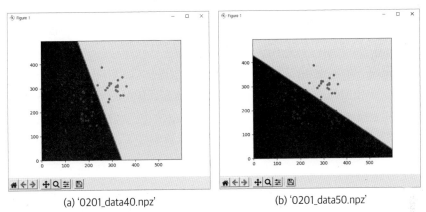

(a) '0201_data40.npz' (b) '0201_data50.npz'

그림 2.12 ▷ model.trainAuto() : cv2.ml.SVM_NU_SVC, cv2.ml.SVM_LINEAR

K-means 07

K-means는 데이터를 주어진 K-개의 클러스터로 군집하는 간단하고 효율적인 방법이다. K-means 알고리즘은 클러스터의 중심을 초기화하고, 반복적으로 데이터를 가장 가까운 클러스터 중심으로 분류하고, 클러스터 중심을 다시 계산한다. 정답 레이블을 사용하지 않는 무감독학습 unsupervised learning이다. OpenCV의 cv2.kmeans()는 Core 모듈에 포함되어 있다. 유사한 partion() 함수는 Python 버전에서는 제공하지 않는다.

```
cv2.kmeans(data, K, bestLabels, criteria, attempts, flags[, centers ])
        -> retval, bestLabels, centers
```

① data는 클러스터링을 위한 데이터이다. 각 샘플 데이터는 data의 행에 저장된다. K는 클러스터의 개수이고, bestLabels는 각 샘플의 클러스터 번호를 labels에 저장한다.

② criteria는 종료 조건으로 최대반복 회수와 각 클러스터의 중심이 오차 이내로

움직이면 종료한다. cv2.TERM_CRITERIA_MAX_ITER와 cv2.TERM_
CRITERIA_EPS로 설정한다.

③ attempts는 알고리즘을 시도하는 횟수이다. attempts 횟수 중에서 최적의
레이블 결과를 bestLabels에 저장하여 반환한다. centers는 클러스터의 중심을
각 행에 저장하여 반환한다.

④ flags는 K개의 클러스터 중심을 초기화는 방법을 명시한다.
cv2.KMEANS_RANDOM_CENTERS, cv2.KMEANS_PP_CENTER의 중심
클러스터 초기화 방법이 있다. cv2.KMEANS_USE_INITIAL_LABELS이면,
처음 시도는 사용자가 제공한 레이블 bestLabels을 사용하고, 다음 시도부터는
난수를 사용한다.

⑤ 클러스터링 밀집도 compactness를 계산하여 retval에 반환한다.

$$\sum_i \|data[i] - centers(label(i))\|^2$$

예제 2.8	cv2.kmeans() 클러스터링

```python
01  # 0208.py
02  import cv2
03  import numpy as np
04  import matplotlib.pyplot as plt
05  np.set_printoptions(precision = 2, suppress = True)
06
07  #1: load train data
08
09  with np.load('./data/0201_data50.npz') as X:
10      x_train = X['x_train'].astype(np.float32)
11      y_train = X['y_train'].astype(np.float32)
12      height, width = X['size']
13
14  #2: K-means clustering
15  K = 2                  # 3
16  term_crit = (cv2.TERM_CRITERIA_EPS + cv2.TERM_CRITERIA_MAX_ITER,
17               10, 1.0)
18  ret, labels, centers = cv2.kmeans(data = x_train, K = K,
19                                    bestLabels = None,
20                                    criteria = term_crit,
21                                    attempts = 1,
22                                    flags = cv2.KMEANS_RANDOM_CENTERS)
23  print('centers=', centers)
```

```
24  print('centers.shape=', centers.shape)
25  print('labels.shape=', labels.shape)
26  print('ret=', ret)
27
28  #3:
29  def predict(pts, centers):
30      dist = np.sqrt(((pts - centers[:, np.newaxis]) ** 2).sum(axis = 2))
31      return np.argmin(dist, axis = 0)
32
33  step = 2
34  xx, yy = np.meshgrid(np.arange(0, width,  step),
35                       np.arange(0, height, step))
36  x_test = np.float32(np.c_[xx.ravel(), yy.ravel()])
37  pred = predict(x_test, centers)       # pred.shape = (75000, )
38
39  #4: display data using matplotlib
40  #4-1
41  ax = plt.gca()
42  ax.set_aspect('equal')
43  plt.xlim(0, width - 1)
44  plt.ylim(0, height - 1)
45
46  #4-2
47  class_colors = ['blue', 'red']
48  pred = pred.reshape(xx.shape)         # pred.shape = (250, 300)
49  plt.contourf(xx, yy, pred, cmap = plt.cm.gray)
50  plt.contour(xx, yy, pred, colors = 'red', linewidths = 1)
51
52  #4-3
53  class_colors = ['blue', 'green', 'cyan']
54  labels = labels.flatten()
55  for i in range(K):
56      pts = x_train[labels == i]
57      ax.scatter(pts[:, 0], pts[:, 1], 20, c = class_colors[i],
58                 marker = 'o')
59      ax.scatter(centers[:, 0], centers[:, 1], 100,
60                 c = 'red', marker = 'x')
61  plt.show()
```

▌ 실행 결과 1: K = 2

```
centers= [[187.17 212.43]
          [322.06 255.62]]
centers.shape= (2, 2)
labels.shape= (50, 1)
ret= 256328.83409881592
```

실행 결과 2: K = 3

```
centers= [[187.17 212.43]
         [349.59 158.8 ]
         [308.29 304.03]]
centers.shape= (3, 2)
labels.shape= (50, 1)
ret= 104350.84056091309
```

프로그램 설명

1 K-means로 군집화 clustering한다. #1은 '0201_data50.npz'에서 데이터 x_train, y_test를 로드한다. 무감독 분류이므로 y_train은 사용하지 않는다.

2 #2는 cv2.kmeans()로 x_train 데이터를 K개의 클러스터로 군집화한다.

centers에 K개의 클러스터 중심점을 반환한다. centers.shape = (K, 2)이다. labels는 x_train의 각 데이터의 클러스터 번호를 반환한다. labels.shape = (50, 1)이다. ret는 클러스터 응집도를 반환한다.

3 #3은 격자 그리드에서 x_test 데이터를 생성하고, predict()로 x_test의 데이터에서 클러스터 중심점 centers까지의 거리가 가장 가까운 클러스터 레이블 pred을 계산한다. pred.shape = (75000,)이다.

4 #4-2는 pred를 xx와 같은 모양으로 변경한다. pred.shape = (250, 300)이다. plt.contourf()로 pred의 분류 경계를 class_colors 컬러, marker = 'o'로 표시한다. 클러스터 중심 centers은 c = 'red' 컬러, marker = 'x'로 표시한다.

5 [그림 2.13]은 K-means 클러스터링 결과이다. [그림 2.13](a)은 K = 2, [그림 2.13](b)은 K = 3의 결과이다.

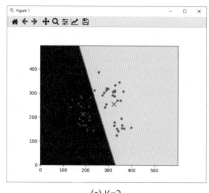

(a) K=2

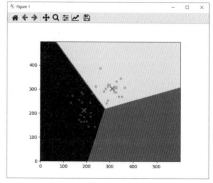

(b) K=3

그림 2.13 ▷ K-mean 클러스터링

EM Expectation Maximization 08

EM은 불완전 데이터 incomplete data, latent variable를 추정하는 기댓값 단계 E-step와
모델 파라미터를 최적화하는 최대화 단계 M-step의 2단계를 반복한다. EM 알고리즘은
가우스 혼합모델 Gaussian Mixture Model, GMM과 은닉 마코프 모델 Hidden Markov Model,
HMM 등에서 파라미터 계산을 위해 사용된다. EM은 정답 레이블을 사용하지 않고 확률
분포 또는 클러스터를 계산하는 무감독학습 unsupervised learning에 사용된다.

OpenCV에 구현된 EM은 가우스 혼합모델 Gaussian Mixture Model의 파라미터 평균, 공분산,
가중치를 계산한다.

$$p(x) = \sum_{k=1}^{K} w_i N(\mu_i, cov_i)$$

EM 알고리즘으로 가중치 w_i, 정규분포 $N(\mu_i, cov_i)$의 평균 μ_i, 공분산 cov_i을
계산할 수 있다. EM의 간단한 이해는 Chuong B Do의 "What is the expectation
maximization algorithm?, NATURE BIOTECHNOLOGY, 2008"을 참고한다.

예제 2.9	EM 2-클래스 클러스터링

```
01  # 0209.py
02  import cv2
03  import numpy as np
04  import matplotlib.pyplot as plt
05  np.set_printoptions(precision = 2, suppress = True)
06
07  #1: load train data
08  with np.load('./data/0201_data40.npz') as X:       # '0201_data50.npz'
09      x_train = X['x_train'].astype(np.float32)
10      y_train = X['y_train'].astype(np.float32)
11      height, width = X['size']
12
13  #2: EM clustering
14  #2-1: model.train()
15  model = cv2.ml.EM_create()
16  model.setClustersNumber(2)                 # '0201_data40.npz'
```

```
17  ##model.setClustersNumber(3)              # '0201_data50.npz'
18  ##model.setCovarianceMatrixType(cv2.ml.EM_COV_MAT_DIAGONAL)
19  ##crit = (cv2.TERM_CRITERIA_EPS + cv2.TERM_CRITERIA_MAX_ITER,
20           100, 0.00001)
21  ##model.setTermCriteria(crit)
22
23  #2-2
24  ret = model.train(samples = x_train, layout = cv2.ml.ROW_SAMPLE,
25                    responses = None)
26  means = model.getMeans()
27  print("means=", means)
28  covs = model.getCovs()
29  print("covs=", covs)
30  w = model.getWeights()
31  print("weights=", w)
32
33  #2-3: train using model.trainEM()
34  ##K= model.getClustersNumber()          # 2
35  ##term_crit = (cv2.TERM_CRITERIA_EPS +
36                cv2.TERM_CRITERIA_MAX_ITER, 10, 1.0)
37  ##ret, labels, centers = cv2.kmeans(x_train, K, None, term_crit, 5,
38  ##                              cv2.KMEANS_RANDOM_CENTERS)
39  ##print('centers.shape=', centers.shape)
40  ##print('labels.shape=', labels.shape)
41  ##print('ret=', ret)
42  ##
43  ####retval, logLikelihoods, labels, probs =
44  ####         model.trainE(samples = x_train, means0 = centers)
45  ####retval, logLikelihoods, labels, probs =
46  ####         model.trainM(samples = x_train, probs0 = probs)
47  ##retval, logLikelihoods, labels, probs =
48  ###         model.trainEM(samples = x_train)
49  ##y_pred = labels.flatten()
50  ##
51  ##means = model.getMeans()
52  ##print("means=", means)
53  ##covs = model.getCovs()
54  ##print("covs=", covs)
55  ##w = model.getWeights()
56  ##print("weights=", w)
57
58  #2-4
59  ret, y_prob = model.predict(x_train)         # y_prob.shape = (40, 2)
60  y_pred = np.argmax(y_prob, axis = 1)         # y_pred.shape(40,)
61  accuracy = np.sum(y_train == y_pred) / len(y_train)
```

```
62 print('accuracy=', accuracy)
63
64 #2-5: x_test-> predictions -> pred
65 step = 2
66 xx, yy = np.meshgrid(np.arange(0, width,  step),
67                      np.arange(0, height, step))
68
69 x_test = np.float32(np.c_[xx.ravel(), yy.ravel()])
70 ret, prob = model.predict(x_test)       # prob.shape = (75000, 2)
71 pred = np.argmax(prob, axis = 1)
72 pred = pred.reshape(xx.shape)            # pred.shape = (250, 300)
73
74 #3: display data and result
75 #3-1
76 ax = plt.gca()
77 ax.set_aspect('equal')
78
79 #3-2
80 class_colors = ['blue', 'red']
81 plt.contourf(xx, yy, pred, cmap = plt.cm.gray)
82 plt.contour(xx, yy, pred, colors = 'red', linewidths = 1)
83
84 #3-3
85 for label in range(2): #2 is number of class
86     plt.scatter(x_train[y_train == label, 0],
87                 x_train[y_train == label, 1],
88                 20, class_colors[label], 'o')
89 plt.show()
```

실행 결과 1: '0201_data40.npz', model.setClustersNumber(2)

```
means= [[187.21 212.43]
 [307.94 303.8 ]]
covs= [array([[ 694.64,    0.  ],
              [   0.  , 2207.12]]), array([[1020.29,    0.  ],
              [   0.  ,  972.23]])]
weights= [[0.5 0.5]]
accuracy= 1.0
```

실행 결과 2: '0201_data50.npz', model.setClustersNumber(3)

```
means= [[187.21 212.43]
 [307.95 303.77]
 [349.59 158.78]]
covs= [array([[ 694.63,    0.  ],
              [   0.  , 2207.17]]), array([[1020.52,    0.  ],
              [   0.  ,  975.4 ]]), array([[ 455.78,    0.  ],
```

```
                [   0.  ,   334.57]])]
weights= [[0.4 0.4 0.2]]
accuracy= 0.8
```

프로그램 설명

1 EM 모델로 2-클러스터로 군집화 clustering한다. EM은 무감독 분류이다. 주어진 정답 레이블 y_train을 사용하지 않는다.

2 #2-1은 EM 모델을 생성하고, model.setClustersNumber()로 클러스터 개수를 2로 설정한다. 디폴트 클러스터 개수는 5이다. model.getClustersNumber()는 설정된 클러스터 개수를 반환한다.

3 #2-2는 model.train()으로 x_train 데이터에 대해 모델을 훈련한다. y_train은 사용하지 않는다. 훈련 결과는 평균 mean, 공분산 cov, 가중치 w이고, 클러스터 개수만큼 계산된다.

4 #2-3은 cv2.kmeans()로 평균 centers을 계산하고, model.trainE(), model.trainM()으로 모델을 훈련하거나, model.trainEM()으로 x_train 데이터를 이용하여 모델을 훈련한다. 훈련 결과는 #2-2와 오차범위 내에서 같다.

5 #2-4는 model.predict()로 x_train 데이터에 대해 2개의 클러스터에 대한 확률 y_prob을 계산한다. np.argmax()로 확률이 가장 큰 클러스터의 레이블 y_prob을 계산한다. y_train과 비교하여 정확도 accuracy를 계산한다. y_pred의 클러스터 번호와 y_train의 레이블 번호의 순서가 다를 수 있다. y_pred, y_train의 레이블 매칭을 찾을 수 있다([예제 3.8] 참고).

6 #2-5는 격자 그리드에서 x_test 데이터를 생성하여 model.predict()로 x_test를 레이블 pred로 클러스터링 한다.

7 #3은 plt.contourf()로 분류 경계를 colors = 'red' 컬러로 표시한다. plt.scatter()로 x_train 데이터를 레이블에 따라 'blue', 'red'로 구분하여, marker = 'o'로 표시한다.

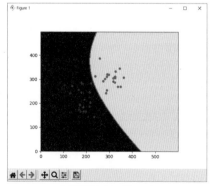

(a) '0201_data40.npz'
model.setClustersNumber(2)

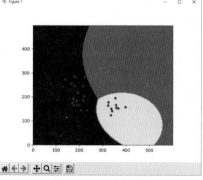

(b) '0201_data50.npz'
model.setClustersNumber(3)

그림 2.14 ▷ EM 클러스터링

8 [그림 2.14]는 EM 클러스터링 결과이다. [그림 2.14](a)는 '0201_data40.npz' 데이터를
model.setClustersNumber(2)로 훈련한 결과이다. [그림 2.14](b)는 '0201_data50.npz'
데이터를 model.setClustersNumber(3)으로 훈련한 결과이다.

ANN_MLP 09
Artificial Neural Network Multi-Layer Perception

다층 퍼셉트론 Multi-Layer Perceptron, MLP에 의한 인공신경망 Artificial Neural Networks,
ANN은 훈련 집합 training set의 정답 레이블과 MLP 출력의 오차를 최소화하는 감독학습
supervised learning이다. 2-클래스 분류, 다중 클래스 multi-class 분류 모두 가능하다.

MLP의 계층은 입력층 input layer, 출력층 output layer, 은닉층 hidden layers으로 구성된다.
은닉층은 여러 층 layer으로 구성할 수 있다. 각 층은 하나 이상의 뉴런을 가지며, 층 사이의
뉴런은 완전연결 fully
connected되어 있다.

[그림 2.15]는 뉴런 i의
구조이다. 뉴런은 입력
x_k와 가중치 $w_{i,k}$의
각각의 곱셈의 합계 벡터
내적에 편향 bias을 더하여
u_i을 계산한다. 활성화
함수 $f()$를 적용하여
y_i를 출력한다. 입력층은
단순히 입력값을 전달
한다.

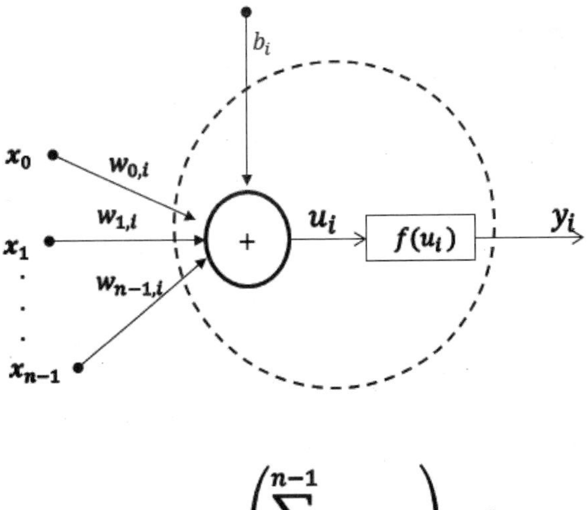

$$u_i = \left(\sum_{k=0}^{n-1} x_k \, w_{k,i} \right) + b_i$$

그림 2.15 ▷ 뉴런 i의 구조

[그림 2.16]은 입력층(2 입력), 은닉층(3 뉴런), 출력층(1 뉴런)의 3-층 신경망이다(일반적으로는 입력층을 제외하여 2-층 신경망이라 한다). 각각의 원은 [그림 2.15]에서 점선인 원으로 표시된 뉴런이다. $w_{i,j}^k$는 k-층에서, i와 j 사이의 가중치이다. b_i^k는 k-층에서 뉴런 i의 편향이다. [그림 2.16]의 MLP 신경망은 입력에 대한 목표값을 출력하도록 9개 파라미터 가중치 6개, 바이어스 3개를 찾는 최적화 과정이다. 즉, 신경망 훈련은 9개 파라미터를 갖는 함수를 찾는 과정이다.

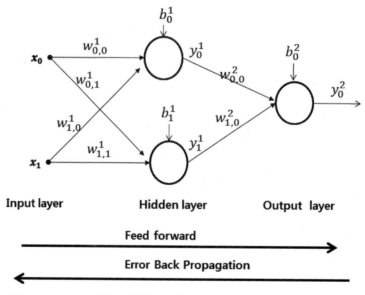

그림 2.16 ▷ 3-층 MLP 신경망: 입력층(2 입력), 은닉층(2 뉴런), 출력층(1 뉴런)

다중 클래스 분류에서는 출력층에 분류클래스 개수만큼 뉴런을 생성한다. 정답 레이블은 출력층의 뉴런의 수에 맞게 인코딩하여 사용한다. 원-핫 one-hot 인코딩은 하나의 위치만 1이고, 나머지는 모두 0이다. predict()의 출력에서 가장 큰 뉴런으로 분류한다.

01 ANN_MLP 모델 생성 및 설정

ANN_MLP 신경망 모델은 cv2.ml.ANN_MLP_create()로 생성한다. 모델의 계층 구조는 cv2.ml_ANN_MLP.setLayerSizes()에 뉴런 개수를 포함한 리스트를 전달하여 설정한다.

```
cv2.ml.ANN_MLP_create() -> <ml_ANN_MLP object>
```

cv2.ml.ANN_MLP_create()는 ml_ANN_MLP 객체를 생성한다.

```
cv2.ml_ANN_MLP.setLayerSizes(_layer_sizes) -> None
```

cv2.ml_ANN_MLP.setLayerSizes()는 모델의 계층 구조를 설정한다. _layer_sizes = np.array([2, 2, 1])이면 입력층 크기 2, 은닉층 뉴런 개수 2, 출력층 뉴런 개수 1로 설정한다.

```
cv2.ml_ANN_MLP.setTrainMethod(method) -> None
```

01 cv2.ml_ANN_MLP.setTrainMethod()는 훈련 방법(BACKPROP, RPROP, ANNEAL)을 설정한다.

02 method= cv2.ml.ANN_MLP_RPROP는 Resilient 역전파 backpropagation 최적화 방법이다. 배치방식이고, 갱신 속도가 빠르며, 디폴트 훈련 방법이다. param1은 setRpropDW0(), param2는 setRpropDWMin() 값이다.

03 method= cv2.ml.ANN_MLP_BACKPROP는 모멘텀 momentum 기반 표준 역전파 최적화 방법이다. param1은 setBackpropWeightScale(), param2는 setBackpropMomentumScale() 값이다.

```
cv2.ml_ANN_MLP.setActivationFunction(type[, param1[, param2]]) -> None
```

cv2.ml_ANN_MLP.setActivationFunction()은 [표 2.1]의 뉴런의 출력을 조절하는 활성화 함수를 설정한다. param1 = α, param2 = β이다. 디폴트는 cv2.ml.ANN_MLP_SIGMOID_SYM, param1 = 0, param2 = 0이고, 함수 내부에서 param1 = 2/3, param2 = 1.7159로 재설정하여, 다음의 활성화 함수 $f(x)$를 사용한다. 출력범위는 [-1.7159, 1.7159]이다. cv2.ml.ANN_MLP_SIGMOID_SYM, param1 = 1, param2 = 1이면 출력범위는 [-1, 1]이다.

$$f(x) = 1.7159 \times \tanh(\frac{2}{3}x)$$

```
cv2.ml_ANN_MLP.setTermCriteria(val) -> None
```

cv2.ml_ANN_MLP.setTermCriteria()는 최대반복 회수 cv2.TERM_CRITERIA_
COUNT와 반복 사이의 허용 오차 cv2.TERM_CRITERIA_EPS를 사용하여 종료 조건을
설정한다. 디폴트 최대반복은 1000, 허용오차는 0.01이다.

[표 2.1] 활성화 함수

함수	설명
cv2.ml.ANN_MLP_IDENTITY	$f(x) = x$
cv2.ml.ANN_MLP_SIGMOID_SYM	$f(x) = \beta(1 - e^{-\alpha x})/(1 + e^{-\alpha x})$ $\simeq \beta \tanh(\alpha x)$
cv2.ml.ANN_MLP_RELU	$f(x) = \max(0, x)$
cv2.ml.ANN_MLP_LEAKYRELU	$f(x) = x \quad \text{if } x > 0$ $= \alpha \times x \quad o.w$
cv2.ml.ANN_MLP_GAUSSIAN	$f(x) = \beta e^{-\alpha x^2}$

02 ANN_MLP 모델 훈련 train과 추론 predict

cv2.ml_ANN_MLP.train()으로 훈련하고, cv2.ml_ANN_MLP.predict()로 추론한다.

```
cv2.ml_ANN_MLP.train(samples, layout, responses) -> retval
```

1 train()은 훈련 데이터 samples와 목표값인 정답 레이블 responses을 사용하여
모델의 파라미터 weights, biases를 갱신한다.

2 layout은 훈련 데이터 samples의 배치에 따라 cv2.ml.ROW_SAMPLE, cv2.
ml.COL_SAMPLE을 사용한다.

3 한 번이라도 훈련이 되었으면 파라미터가 갱신되었으면 retval = True를 반환한다.

`cv2.ml_ANN_MLP.setTermCriteria(val) -> None`

1 trainData는 cv2.ml.TrainData_create()로 생성한 훈련 데이터이다.

2 flags = cv2.ml.ANN_MLP_NO_INPUT_SCALE을 설정하지 않으면, 입력 데이터는 평균 0, 표준편차 1이 되도록 정규화한다.

$$\mu = \frac{1}{N} \sum_{0}^{N-1} x_i$$
$$\sigma^2 = \frac{1}{N} \sum_{0}^{N-1} (x_i - \mu)^2$$
$$\hat{x_i} = \frac{x_i - \mu}{\sqrt{\sigma^2}}$$

3 flags = cv2.ml.ANN_MLP_NO_OUTPUT_SCALE을 설정하지 않으면, 출력값을 스케일링한다. 활성 함수의 출력범위 $[m, M]$에서 목표 반응 값의 범위 $[m_j, M_j]$ 로의 변환은 다음과 같다. l_count가 계층의 개수일 때, l_count 계층의 가중치에 a, b가 저장되고, l_count + 1에 역변환의 기울기 1 / a와 절편 -b / a이 저장된다.

$$y = \frac{M_j - m_j}{M - m}(x - m) + m_j$$

$$= ax + b$$

$$여기서, a = \frac{M_j - m_j}{M - m}, \quad b = m_j - a \times m$$

4 flags = cv2.ml.ANN_MLP_UPDATE_WEIGHTS을 설정하면, 가중치 weights를 초기화하지 않고 갱신한다. 반복문을 사용하여 가중치를 갱신할 때 설정한다.

`cv2.ml.TrainData_create(samples, layout, responses) -> trainData`

1 samples, layout, responses를 사용하여 훈련 데이터 trainData를 생성한다.

2 samples는 훈련 데이터, responses는 정답 레이블, layout은 데이터의 행 또는 열 배치 지정이다.

```
cv2.ml_ANN_MLP.predict(samples[, results[, flags]]) -> retval, results
```

1 신경망 모델에 sample을 입력하여, 출력층 뉴런의 반응값 results을 반환한다.

2 retval은 의미 없는 값으로 무시한다.

| 예제 2.10 | cv2.ml.ANN_MLP_SIGMOID_SYM의 활성화 함수 |

```
01 # 0210.py
02 import numpy as np
03 import matplotlib.pyplot as plt
04 #1: param1 = 1, param2 = 1, cv2.ml.ANN_MLP_SIGMOID_SYM
05 alpha = 1
06 beta  = 1
07 x = np.linspace(-10, 10, num=100)
08 y = beta * (1 - np.exp(-alpha * x)) / (1 + np.exp(-alpha * x))
09 plt.plot(x, y, label = 'alpha=1, beta=1')
10
11 #2: param1 = 0, param2 = 0, cv2.ml.ANN_MLP_SIGMOID_SYM
12 alpha = 2 / 3
13 beta  = 1.7159
14 y = beta * (1 - np.exp(-alpha * x)) / (1 + np.exp(-alpha * x))
15 plt.plot(x, y, label = 'alpha=2/3, beta=1.7159')
16
17 #3
18 ###y = np.tanh(x)
19 ##y = (np.exp(x) - np.exp(-x)) / (np.exp(x) + np.exp(-x))
20 ##plt.plot(x, y, label = 'tanh')
21 ##
22 #4
23 ##y = beta * np.tanh(x * alpha)
24 ##plt.plot(x, y, label = 'beta*np.tanh(x*alpha)')
25 plt.legend(loc = 'best')
26 plt.show()
```

▼ **프로그램 설명**

1 활성화 함수 cv2.ml.ANN_MLP_SIGMOID_SYM의 그래프를 표시한다.

$$f(x) = \beta(1 - e^{-\alpha x})/(1 + e^{-\alpha x}) \text{ 와 } f(x) = \beta \times \tanh(\alpha x) \text{ 는}$$
유사 함수이다.

② #1은 alpha = 1, beta = 1인 함수를 표시한다.

setActivationFunction(type = cv2.ml.ANN_MLP_SIGMOID_SYM, param1 = 1, param2 = 1)인 경우이다.

$$f(x) = (1 - e^{-x})/(1 + e^{-x}), -1 \leq f(x) \leq 1$$

③ #2는 alpha = 2 / 3, beta = 1.7159인 함수를 표시한다.

setActivationFunction(type = cv2.ml.ANN_MLP_SIGMOID_SYM)의 디폴트 활성화 함수인 경우이다.

$$f(x) = 1.7159(1 - e^{-\frac{2}{3}x})/(1 + e^{-\frac{2}{3}x}),$$
$$-1.7159 \leq f(x) \leq 1.7159$$

④ #3은 #1의 결과와 유사한 결과를 갖는다. #4는 #2와 유사한 결과를 갖는다. [그림 2.17]은 실행 결과이다.

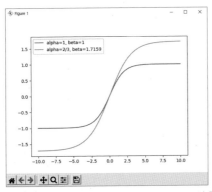

그림 2.17 ▷ cv2.ml.ANN_MLP_SIGMOID_SYM의 활성화 함수

예제 2.11   2-클래스 분류: 1-뉴런 AND, OR (Input Scale, Output Scale)

```
01  # 0211.py
02  import cv2
03  import numpy as np
04  import matplotlib.pyplot as plt
05  np.set_printoptions(precision = 2, suppress = True)
06
```

```python
07  #1
08  x_train = np.array([[0, 0],
09                      [0, 1],
10                      [1, 0],
11                      [1, 1]], dtype = np.float32)
12
13  y_train = np.array([0,0,0,1], dtype = np.float32)          # AND
14  #y_train = np.array([0,1,1,1], dtype = np.float32)         # OR
15
16  #2: Artificial Neural Networks
17  model = cv2.ml.ANN_MLP_create()
18  model.setLayerSizes(np.array([2, 1]))
19  model.setTrainMethod(cv2.ml.ANN_MLP_BACKPROP)
20
21  #model.setActivationFunction(cv2.ml.ANN_MLP_SIGMOID_SYM)     # [-1.7, 1.7]
22  model.setActivationFunction(cv2.ml.ANN_MLP_SIGMOID_SYM, 2, 1)  # [-1, 1]
23  model.setTermCriteria((cv2.TERM_CRITERIA_EPS +
24                      cv2.TERM_CRITERIA_COUNT, 1000, 1e-5))
25
26  #3: train
27  #3-1
28  ret = model.train(samples = x_train, layout = cv2.ml.ROW_SAMPLE,
29                      responses = y_train)
30
31  #3-2: weights
32  layerSize = model.getLayerSizes()
33  for i in range(layerSize.shape[0] + 2):
34      print("weights[{}] = {}".format(i, model.getWeights(i)))
35
36  #4
37  ret, y_out = model.predict(x_train)
38  print("y_out=", y_out)
39  ##y_pred = np.round(y_out)
40  y_pred = np.int32(y_out > 0.5)
41  y_pred = y_pred.flatten()
42  print("y_pred=", y_pred)
43  accuracy = np.sum(y_train == y_pred) / len(y_train)
44  print('accuracy=', accuracy)
45
46  #5
47  h = 0.01
48  xx, yy = np.meshgrid(np.arange(0 - 2 * h, 1 + 2 * h, h),
49                      np.arange(0 - 2 * h, 1 + 2 * h, h))
50
51  sample = np.c_[xx.ravel(), yy.ravel()]
```

```
52 ret, out = model.predict(sample)
53 pred = np.int32(out > 0.5)
54 pred = pred.reshape(xx.shape)
55
56 #6
57 ax = plt.gca()
58 ax.set_aspect('equal')
59
60 plt.contourf(xx, yy, pred, cmap = plt.cm.gray)
61 plt.contour(xx, yy, pred, colors = 'red', linewidths = 1)
62
63 class_colors = ['blue', 'red']
64 for label in range(2):               # 2 class
65     plt.scatter(x_train[y_train == label, 0],
66                 x_train[y_train == label, 1],
67                 50, class_colors[label], 'o')
68
69 plt.show()
```

실행 결과: AND

```
weights[0] = [[ 2. -1.  2. -1.]]
weights[1] = [[ 1.5]
             [ 1.5]
             [-1.5]]
weights[2] = [[0.53 0.5 ]]
weights[3] = [[1.9 -0.95]]
y_out= [[-0.03]
        [ 0.02]
        [ 0.02]
        [ 0.98]]
y_pred= [0 0 0 1]
accuracy= 1.0
```

프로그램 설명

1 1-뉴런 신경망 ANN_MLP을 사용하여 [표 2.2]의 AND와 OR 연산하는 신경망 모델을 생성하고 모델을 훈련한다. #1은 훈련 데이터 x_train, y_train를 생성한다.

[표 2.2] AND, OR 연산

x_0	x_1	x_0 AND x_1	x_0 OR x_1
0	0	0	0
0	1	0	1
1	0	0	1
1	1	1	1

2 #2는 ANN_MLP 모델을 생성한다. model.setLayerSizes()로 [그림 2.18]과 같이 1-뉴런으로 2층(2입력, 1출력) 신경망을 구성한다. cv2.ml.ANN_MLP_BACKPROP 훈련 방법과 cv2.ml.ANN_MLP_SIGMOID_SYM 활성화 함수의 출력범위를 [-1, 1]로 설정한다. model.setTermCriteria()로 최대반복횟수 1000, 오차 1e-5의 종료 조건을 설정한다. 모델을 생성한 순간의 가중치는 모두 0으로 초기화된다.

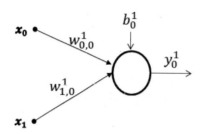

Input layer   **Output layer**

그림 2.18 ▷ 1-뉴런(2입력, 1출력)의 ANN_MLP 모델

3 #3은 신경망 모델을 훈련하고, 가중치를 출력한다. #3-1은 model.train()으로 배열의 행에 배치된 훈련 데이터 x_train와 목표값 y_train을 이용하여 모델을 훈련한다.

4 #3-2는 model.getWeights()를 사용하여 훈련된 가중치를 출력한다. layerSize = model.getLayerSizes()는 층 구조를 가져온다. layerSize.shape[0] = 2는 ANN_MLP 모델의 층의 개수이다. 0-층의 가중치 model.getWeights(0), weights[0] = [[2. -1. 2. -1.]]은 입력 스케일 값이다. [표 2.3]과 같이 입력 데이터 x_train의 0-열에 (2, -1)를 적용하고, 1-열에 (2, -1)를 적용하여 입력 데이터를 평균 0, 표준편차 1로 정규화 한다.

[표 2.3] 입력 데이터 정규화

x_0	x_1	$x_0 \times 2 - 1$	$x_1 \times 2 - 1$
0	0	-1	-1
0	1	-1	1
1	0	1	-1
1	1	1	1

⑤ model.getWeights(1), weights[1] = [[1.5] [1.5] [-1.5]]는 1-층의 가중치($w_{0,0}^1 = 1.5$, $w_{1,0}^1 = 1.5$)와 편향(bias, $b_0^1 = -1.5$)이다.

⑥ 2-층의 가중치 model.getWeights(2), weights[2] = [[0.53 0.5]]는 뉴런의 출력을 스케일 하는 값이다.

즉, model.setActivationFunction(cv2.ml.ANN_MLP_SIGMOID_SYM, 2, 1)의 출력범위 [-1, 1]을 목표 값의 범위 [0, 1]로 스케일 하는 값이다. 약간의 오차가 있다.

⑦ 3-층의 가중치 model.getWeights(3), weights[3] = [[1.9 -0.95]]는 역변환 스케일 값이다. 즉, 목표 값의 범위 [0, 1]을 활성함수의 출력범위 [-1, 1]로 스케일 하는 값이다. 약간의 오차가 있다.

⑧ #4는 model.predict()로 x_train을 훈련된 모델에 입력하여 출력 y_out을 계산한다. 출력 값은 목표값 y_train의 범위로 스케일한 값이다. np.int32(y_out > 0.5)로 분류 레이블 0, 1을 갖는 y_pred를 계산한다. y_train과 비교하여 정확도 accuracy를 계산한다.

⑨ #5는 h = 0.01, 가로세로 [-2h, 1 + 2h]의 범위의 격자 그리드로 sample 데이터를 생성하고, model.predict(sample)로 모델의 출력 out을 계산한다. np.int32(out > 0.5)로 분류 레이블 pred을 계산한다.

⑩ #6은 plt.contourf()로 분류 레이블 pred의 분류 경계를 colors = 'red' 컬러로 표시한다. plt. scatter()로 x_train을 레이블에 따라 'blue', 'red'로 구분하여, marker = 'o'로 표시한다.

⑪ [그림 2.19]는 1-뉴런 인공신경망에 의한 AND, OR의 분류 결과이다. AND, OR는 하나의 직선 으로 구분할 수 있다. 뉴런 하나는 2차원에서는 직선, 다차원에서는 초평면 hyper-planes의 결정 경계 decision boundary를 생성한다. XOR 연산은 하나의 뉴런을 사용하여 직선으로 결정경계를 정확히 나눌 수 없다.

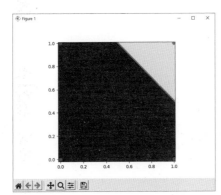
(a) AND

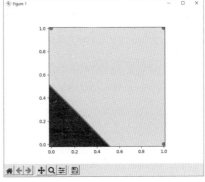
(b) OR

그림 2.19 ▷ 1-뉴런 신경망에 의한 AND, OR 분류

예제 2.12	2-클래스 분류: 1-뉴런 AND, OR
	(cv2.ml.TrainData_create, NO_INPUT_SCALE, NO_OUTPUT_SCALE)

```python
01  # 0212.py
02  import cv2
03  import numpy as np
04  import matplotlib.pyplot as plt
05  np.set_printoptions(precision = 2, suppress = True)
06
07  #1
08  x_train = np.array([[0, 0],
09                      [0, 1],
10                      [1, 0],
11                      [1, 1]], dtype = np.float32)
12
13  y_train = np.array([0, 0, 0, 1], dtype = np.float32)        # AND
14  ##y_train = np.array([0, 1, 1, 1], dtype = np.float32)      # OR
15
16  #2: Artificial Neural Networks
17  model = cv2.ml.ANN_MLP_create()
18  model.setLayerSizes(np.array([2, 1]))
19  model.setTrainMethod(cv2.ml.ANN_MLP_BACKPROP)
20  model.setActivationFunction(cv2.ml.ANN_MLP_SIGMOID_SYM, 2, 1)    # [-1, 1]
21  model.setTermCriteria((cv2.TERM_CRITERIA_EPS +
22                          cv2.TERM_CRITERIA_COUNT, 1000, 1e-5))
23
24  #3: train using TrainData
25  #3-1
26  data = cv2.ml.TrainData_create(samples = x_train,
27                                  layout = cv2.ml.ROW_SAMPLE,
28                                  responses = y_train)
29  #3-2
30  ##ret = model.train(data)  # input, output scale: the same as 0211.py
31
32  #3-3
33  ##ret = model.train(data, flags = cv2.ml.ANN_MLP_NO_OUTPUT_SCALE)
34
35  #3-4
36  ret = model.train(data, flags = cv2.ml.ANN_MLP_NO_OUTPUT_SCALE +
37                                  cv2.ml.ANN_MLP_NO_INPUT_SCALE)
38
39  #3-5: weights
40  layerSize = model.getLayerSizes()
41  for i in range(layerSize.shape[0] + 2):
42      print("weights[{}] = {}".format(i, model.getWeights(i)))
43
```

```
44  #4
45  ret, y_out = model.predict(x_train)
46  y_pred = np.int32(y_out > 0.5)
47  y_pred = y_pred.flatten()
48  accuracy = np.sum(y_train == y_pred) / len(y_train)
49  print('accuracy=', accuracy)
50
51  #5
52  h = 0.01
53  xx, yy = np.meshgrid(np.arange(0 - 2 * h, 1 + 2 * h, h),
54                       np.arange(0 - 2 * h, 1 + 2 * h, h))
55
56  sample = np.c_[xx.ravel(), yy.ravel()]
57  ret, out = model.predict(sample)
58  pred = np.int32(out > 0.5)
59  pred = pred.reshape(xx.shape)
60
61  #6
62  ax = plt.gca()
63  ax.set_aspect('equal')
64
65  plt.contourf(xx, yy, pred, cmap = plt.cm.gray)
66  plt.contour(xx, yy, pred, colors = 'red', linewidths = 1)
67
68  class_colors = ['blue', 'red']
69  for label in range(2):        # 2 class
70      plt.scatter(x_train[y_train == label, 0],
71                  x_train[y_train == label, 1],
72                  50, class_colors[label], 'o')
73
74  plt.show()
```

▽ 프로그램 설명

1️⃣ cv2.ml.TrainData_create()로 훈련 데이터를 생성한다. 입력과 출력은 스케일을 하지 않도록 설정하여 AND와 OR 연산하는 ANN_MLP 모델을 생성하고 훈련한다.

2️⃣ #2는 ANN_MLP 모델을 생성한다. [그림 2.18]의 [2, 1]층 구조를 갖는다. 훈련 방법을 cv2. ml.ANN_MLP_BACKPROP로 설정한다. 출력범위 [-1, 1]의 cv2.ml.ANN_MLP_SIGMOID_ SYM 활성화 함수를 설정하고 종료 조건을 설정한다.

3️⃣ #3은 훈련 데이터를 생성하여 신경망 모델을 훈련한다. #3-1은 cv2.ml.TrainData_create() 로 훈련 데이터 data를 생성한다. 기본적으로 x_train, y_train의 전체가 훈련 데이터(data. getTrainSamples(), data.getTrainResponses())이다. 훈련 데이터와 테스트 데이터의 분할은 3장의 "01 IRIS 데이터 분류"를 참조한다.

④ #3-2는 model.train()으로 data를 이용하여 모델을 훈련한다. [예제 2.11]과 같이 입력 데이터는 정규화하고 출력을 스케일링한다.

⑤ #3-3은 model.train()으로 data를 이용하여 모델을 훈련한다. flags = cv2.ml.ANN_MLP_NO_OUTPUT_SCALE에 의해 출력을 스케일링하지 않는다. 그러므로 2-층, 3-층의 가중치 벡터는 weights[2] = [[1. 0.]], weights[3] = [[1. 0.]]이다.

⑥ #3-4는 출력과 입력을 스케일링하지 않는다. cv2.ml.ANN_MLP_NO_INPUT_SCALE로 입력을 스케일링 정규화하지 않으면, weights[0] = [[1. 0. 1. 0.]]이다.

⑦ #4의 model.predict()는 훈련된 모델에 x_train을 입력하여 출력(y_out)을 계산한다. #3-3과 #3-4를 사용하면 y_out는 스케일 되지 않은 값이다. np.int32(y_out > 0.5)로 분류 레이블 y_pred을 계산한다.

⑧ #5는 h = 0.01, 가로세로 [-2h, 1 + 2h]의 범위의 격자 그리드로 sample 데이터를 생성한다. model.predict(sample)는 sample 입력의 모델출력 out을 계산한다. np.int32(out > 0.5)로 이진 분류 레이블 pred을 계산한다.

⑨ #6은 plt.contourf()로 pred의 분류 경계를 colors = 'red' 컬러로 표시한다. plt.scatter()로 x_train 데이터를 레이블에 따라 'blue', 'red'로 구분하여, marker = 'o'로 표시한다.

⑩ 실행 결과는 [그림 2.19]의 AND, OR의 분류 결과와 같이 accuracy = 1.0로 분류한다. 입출력에서 스케일링을 하지 않으면 약간 다른 분류 경계를 갖는다.

예제 2.13	2-클래스 분류: 1-출력 뉴런을 갖는 3-층 신경망 모델 저장(AND, OR, XOR)

```
01  # 0213.py
02  import cv2
03  import numpy as np
04  import matplotlib.pyplot as plt
05  np.set_printoptions(precision = 2, suppress = True)
06
07  #1
08  x_train = np.array([[0, 0],
09                      [0, 1],
10                      [1, 0],
11                      [1, 1]], dtype = np.float32)
12
13  ##y_train = np.array([0, 0, 0, 1], dtype = np.float32)        # AND
14  ##y_train = np.array([0, 1, 1, 1], dtype = np.float32)        # OR
15  y_train = np.array([0, 1, 1, 0], dtype = np.float32)          # XOR
16
17  #2: Artificial Neural Networks
18  model = cv2.ml.ANN_MLP_create()
19  model.setLayerSizes(np.array([2, 2, 1]))
```

```
20 model.setTrainMethod(cv2.ml.ANN_MLP_BACKPROP)
21 model.setActivationFunction(cv2.ml.ANN_MLP_SIGMOID_SYM, 2, 1)  # [-1, 1]
22 model.setTermCriteria((cv2.TERM_CRITERIA_EPS +
23                        cv2.TERM_CRITERIA_COUNT, 1000, 1e-5))
24
25 #3: train using TrainData
26 #3-1
27 data = cv2.ml.TrainData_create(samples = x_train,
28                                layout = cv2.ml.ROW_SAMPLE,
29                                responses = y_train)
30 #3-2
31 ret = model.train(data)       # input, output scale: the same as 0211.py
32
33 #3-3: weights
34 ##layerSize = model.getLayerSizes()
35 ##for i in range(layerSize.shape[0] + 2):
36 ##    print("weights[{}] = {}".format(i, model.getWeights(i)))
37
38 #3-4: model save
39 #model.save('./data/0213-and.train')
40 #model.save('./data/0213-or.train')
41 model.save('./data/0213-xor.train')
42
43 #4
44 ret, y_out = model.predict(x_train)
45 print("y_out=", y_out)
46 y_pred = np.int32(y_out > 0.5)
47 y_pred = y_pred.flatten()
48 print("y_pred=", y_pred)
49 accuracy = np.sum(y_train == y_pred) / len(y_train)
50 print('accuracy=', accuracy)
51
52 #5
53 h = 0.01
54 xx, yy = np.meshgrid(np.arange(0 - 2 * h, 1 + 2 * h, h),
55                      np.arange(0 - 2 * h, 1 + 2 * h, h))
56
57 sample = np.c_[xx.ravel(), yy.ravel()]
58 ret, out = model.predict(sample)
59 pred = np.int32( out > 0.5)
60 pred = pred.reshape(xx.shape)
61
62 #6
63 ax = plt.gca()
64 ax.set_aspect('equal')
```

```
65
66 plt.contourf(xx, yy, pred, cmap = plt.cm.gray)
67 plt.contour(xx, yy, pred, colors = 'red', linewidths = 1)
68
69 class_colors = ['blue', 'red']
70 for label in range(2):            # 2 class
71     plt.scatter(x_train[y_train == label, 0],
72                 x_train[y_train == label, 1],
73                 50, class_colors[label], 'o')
74 plt.show()
```

실행 결과: XOR

```
y_out= [[0.02]
        [0.98]
        [0.98]
        [0.02]]
y_pred= [0 1 1 0]
accuracy= 1.0
```

프로그램 설명

1️⃣ [그림 2.16]의 3층([2, 2, 1]) ANN_MLP 모델을 이용하여 AND, OR, XOR 연산을 훈련하고, 훈련된 모델을 파일에 저장한다.

2️⃣ #1은 AND, OR, XOR 연산을 위한 훈련 데이터 x_train, y_train를 생성한다.

3️⃣ #2는 입력층(2 입력), 은닉층(2 뉴런), 출력층(1 뉴런)의 3층 ANN_MLP 모델을 생성한다. 훈련 방법은 cv2.ml.ANN_MLP_BACKPROP, 출력범위 [-1, 1]의 cv2.ml.ANN_MLP_SIGMOID_SYM 활성화 함수를 설정하고 종료 조건을 설정한다.

4️⃣ #3은 신경망 모델을 훈련하고 파일에 저장한다. #3-1은 cv2.ml.TrainData_create()로 훈련 데이터 trainData를 생성한다. #3-2는 model.train()으로 data를 이용하여 모델을 훈련한다. 입력 데이터는 정규화하고 출력 데이터를 스케일링한다.

5️⃣ #3-4는 model.save()로 훈련된 모델을 '0213-xor.train' 파일에 저장한다. 파일은 YAML 형식으로 저장되며 메모장으로 볼 수 있다.

6️⃣ #4의 model.predict()는 x_train을 훈련된 모델에 입력하여 모델의 출력(y_out)을 계산한다. np.int32(y_out > 0.5)로 이진 분류 레이블 y_pred을 계산하고 정확도를 계산한다.

7️⃣ #5는 h = 0.01, 가로세로 [-2h, 1 + 2h]의 범위의 격자 그리드로 sample 데이터를 생성한다. model.predict(sample)는 sample 입력의 모델출력 out을 계산한다. np.int32(out > 0.5)로 분류 레이블 pred을 계산한다.

8️⃣ #6은 plt.contourf()로 pred의 분류 경계를 colors = 'red' 컬러로 표시한다. plt.scatter()로 x_train을 레이블에 따라 'blue', 'red'로 구분하여, marker = 'o'로 표시한다.

⑨ [그림 2.20]은 실행 결과이다. [그림 2.20](a)은 AND, [그림 2.20](b)은 OR의 분류 결과이고
경계선 decision boundary이 직선이 아니다. [그림 2.20](c)은 XOR의 결과로 2개의 경계선에
의해 정확히 분류한다. 정확도는 모두 accuracy = 1.00이다.

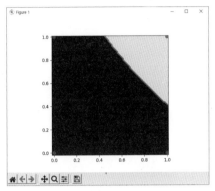

(a) AND

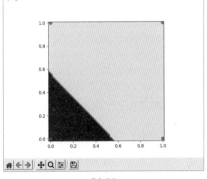

(b) OR

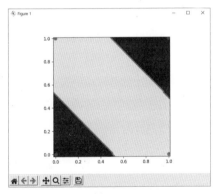

(c) XOR

그림 2.20 ▷ 1-출력 뉴런을 갖는 3-층 신경망: AND, OR, XOR

예제 2.14	2-클래스 분류: 신경망 모델 로드(AND, OR, XOR)

```
01  # 0214.py
02  import cv2
03  import numpy as np
04  import matplotlib.pyplot as plt
05  np.set_printoptions(precision = 2, suppress = True)
06
07  #1
08  x_train = np.array([[0, 0],
09                      [0, 1],
```

```python
10                      [1, 0],
11                      [1, 1]], dtype = np.float32)
12
13 y_train = np.array([0, 0, 0, 1], dtype = np.float32)        # AND
14 ##y_train = np.array([0, 1, 1, 1], dtype = np.float32)      # OR
15 ##y_train = np.array([0, 1, 1, 0], dtype = np.float32)      # XOR
16
17
18 #2: Artificial Neural Networks
19 #2-1
20 ##model = cv2.ml_ANN_MLP.load('./data/0213-and.train')
21 ##model = cv2.ml_ANN_MLP.load('./data/0213-or.train')
22 model = cv2.ml_ANN_MLP.load('./data/0213-xor.train')
23
24 ##mlp_net = cv2.ml.ANN_MLP_create()
25 ##model = mlp_net.load('./data/0213-xor.train')
26
27 #2-2: weights
28 ##layerSize = model.getLayerSizes()
29 ##for i in range(layerSize.shape[0] + 2):
30 ##     print("weights[{}] = {}".format(i, model.getWeights(i)))
31
32 #4
33 ret,y_out = model.predict(x_train)
34 y_pred = np.int32(y_out > 0.5)
35 y_pred = y_pred.flatten()
36 accuracy = np.sum(y_train == y_pred) / len(y_train)
37 print('accuracy=', accuracy)
38
39 #5
40 h = 0.01
41 xx, yy = np.meshgrid(np.arange(0 - 2 * h, 1 + 2 * h, h),
42                      np.arange(0 - 2 * h, 1 + 2 * h, h))
43
44 sample = np.c_[xx.ravel(), yy.ravel()]
45 ret, out = model.predict(sample)
46 pred = np.int32(out > 0.5)
47 pred = pred.reshape(xx.shape)
48
49 #6
50 ax = plt.gca()
51 ax.set_aspect('equal')
52
53 plt.contourf(xx, yy, pred, cmap = plt.cm.gray)
54 plt.contour(xx, yy, pred, colors = 'red', linewidths = 1)
```

```
55
56 class_colors = ['blue', 'red']
57 for label in range(2):          # 2 class
58     plt.scatter(x_train[y_train == label, 0],
59                 x_train[y_train == label, 1],
60                 50, class_colors[label], 'o')
61
62 plt.show()
```

프로그램 설명

1 [예제 2.13]에서 훈련하고, 저장한 ANN_MLP 모델을 로드하여, 데이터를 분류한다.

2 #2는 cv2.ml_ANN_MLP.load()로 '0213-xor.train' 파일을 model에 로드한다.

3 #1은 x_train, y_train을 생성하고, #3은 x_train을 모델에 입력하여 y_pred로 분류하고 정확도를 계산한다. #4는 그리드에서 sample 데이터를 생성하고 모델에 입력하여 분류한다. #5는 plt. contourf()로 pred의 분류 경계를 colors = 'red' 컬러로 표시한다. plt.scatter()로 x_train을 레이블에 따라 'blue', 'red'로 구분하여, marker = 'o'로 표시한다. 실행 결과는 [그림 2.20]과 같다.

예제 2.15 | 2-클래스 분류: 2-출력 뉴런, one-hot 인코딩(AND, OR, XOR)

```
01 # 0215.py
02 import cv2
03 import numpy as np
04 import matplotlib.pyplot as plt
05 np.set_printoptions(precision = 2, suppress = True)
06
07 #1: train data
08 #1-1
09 x_train = np.array([[0, 0],
10                     [0, 1],
11                     [1, 0],
12                     [1, 1]], dtype = np.float32)
13
14 ##y_train = np.array([0, 0, 0, 1], dtype = np.float32)     # AND
15 ##y_train = np.array([0, 1, 1, 1], dtype = np.float32)     # OR
16 y_train = np.array([0, 1, 1, 0], dtype = np.float32)       # XOR
17
18 #1-2: one-hot encoding
19 n_class = len(np.unique(y_train))          # 2 class
20 y_train_1hot = np.eye(n_class, dtype = np.float32)[np.int32(y_train)]
21 print("y_train_1hot=", y_train_1hot)
22
```

```
23 #2: Artificial Neural Networks
24 #2-1
25 model = cv2.ml.ANN_MLP_create()
26 model.setLayerSizes(np.array([2, 2, 2]))              # 2-output neurons
27 model.setActivationFunction(cv2.ml.ANN_MLP_SIGMOID_SYM, 2, 1) # [-1, 1]
28 model.setTermCriteria((cv2.TERM_CRITERIA_EPS +
29                              cv2.TERM_CRITERIA_COUNT, 100, 1e-5))
30
31 #2-2: default
32 ##model.setTrainMethod(cv2.ml.ANN_MLP_RPROP, 0.1)     # RpropDW0 = 0.1
33 ##model.setRpropDW0(0.1)
34 ##model.setRpropDWPlus(1.2)
35 ##model.setRpropDWMinus(0.5)
36 ##model.setRpropDWMin(1.19209e-07)
37 ##model.setRpropDWMax(50.)
38
39 #2-3
40 ##model.setTrainMethod(cv2.ml.ANN_MLP_BACKPROP, 0.1, 0.9)
41 ##model.setBackpropWeightScale(0.1)                        # learning rate
42 ##model.setBackpropMomentumScale(0.9)                      # momentum
43
44 #3: train using TrainData
45 data = cv2.ml.TrainData_create(samples = x_train,
46                                layout = cv2.ml.ROW_SAMPLE,
47                                responses = y_train_1hot)      # one-hot
48
49 ret = model.train(data)
50
51 #4
52 ret, y_out = model.predict(x_train)
53 print("y_out=", y_out)
54 y_pred = np.argmax(y_out, axis = 1)                        # y_out.argmax(-1)
55 print("y_pred=", y_pred)
56 accuracy = np.sum(y_train == y_pred) / len(y_train)
57 print('accuracy=', accuracy)
58
59 #5
60 h = 0.01
61 xx, yy = np.meshgrid(np.arange(0 - 2 * h, 1 + 2 * h, h),
62                      np.arange(0 - 2 * h, 1 + 2 * h, h))
63
64 sample = np.c_[xx.ravel(), yy.ravel()]
65 ret, out = model.predict(sample)
66 pred = np.argmax(out, axis = 1)
67 pred = pred.reshape(xx.shape)
```

```
68
69 #6
70 ax = plt.gca()
71 ax.set_aspect('equal')
72
73 plt.contourf(xx, yy, pred, cmap=plt.cm.gray)
74 plt.contour(xx, yy, pred, colors = 'red', linewidths = 1)
75
76 class_colors = ['blue', 'red']
77 for label in range(2):              # 2 class
78     plt.scatter(x_train[y_train == label, 0],
79                 x_train[y_train == label, 1],
80                 50, class_colors[label], 'o')
81
82 plt.show()
```

실행 결과: XOR, model.setTrainMethod(cv2.ml.ANN_MLP_RPROP, 0.1): default

```
y_train_1hot= [[1. 0.]
               [0. 1.]
               [0. 1.]
               [1. 0.]]
y_out= [[0.97 0.02]
        [0.02 0.99]
        [0.02 0.99]
        [0.98 0.02]]
y_pred= [0 1 1 0]
accuracy= 1.0
```

프로그램 설명

■ [그림 2.21]의 출력층에 2개의 뉴런을 갖는 3층([2, 2, 2]) ANN_MLP 모델을 이용하여 AND, OR, XOR 연산을 훈련한다. 목표값(y_train)은 원-핫(one-hot) 인코딩한다.

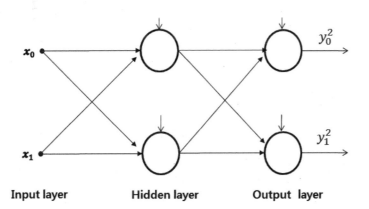

그림 2.21 ▷ 2-출력 뉴런을 갖는 3-층(입력, 은닉, 출력) 신경망: AND, OR, XOR

2 #1-1은 AND, OR, XOR 연산을 위한 x_train, y_train 데이터를 생성한다. #1-2는 출력층의 2-뉴런을 위해 y_train을 원-핫 one-hot 인코딩하여 y_train_1hot을 생성한다. 원-핫 인코딩은 클래스 레이블 위치만 1이고 나머지는 0이다. 예를 들어, 2-클래스 분류에서 정수 레이블 0은 [1, 0], 정수 레이블 1은 [0, 1]로 인코딩된다.

3 #2-1은 입력층(2차원), 은닉층(2 뉴런), 출력층(2 뉴런)의 3층 ANN_MLP 모델을 생성한다. 활성화 함수를 cv2.ml.ANN_MLP_SIGMOID_SYM, param1 = 2, param2 = 1로 설정하여, 출력범위를 [-1, 1]로 설정하고, 종료 조건을 설정한다.

4 #2-2의 cv2.ml.ANN_MLP_RPROP는 디폴트 훈련 방법이다. 디폴트로 설정된 파라미터 값이다.

5 #2-3의 cv2.ml.ANN_MLP_BACKPROP는 확률적 경사법 Stochastic Gradient Descent, SGD을 변형한 모멘텀 momentum 기반 역전파 최직화 방법이다. 가중치 그래디언트의 스케일은 0.1, 이전 파라미터에 곱셈하는 모멘텀 스케일은 0.9로 설정한다.

6 #3은 훈련 데이터 data를 생성하고, 모델에 입력하여 모델을 훈련한다.

7 #4는 x_train을 훈련된 모델에 입력하여 y_out 출력을 계산하고, np.argmax(y_out, axis = 1)로 가장 큰 출력을 갖는 뉴런을 찾아 y_pred에 분류하고 정확도를 계산한다.

8 #5는 격자 그리드에서 sample 데이터를 생성한다. 훈련된 모델에 sample을 입력하여 모델출력 out을 계산하고, np.argmax()로 pred에 분류한다. #6은 plt.contourf()로 pred의 분류 경계를 colors = 'red' 컬러로 표시한다. plt.scatter()로 x_train을 레이블에 따라 'blue', 'red'로 구분하여, marker = 'o'로 표시한다. 실행 결과는 [그림 2.20]과 유사하다.

예제 2.16	2-클래스 분류: 2-출력 뉴런, one-hot 인코딩 ('0201_data40.npz', '0201_data50.npz')

```
01  # 0216.py
02  import cv2
03  import numpy as np
04  import matplotlib.pyplot as plt
05  np.set_printoptions(precision = 2, suppress = True)
06
07  #1
08  #1-1: load train data
09  with np.load('./data/0201_data40.npz') as X:      # '0201_data50.npz'
10      x_train = X['x_train'].astype(np.float32)
11      y_train = X['y_train'].astype(np.float32)
12      height, width = X['size']
13
14  #1-2: one-hot encoding
15  n_class = len(np.unique(y_train))                 #  2 class
16  y_train_1hot = np.eye(n_class, dtype = np.float32)[np.int32(y_train)]
17  ##print("y_train_1hot=", y_train_1hot)
18
```

```
19  #2: Artificial Neural Networks
20  #2-1
21  model = cv2.ml.ANN_MLP_create()
22  model.setLayerSizes(np.array([2, 2, 2]))                # 2-output neurons
23  model.setActivationFunction(cv2.ml.ANN_MLP_SIGMOID_SYM, 2, 1)   # [-1, 1]
24  model.setTermCriteria((cv2.TERM_CRITERIA_EPS +
25                          cv2.TERM_CRITERIA_COUNT, 100, 1e-5))
26
27  #2-2: default
28  model.setTrainMethod(cv2.ml.ANN_MLP_RPROP, 0.1)          # RpropDW0 = 0.1
29  ##model.setRpropDW0(0.1)
30  ##model.setRpropDWPlus(1.2)
31  ##model.setRpropDWMinus(0.5)
32  ##model.setRpropDWMin(1.19209e-07)
33  ##model.setRpropDWMax(50.)
34
35  #2-3
36  ##model.setTrainMethod(cv2.ml.ANN_MLP_BACKPROP, 0.1, 0.9)
37  ##model.setBackpropWeightScale(0.1)                    # learning rate
38  ##model.setBackpropMomentumScale(0.9)                  # momentum
39
40  #3: train using TrainData
41  data = cv2.ml.TrainData_create(samples = x_train,
42                                 layout = cv2.ml.ROW_SAMPLE,
43                                 responses = y_train_1hot) # one-hot
44
45  ret = model.train(data)
46
47  #4
48  ret, y_out = model.predict(x_train)
49  y_pred = np.argmax(y_out, axis = 1)                  # y_out.argmax(-1)
50  accuracy = np.sum(y_train == y_pred) / len(y_train)
51  print('accuracy=', accuracy)
52
53  #5
54  step = 2
55  xx, yy = np.meshgrid(np.arange(0, width,  step),
56                       np.arange(0, height, step))
57
58  sample = np.float32(np.c_[xx.ravel(), yy.ravel()])
59  ret, out = model.predict(sample)
60  pred = np.argmax(out, axis = 1)
61  pred = pred.reshape(xx.shape)
62
```

```
63  #6
64  ax = plt.gca()
65  ax.set_aspect('equal')
66
67  plt.contourf(xx, yy, pred, cmap = plt.cm.gray)
68  plt.contour(xx, yy, pred, colors = 'red', linewidths = 1)
69
70  class_colors = ['blue', 'red']
71  for label in range(2):                    # 2 class
72      plt.scatter(x_train[y_train == label, 0],
73                  x_train[y_train == label, 1],
74                  50, class_colors[label], 'o')
75
76  plt.show()
```

▶ 프로그램 설명

1 #1-1은 '0201_data40.npz' 파일에서 훈련 데이터 x_train, y_train와 영상 크기 height, width를 로드한다. #1-2는 2-뉴런의 출력층을 위해 y_train을 원-핫 one-hot 인코딩하여 y_train_1hot을 생성한다.

2 #2, #3, #4, #6은 [예제 2.15]와 같다. #2-1은 3층 ANN_MLP 모델을 생성한다. 활성화 함수를 설정하고 종료 조건을 설정한다. #2-2는 디폴트 훈련 방법이다. #2-3은 모멘텀 기반 역전파 최적화 방법을 설정한다. #3은 훈련 데이터 data를 생성하여 model.train()으로 모델을 훈련한다. #4는 x_train을 훈련된 모델에 입력하여 모델출력 y_out을 계산한다. np.argmax(y_out, axis = 1)로 y_pred에 분류하고 정확도를 계산한다.

3 #5는 격자 그리드에서 sample 데이터를 생성한다. 훈련된 모델에 sample을 입력하여 출력 out을 계산하고, np.argmax()로 pred에 분류한다. #6은 plt.contourf()로 pred의 분류 경계를 colors = 'red' 컬러로 표시한다. plt.scatter()로 x_train을 레이블에 따라 'blue', 'red'로 구분하여 marker = 'o'로 표시한다.

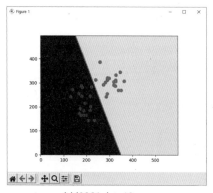

(a) '0201_data40.npz

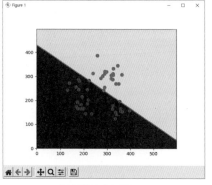

(a) '0201_data50.npz

그림 2.22 ▷ #2-2: model.setTrainMethod(cv2.ml.ANN_MLP_RPROP, 0.1)

4 [그림 2.22]는 디폴트 훈련인 #2-2의 model.setTrainMethod(cv2.ml.ANN_MLP_RPROP, 0.1)로 훈련한 결과이다. [그림 2.23]은 #2-3의 model.setTrainMethod(cv2.ml.ANN_MLP_ BACKPROP, 0.1, 0.9)로 훈련한 결과이다. 훈련 데이터의 정확도는 모두 accuracy = 1.0이다.

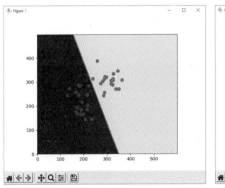

(a) '0201_data40.npz

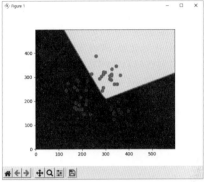

(a) '0201_data50.npz

그림 2.23 ▷ #2-3: model.setTrainMethod(cv2.ml.ANN_MLP_BACKPROP, 0.1, 0.9)

예제 2.17 | 4-클래스 분류: 4-출력 뉴런, one-hot 인코딩

```python
01 # 0217.py
02 import cv2
03 import numpy as np
04 import matplotlib.pyplot as plt
05 np.set_printoptions(precision = 2, suppress = True)
06
07 #1: create data
08 N = 50
09 np.random.seed(123)
10 f1 = (0.6 + 0.6 * np.random.rand(N), 0.5 + 0.6 * np.random.rand(N))
11 f2 = (0.3 + 0.4 * np.random.rand(N), 0.4 + 0.3 * np.random.rand(N))
12 f3 = (0.8 + 0.4 * np.random.rand(N), 0.3 + 0.3 * np.random.rand(N))
13 f4 = (0.2 * np.random.rand(N),       0.3 * np.random.rand(N))
14 x = np.hstack((f1[0], f2[0], f3[0], f4[0])).astype(np.float32)
15 y = np.hstack((f1[1], f2[1], f3[1], f4[1])).astype(np.float32)
16 x_train = np.vstack((x, y)).T              # x_train.shape = (200, 2)
17
18 # assign label(0, 1, 2, 3)
19 y_train = np.zeros((4 * N,), np.int32)
20 ##y_train[:N]         = 0
21 y_train[N:2 * N]      = 1
22 y_train[2 * N:3 * N]  = 2
23 y_train[3 * N:]       = 3
```

```
24
25  #1-2: one-hot encoding
26  n_class = len(np.unique(y_train))               # 4 class
27  y_train_1hot = np.eye(n_class, dtype = np.float32)[np.int32(y_train)]
28  ##print("y_train_1hot=", y_train_1hot)
29
30  #2: Artificial Neural Networks
31  #2-1
32  model = cv2.ml.ANN_MLP_create()
33  model.setLayerSizes(np.array([2, 4]))           # 2-layers
34  ##model.setLayerSizes(np.array([2, 10, 4]))     # 3-layers
35
36  model.setActivationFunction(cv2.ml.ANN_MLP_SIGMOID_SYM)     # [-1.7, 1.7]
37  model.setTermCriteria((cv2.TERM_CRITERIA_EPS +
38                         cv2.TERM_CRITERIA_COUNT, 1000, 1e-5))
39  #2-2: default
40  ##model.setTrainMethod(cv2.ml.ANN_MLP_RPROP, 0.1)          # RpropDW0 = 0.1
41
42  #2-3
43  model.setTrainMethod(cv2.ml.ANN_MLP_BACKPROP, 0.01, 0.9)
44
45  #3: train using TrainData
46  data = cv2.ml.TrainData_create(samples = x_train,
47                                 layout = cv2.ml.ROW_SAMPLE,
48                                 responses = y_train_1hot)     # one-hot
49  ret = model.train(data)
50
51  #4
52  ret, y_out = model.predict(x_train)
53  y_pred = np.argmax(y_out, axis = 1)             # y_out.argmax(-1)
54  accuracy = np.sum(y_train == y_pred) / len(y_train)
55  print('accuracy=', accuracy)
56
57  #5
58  h = 0.01
59  x_min, x_max = x_train[:, 0].min() - h, x_train[:, 0].max() + h
60  y_min, y_max = x_train[:, 1].min() - h, x_train[:, 1].max() + h
61
62  xx, yy = np.meshgrid(np.arange(x_min, x_max, h),
63                       np.arange(y_min, y_max, h))
64
65  sample = np.float32(np.c_[xx.ravel(), yy.ravel()])
66  ret, out = model.predict(sample)
67  pred = np.argmax(out, axis = 1)
68  pred = pred.reshape(xx.shape)
69
```

```
70  #6
71  ax = plt.gca()
72  ax.set_aspect('equal')
73
74  plt.contourf(xx, yy, pred, cmap = plt.cm.gray)
75  plt.contour(xx, yy, pred, colors = 'red', linewidths = 1)
76
77  markers= ('o', 'x', 's', '+', '*', 'd')
78  colors = ('b', 'g', 'c', 'm', 'y', 'k')
79  labels = ('f1', 'f2', 'f3', 'f4')
80
81  for k in range(n_class):              # 4 class
82      plt.scatter(x_train[y_train == k, 0], x_train[y_train == k, 1],
83              30, colors[k], markers[k], label = labels[k])
84  plt.legend(loc = 'best')
85  plt.show()
```

▼ 프로그램 설명

1 #1-1은 2-차원 좌표 데이터를 f1, f2, f3, f4에 각각 N = 50개씩 4-클래스의 훈련 데이터 x_train, y_train를 생성한다. #1-2는 4-뉴런의 출력층을 위해 y_train을 원-핫 one-hot 인코딩 하여 y_train_1hot을 생성한다.

2 #2-1은 model.setLayerSizes()로 np.array([2, 4])의 2층 또는 np.array([2, 10, 4])의 3층 ANN_MLP 모델을 생성한다. 출력범위 [-1.7, 1.7]의 cv2.ml.ANN_MLP_SIGMOID_SYM 활성화 함수를 설정하고 종료 조건을 설정한다.

#2-2는 디폴트 훈련 방법이다. #2-3은 모멘텀 기반 역전파 훈련을 설정한다. #3은 훈련 데이터 data를 생성하여 model.train()으로 모델을 훈련한다. #4는 x_train을 훈련된 모델에 입력하여, 모델출력 y_out을 계산한다. np.argmax(y_out, axis = 1)로 y_pred에 분류하고 정확도를 계산한다.

3 #5는 x_train에서 최소값 x_min, y_min과 최대값 x_max, y_max을 계산하여 h = 0.01 간격의 그리드로 sample 데이터를 생성한다. sample을 훈련된 모델에 입력하여 모델출력 out을 계산 하고 np.argmax()로 pred에 분류한다. #6은 plt.contourf()로 pred의 분류 경계를 colors = 'red' 컬러로 표시한다. plt.scatter()로 x_train을 레이블에 따라 markers, colors, labels를 사용하여 표시한다.

4 [그림 2.24]는 #2-2의 디폴트 훈련 결과이다. [그림 2.24](a)는 np.array([2, 4])의 2층 신경망 으로 훈련한 결과이며 정확도는 accuracy = 0.885이다. [그림 2.24](b)는 np.array([2, 10, 4])의 3층 신경망으로 훈련한 결과이며 정확도는 accuracy = 0.965이다.

5 [그림 2.25]는 #2-3으로 훈련한 결과이다. [그림 2.25](a)는 np.array([2, 4])의 2층 신경망으로 훈련한 결과이며 정확도는 accuracy = 0.805이다. [그림 2.25](b)는 np.array([2, 10, 4])의 3층 신경망으로 훈련한 결과이며 정확도 accuracy = 0.965이다.

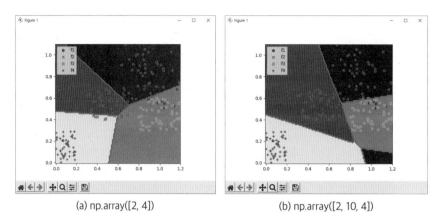

(a) np.array([2, 4])　　　　　　　　(b) np.array([2, 10, 4])

그림 2.24 ▷ #2-2: model.setTrainMethod(cv2.ml.ANN_MLP_RPROP, 0.1)

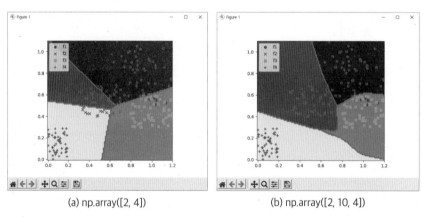

(a) np.array([2, 4])　　　　　　　　(b) np.array([2, 10, 4])

그림 2.25 ▷ #2-3: model.setTrainMethod(cv2.ml.ANN_MLP_BACKPROP, 0.1, 0.9)

CHAPTER 03 머신러닝: 데이터 분류 · 검출 · 인식

OpenCV 머신러닝 모듈의 KNearest, Dtrees, Boost, Rtrees, NormalBayesClassifier, LogisticRegression, SVM, EM, ANN_MLP 모델을 이용하여, IRIS, MNIST 데이터의 분류와 MNIST로 훈련된 모델을 이용한 손 글씨 숫자 인식에 대해 설명한다. 얼굴 face, 눈 eye, 번호판 licence_plate 등의 물체를 검출할 수 있는 cv2.CascadeClassifier와 Extra 모듈에 포함된 cv2.face 모듈을 이용한 얼굴 인식에 대해 설명한다.

01 IRIS 분류

IRIS 데이터는 Fisher에 의해 소개되었으며, 기초적인 통계적 분류, 머신러닝 설명에서 자주 사용된다. 3-종류('Iris setosa', 'Iris virginica', 'Iris versicolor') 붓꽃의 꽃받침 Sepal과 꽃잎 Petal의 길이 length와 너비 width에 대한 4-차원 특징 Sepal Length, Sepal width, Petal Length, Petal Width과 붓꽃 종류 specis로 구성되어 있다. [그림 3.1]은 "iris.csv" 파일의 일부이다. 각 붓꽃 종류마다 50개, 전체 150개의 데이터가 있다.

	A	B	C	D	E
1	sepal_length	sepal_width	petal_length	petal_width	species
2	5.1	3.5	1.4	0.2	setosa
3	4.9	3	1.4	0.2	setosa
4	4.7	3.2	1.3	0.2	setosa

그림 3.1 ▷ 'iris.csv' 파일

여기서는 IRIS 데이터("iris.csv")를 훈련 데이터 x_train, y_train와 테스트 데이터 y_test, y_test로 분리한다. 훈련 데이터로 분류모델을 훈련하고, 훈련 데이터와 테스트 데이터의 정확도를 계산한다. 분류모델은 KNearest, LogisticRegression, DTrees, NormalBayesClassifier, SVM, ANN_MLP 모델을 사용한다.

예제 3.1 | Iris 데이터 로드

```python
01 # 0301.py
02 '''
03 ref1: https://gist.github.com/curran/a08a1080b88344b0c8a7#file-iris-csv
04 ref2: 텐서플로 프로그래밍, 가메출판사, 2020, 김동근
05 '''
06 import numpy as np
07 import matplotlib.pyplot as plt
08
09 #1
10 def load_Iris():
11     label = {'setosa':0, 'versicolor':1, 'virginica':2}
12     data = np.loadtxt("./data/iris.csv", skiprows = 1,
13                       delimiter = ',',
14                       converters =
15                           {4: lambda name: label[name.decode()]})
16     return np.float32(data)
17
18 iris_data = load_Iris()
19 X = iris_data[:, :-1]
20 y_true = iris_data[:, -1]              # the last column
21 print("X.shape=", X.shape)
22 print("y_true.shape=", y_true.shape)
23 print("X[:3]=", X[:3])
24 print("y_true[:3]=", y_true[:3])
25
26 #2
27 markers= "ox+*sd"
28 colors = "bgcmyk"
29 labels = ["Iris setosa", "Iris versicolor", "Iris virginica"]
30
31 fig = plt.gcf()
32 fig.set_size_inches(5, 5)
33 plt.xlabel('Sepal Length')
34 plt.ylabel('Sepal Width')
35 for i, k in enumerate(np.unique(y_true)):
36     plt.scatter(X[y_true == k, 0],        # Sepal Length
37                 X[y_true == k, 1],        # Sepal Width
38                 c = colors[i], marker = markers[i],
39                 label = labels[i])
40 plt.legend(loc = 'best')
41 plt.show()
42
```

```
43 #3
44 plt.xlabel('Petal Length')
45 plt.ylabel('Petal Width')
46 for i, k in enumerate(np.unique(y_true)):
47     plt.scatter(X[y_true == k, 2],        # Petal Length
48                 X[y_true == k, 3],        # Petal Width
49                 c = colors[i], marker = markers[i],
50                 label = labels[i])
51 plt.legend(loc = 'best')
52 plt.show()
```

실행 결과

```
X.shape= (150, 4)
y_true.shape= (150,)
X[:3]= [[5.1 3.5 1.4 0.2]
        [4.9 3.  1.4 0.2]
        [4.7 3.2 1.3 0.2]]
y_true[:3]= [0. 0. 0.]
```

프로그램 설명

1 #1의 load_Iris() 함수는 np.loadtxt()를 이용하여 "iris.csv"에서 데이터를 읽는다.
skiprows= 1로 헤더 문자열이 있는 첫 줄을 스킵 한다. delimiter = ','는 항목을 구분한다.
converters = {4: lambda name: label[name.decode()]}는 항목 인덱스 4의 붓꽃 종류
문자열을 label = {'setosa':0, 'versicolor':1, 'virginica':2}의 정수 레이블로 변환한다.
load_Iris()로 붓꽃 데이터를 iris_data에 로드한다. 4개 특징(iris_data[:,:-1])은 X에 저장
하고, 붓꽃 종류에 대한 정수 레이블(iris_data[:, -1])은 y_true에 저장한다. X.shape =
(150, 4), y_true.shape = (150,)이다.

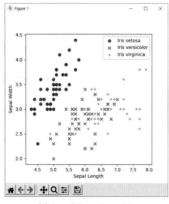

(a) Sepal: length, width

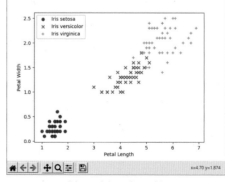

(b) Petal: length, width

그림 3.2 ▷ Iris 데이터

❷ #2는 [그림 3.2](a)의 꽃받침 Sepal의 길이 length, 너비 width를 표시한다. #3은 [그림 3.2](b)의
꽃잎 Petal의 길이 length, 너비 width를 표시한다.

예제 3.2	훈련 데이터와 테스트 데이터 분리 1

```
01 # 0302.py
02 import numpy as np
03 import matplotlib.pyplot as plt
04
05 #1
06 def load_Iris():
07     label = {'setosa':0, 'versicolor':1, 'virginica':2}
08     data = np.loadtxt("./data/iris.csv", skiprows = 1,
09                       delimiter = ',',
10                       converters =
11                          {4: lambda name: label[name.decode()]})
12     return np.float32(data)
13 iris_data = load_Iris()
14
15 #2
16 np.random.seed(1)
17 def train_test_split(iris_data, ratio = 0.8, shuffle = True):
18     # train: 0.8, test: 0.2
19     if shuffle:
20         np.random.shuffle(iris_data)
21
22     n = int(iris_data.shape[0] * ratio)
23     x_train = iris_data[:n, :-1]
24     y_train = iris_data[:n, -1]
25
26     x_test = iris_data[n:, :-1]
27     y_test = iris_data[n:, -1]
28     return (x_train, y_train), (x_test, y_test)
29
30 (x_train, y_train), (x_test, y_test) = train_test_split(iris_data)
31 print("x_train.shape=", x_train.shape)
32 print("y_train.shape=", y_train.shape)
33 print("x_test.shape=",  x_test.shape)
34 print("y_test.shape=",  y_test.shape)
35
36 # print sample
37 print("x_train[:3]=", x_train[:3])
38 print("y_train[:3]=", y_train[:3])
39 print("x_test[:3]=",  x_test[:3])
40 print("y_test[:3]=",  y_test[:3])
```

실행 결과

```
x_train.shape= (120, 4)
y_train.shape= (120,)
x_test.shape= (30, 4)
y_test.shape= (30,)
x_train[:3]= [[5.8 4.  1.2 0.2]
              [5.1 2.5 3.  1.1]
              [6.6 3.  4.4 1.4]]
y_train[:3]= [0. 1. 1.]
x_test[:3]= [[4.6 3.2 1.4 0.2]
             [6.4 3.2 5.3 2.3]
             [4.3 3.  1.1 0.1]]
y_test[:3]= [0. 2. 0.]
```

프로그램 설명

1 Iris 데이터를 ratio 비율의 훈련 데이터와 (1 - ratio) 비율의 테스트 데이터로 분리한다.

2 #1은 붓꽃 데이터를 iris_data에 로드한다. iris_data.shape = (150, 5)이다.

3 #2의 train_test_split() 함수는 ratio 비율의 훈련 데이터 x_train, y_train와 (1 - ratio) 비율의 테스트 데이터 x_test, y_test로 분리한다. shuffle = True이면 iris_data를 랜덤하게 섞은 다음 분리한다. ratio = 0.8이면 훈련 데이터는 120개이고 테스트 데이터는 30개이다.

예제 3.3	훈련 데이터와 테스트 데이터 분리 2(cv2.ml.TrainData_create)

```python
01 # 0303.py
02 import cv2
03 import numpy as np
04 import matplotlib.pyplot as plt
05
06 #1
07 def load_Iris():
08     label = {'setosa':0, 'versicolor':1, 'virginica':2}
09     data = np.loadtxt("./data/iris.csv",
10                     skiprows = 1, delimiter = ',',
11                     converters =
12                         {4: lambda name: label[name.decode()]})
13     return np.float32(data)
14 iris_data = load_Iris()
15
16 #2: split using TrainData
17 #2-1:
18 X      = np.float32(iris_data[:, :-1])
19 y_true = np.float32(iris_data[:,  -1])
```

```
20 data = cv2.ml.TrainData_create(samples = X,
21                                 layout = cv2.ml.ROW_SAMPLE,
22                                 responses = y_true)
23
24 #2-2:
25 data.setTrainTestSplitRatio(0.8)        # train data: 80%, shuffle = True
26 #nSamples = data.getNSamples()          # 150
27 #data.setTrainTestSplit(int(nSamples * 0.8))
28 # train data: 80%, shuffle = True
29 #data.shuffleTrainTest()
30
31 #2-3:
32 nTrain = data.getNTrainSamples()        # 120
33 nTest = data.getNTestSamples()          #  30
34 #X = data.getSamples()
35 #y_true = data.getResponses()
35
36 #2-4:
37 x_train = data.getTrainSamples()
38 y_train = data.getTrainResponses()
39
40 x_test = data.getTestSamples()
41 y_test = data.getTestResponses()
42
43 print("x_train.shape=", x_train.shape)        # (120, 4)
44 print("y_train.shape=", y_train.shape)        # (120, 1)
45 print("x_test.shape=",  x_test.shape)         # (30, 4)
46 print("y_test.shape=",  y_test.shape)         # (30, 1)
47
48 #2-5: print sample
49 ##print("x_train[:3]=", x_train[:3])
50 ##print("y_train[:3]=", y_train[:3])
51 ##print("x_test[:3]=",  x_test[:3])
52 ##print("y_test[:3]=",  y_test[:3])
```

실행 결과

```
x_train.shape= (120, 4)
y_train.shape= (120, 1)
x_test.shape= (30, 4)
y_test.shape= (30, 1)
```

프로그램 설명

■1 cv2.ml.TrainData_create()를 사용하여 훈련 데이터를 생성한다. 붓꽃 데이터를 ratio 비율의 훈련 데이터와 (1 - ratio) 비율의 테스트 데이터로 분리한다.

■2 #1은 붓꽃 데이터를 iris_data에 로드한다. iris_data.shape = (150, 5)이다.

③ #2-1은 cv2.ml.TrainData_create()로 samples = X, responses = y_true를 이용하여 훈련 데이터 ᵈᵃᵗᵃ를 생성한다.

④ #2-2는 data.setTrainTestSplitRatio(0.8)로 훈련 데이터 120개, 테스트 데이터 30개로 분리한다. data.shuffleTrainTest()는 데이터를 랜덤하게 섞는다. data.getNSamples()는 전체 샘플의 개수 150이다.

⑤ #2-3에서 nTrain = 120, nTest = 30이다. data.getSamples()는 #2-1의 X와 같다. data.getResponses()는 y_true와 같다.

⑥ #2-4에서 data.getTrainSamples(), data.getTrainResponses()로 x_train, y_train에 훈련 데이터를 저장한다. data.getTestSamples(), data.getTestResponses()로 x_test, y_test에 테스트 데이터를 저장한다.

예제 3.4	Iris 데이터의 KNearest 분류 1(train_test_split)

```python
01  # 0304.py
02  import cv2
03  import numpy as np
04  import matplotlib.pyplot as plt
05
06  #1
07  def load_Iris():
08      label = {'setosa':0, 'versicolor':1, 'virginica':2}
09      data = np.loadtxt("./data/iris.csv",
10                      skiprows = 1, delimiter = ',',
11                      converters =
12                          {4: lambda name: label[name.decode()]})
13      return np.float32(data)
14
15  iris_data = load_Iris()
16
17  #2
18  np.random.seed(1)
19  def train_test_split(iris_data, ratio = 0.8, shuffle = True):
20  # train: 0.8, test: 0.2
21      if shuffle:
22          np.random.shuffle(iris_data)
23
24      n = int(iris_data.shape[0] * ratio)
25      x_train = iris_data[:n, :-1]
26      y_train = iris_data[:n, -1]
27
28      x_test = iris_data[n:, :-1]
29      y_test = iris_data[n:, -1]
30      return (x_train, y_train), (x_test, y_test)
```

```
31
31  (x_train, y_train), (x_test, y_test) = train_test_split(iris_data)
32
33  #3
34  model = cv2.ml.KNearest_create()
35  ret = model.train(samples = x_train,
36                    layout = cv2.ml.ROW_SAMPLE, responses = y_train)
37
38  #4:
39  ret, train_pred = model.predict(x_train)   # model.getDefaultK() = 10
40  train_pred = train_pred.flatten()
41  train_accuracy = np.sum(y_train == train_pred) / len(y_train)
42  print('train_accuracy=', train_accuracy)
43
44  #5:
45  ret, test_pred = model.predict(x_test)     # model.getDefaultK() = 10
46  test_pred = test_pred.flatten()
47  test_accuracy = np.sum(y_test == test_pred) / len(y_test)
48  print('test_accuracy=', test_accuracy)
```

실행 결과

```
train_accuracy= 0.975
test_accuracy= 1.0
```

프로그램 설명

■1 #1은 iris_data에 붓꽃 데이터를 로드한다. #2는 iris_data를 ratio = 0.8 비율의 훈련 데이터 x_train, y_train와 0.2 비율의 테스트 데이터 x_test, y_test로 분리한다.

■2 #3은 KNearest 모델을 생성하고 훈련 데이터 x_train, y_train로 모델을 훈련한다.

■3 #4의 model.predict()는 x_train을 모델에 입력하여 분류 레이블 train_pred를 계산한다. 훈련 데이터의 정확도는 train_accuracy = 0.975이다. model.getDefaultK()= 10이다. 즉, 10개의 가장 가까운 이웃의 레이블 중에서 가장 많은 레이블로 결정한다.

■4 #5의 model.predict()는 x_test을 모델에 입력하여 분류 레이블 test_pred를 계산한다. 테스트 데이터의 정확도는 test_accuracy = 1.0이다.

예제 3.5 | Iris 데이터의 KNearest 분류 2(cv2.ml.TrainData_create)

```
01  # 0305.py
02  import cv2
03  import numpy as np
04  import matplotlib.pyplot as plt
05
```

```python
06  #1
06  def load_Iris():
07      label = {'setosa':0, 'versicolor':1, 'virginica':2}
08      data = np.loadtxt("./data/iris.csv",
09                        skiprows = 1, delimiter = ',',
10                        converters =
11                            {4: lambda name: label[name.decode()]})
12      return np.float32(data)
13
14  iris_data = load_Iris()
15
16  #2
17  X       = np.float32(iris_data[:,:-1])
18  y_true = np.float32(iris_data[:, -1])
19  data = cv2.ml.TrainData_create(samples = X,
20                                  layout = cv2.ml.ROW_SAMPLE,
21                                  responses = y_true)
22  data.setTrainTestSplitRatio(0.8)    # train data: 80%, shuffle = True
23
24  #3:
25  model = cv2.ml.KNearest_create()
26  ret = model.train(data)
27
28  #4:
29  #4-1:
30  x_train = data.getTrainSamples()
31  y_train = data.getTrainResponses()
32  x_test = data.getTestSamples()
33  y_test = data.getTestResponses()
34
35  #4-2:
36  def calcAccuracy(label, pred, percent = True):
37      N = label.shape[0]                # number of data
38      accuracy = np.sum(pred == label) / N
39      if percent:
40          accuracy *= 100
41      return accuracy
42
43  #4-3:
44  train_err, train_resp  = model.calcError(data, test = False)
45  train_accuracy1 = calcAccuracy(y_train, train_resp)
46  print('train_err={:.2f}%'.format(train_err))
47  print('train_accuracy1={:.2f}%'.format(train_accuracy1))
48
49  test_err, test_resp  = model.calcError(data, test = True)
50  test_accuracy1 = calcAccuracy(y_test, test_resp)
```

```
51  print('test_err={:.2f}%'.format(test_err))
52  print('test_accuracy1={:.2f}%'.format(test_accuracy1))
53
54  #4-4:
55  ret, train_pred = model.predict(x_train)    # model.getDefaultK() = 10
56  train_accuracy2 = calcAccuracy(y_train, train_pred)
57  print('train_accuracy2={:.2f}%'.format(train_accuracy2))
58
59  ret, test_pred = model.predict(x_test)       # model.getDefaultK() = 10
60  test_accuracy2 = calcAccuracy(y_test, test_pred)
61  print('test_accuracy2={:.2f}%'.format(test_accuracy2))
```

실행 결과

```
train_err=2.50%
train_accuracy1=97.50%

test_err=3.33%
test_accuracy1=96.67%

train_accuracy2=97.50%
test_accuracy2=96.67%
```

프로그램 설명

1 #1은 iris_data에 붓꽃 데이터를 로드한다. #2는 cv2.ml.TrainData_create()로 훈련 데이터 data를 생성한다. ratio = 0.8의 훈련 데이터와 ratio = 0.2의 테스트 데이터로 분리한다.

2 #3은 KNearest 모델을 생성하고, model.train()에서 data를 사용하면, data. getTrainSamples()와 data.getTrainResponses()에서 훈련 데이터로 모델을 훈련한다.

3 #4는 훈련 데이터와 테스트 데이터의 정확도를 계산한다. #4-1은 data에서 훈련 데이터 x_train, y_train와 테스트 데이터 x_test, y_test를 가져온다.

4 #4-2의 calcAccuracy()는 정답 레이블 label과 모델의 출력 pred을 비교하여 정확도를 계산 한다. percent = True이면 백분율로 계산한다.

5 #4-3에서 model.calcError(data, test = False)는 훈련 데이터의 백분율 분류 오류 train_err와 분류 결과 train_resp를 계산한다. model.calcError(data, test = True)는 테스트 데이터의 백분율 분류오류 test_err와 분류 결과 test_resp를 계산한다. calcAccuracy() 함수로 훈련 데이터의 정확도 train_accuracy1와 테스트 데이터의 정확도 test_accuracy1를 계산한다.

6 #4-4는 model.predict()로 x_train의 출력 train_pred, x_test의 출력 test_pred을 계산한다. calcAccuracy()로 계산한 훈련 데이터의 정확도는 train_accuracy2 = 97.50%, 테스트 데이터의 정확도는 test_accuracy2 = 96.67%이다. #4-4의 결과는 #4-3의 결과와 같다. [예제 3.4]의 분리된 훈련 데이터와 테스트 데이터가 다르기 때문에 정확도가 다르다.

예제 3.6 | Iris 데이터의 LogisticRegression 분류

```
01  # 0306.py
02  import cv2
03  import numpy as np
04  import matplotlib.pyplot as plt
05  np.set_printoptions(precision = 2, suppress = True)
06
07  #1
08  def load_Iris():
09      label = {'setosa':0, 'versicolor':1, 'virginica':2}
10      data = np.loadtxt("./data/iris.csv",
11                        skiprows = 1, delimiter = ',',
12                        converters =
13                          {4: lambda name: label[name.decode()]})
14      return np.float32(data)
15  iris_data = load_Iris()
16
17  #2: normalize
18  def calulateStat(X):
19      mu = np.mean(X, axis = 0)
20      var= np.var(X,  axis = 0)
21      return mu, var
22
23  def normalizeScale(X, mu, var):
24      eps = 0.00001
25      X_hat = (X-mu) / (np.sqrt(var + eps))
26      return X_hat
27
28  #3
29  #3-1:
30  X       = np.float32(iris_data[:, :-1])
31  y_true = np.float32(iris_data[:,  -1])
32
33  mu, var = calulateStat(X)
34  X = normalizeScale(X, mu, var)
35
36  #3-2
37  data = cv2.ml.TrainData_create(samples = X,
38                                 layout = cv2.ml.ROW_SAMPLE,
39                                 responses = y_true)
40  data.setTrainTestSplitRatio(0.8)     # train data: 80%, shuffle = True
41
42  #4
43  model = cv2.ml.LogisticRegression_create()
44  model.setTrainMethod(cv2.ml.LogisticRegression_MINI_BATCH)    # BATCH
45  ret = model.train(data)
```

```
46
47  #5:
48  #5-1
49  x_train = data.getTrainSamples()
50  y_train = data.getTrainResponses()
51  x_test = data.getTestSamples()
52  y_test = data.getTestResponses()
53
54  #5-2:
55  def calcAccuracy(label, pred, percent = True):
56      N = label.shape[0]            # number of data
57      accuracy = np.sum(pred == label) / N
58      if percent:
59          accuracy *= 100
60      return accuracy
61
62  #5-3
63  train_err, train_resp  = model.calcError(data, test = False)
64  train_accuracy1 = calcAccuracy(y_train, train_resp)
65  print("train_err = {:.2f}%".format(train_err))
66  print('train_accuracy1={:.2f}%'.format(train_accuracy1))
67
68  test_err, test_resp  = model.calcError(data, test = True)
69  test_accuracy1 = calcAccuracy(y_test, test_resp)
70  print('test_err={:.2f}%'.format(test_err))
71  print('test_accuracy1={:.2f}%'.format(test_accuracy1))
72
73  #6
74  def sigmoid(x):
75      return  1. / (1. + np.exp(-x))
76
77  #6-1
78  model_thetas = model.get_learnt_thetas()
79      # model_thetas.shape = (3, 5)
80  print("model_thetas=", model_thetas)
81
82  x_train_t = cv2.hconcat([np.ones((x_train.shape[0], 1),
83                                   dtype = x_train.dtype), x_train])
84                                   # x_train_t.shape = (120, 5)
85
86  #6-2
87  prob = np.zeros((x_train_t.shape[0],
88                   model_thetas.shape[0]), dtype = np.float32) # (120, 3)
89  for i, thetas in enumerate(model_thetas):
90      x = np.dot(x_train_t, thetas)
91      y = sigmoid(x)
92      prob[:, i] = y
```

```
93
94  #6-3
95  prob /= np.sum(prob, axis = 1).reshape(-1, 1)
96  train_pred = np.argmax(prob, axis = 1)
97  train_pred = train_pred.reshape(-1, 1)
98  print("np.sum(train_resp == train_pred)= ",
99        np.sum(train_resp == train_pred))          # 120
100
101  #6-4
102  train_accuracy2 = calcAccuracy(y_train, train_pred)
103  print('train_accuracy2={:.2f}%'.format(train_accuracy2))
```

실행 결과

```
train_err = 15.83%
train_accuracy1=84.17%
test_err=16.67%
test_accuracy1=83.33%
model_thetas= [[-0.14 -0.15  0.15 -0.21 -0.2 ]
               [ 0.13  0.03 -0.13  0.06  0.04]
               [-0.17  0.14 -0.01  0.15  0.17]]
np.sum(train_resp == train_pred)=  120
train_accuracy2=84.17%
```

프로그램 설명

1 #1은 iris_data에 붓꽃 데이터를 로드한다. #2의 calulateStat()는 X의 평균과 분산을 계산한다. normalizeScale()는 X를 평균 mu, 분산 var으로 정규화한다.

2 #3-1은 iris_data를 특징 벡터 X와 레이블 y_true로 분리한다.

#3-2는 cv2.ml.TrainData_create()로 데이터 $data$를 생성하고, ratio = 0.8의 훈련 데이터와 ratio = 0.2의 테스트 데이터로 분리한다.

3 #4는 LogisticRegression 모델을 생성한다. cv2.ml.LogisticRegression_MINI_BATCH 훈련 방법으로 설정 $디폴트\ 배치\ 크기$ 1하고, model.train()으로 data를 이용하여 모델을 훈련한다.

4 #5는 훈련 데이터와 테스트 데이터의 정확도를 계산한다. #5-1은 data에서 훈련 데이터 x_train, y_train와 테스트 데이터 x_test, y_test를 가져온다.

5 #5-2의 calcAccuracy()는 정답 레이블 $label$과 모델의 출력 $pred$을 비교하여 정확도를 계산한다. percent = True이면 백분율로 계산한다.

6 #5-3에서 model.calcError(data, test = False)는 훈련 데이터의 오류(train_err)와 분류 결과 $train\_resp$를 계산한다. model.calcError(data, test = True)는 테스트 데이터의 오류 $test\_err$와 분류 결과 $test\_resp$를 계산한다. calcAccuracy()로 훈련 데이터의 정확도 $train\_accuracy1$, 테스트 데이터의 정확도 $test\_accuracy1$를 계산한다.

7 #6은 파라미터 $model\_thetas$를 사용하여 훈련 데이터의 정확도를 계산한다.

#6-1의 model.get_learnt_thetas()는 훈련된 파라미터이다. 모델의 훈련 파라미터를 model_thetas에 저장한다. 3-클래스 분류이기 때문에 model_thetas.shape = (3, 5)이다. 각행에 각 클래스에 대한 훈련 파라미터가 있다. 훈련 파라미터는 [1, f0, f1, f2, f3] 순서이다. 0-열은 바이어스이고, 1-열부터 4열은 4-개의 데이터에 대한 가중치 값이다. 행렬곱셈으로 출력을 계산하기 위해 0-열이 1로 확장하여 x_train_t 행렬을 생성한다. x_train_t.shape = (120, 5)이다.

⑧ #6-2는 prob.shape = (120, 3)의 배열을 생성한다. for 문에서 np.dot(x_train_t, thetas)로 x_train_t와 i-클래스 파라미터 thetas를 곱셈하여 x를 계산하고, 시그모이드 sigmoid 함수 출력 y을 계산하여 prob의 각 열에 저장한다. thetas.shape = (5,), x.shape = (120,), y.shape = (120,), prob.shape = (120, 3)이다.

⑨ #6-3은 axis = 1(행) 방향의 합계로 나누어 120개 훈련 데이터 각각에 대해 3-클래스에 속할 확률을 계산한다. np.argmax()로 prob의 각 행에서 가장 큰 값의 인덱스로 레이블을 계산한다. train_pred.reshape(-1, 1)로 모양으로 변경하면 train_pred는 train_resp와 같은 결과이다.

⑩ #6-4의 calcAccuracy()는 y_train, train_pred를 이용하여 정확도를 계산한다. 훈련 데이터의 정확도 train_accuracy2 = 84.17%는 #5-3의 train_accuracy1과 같다.

예제 3.7 Iris 데이터의 DTrees, NormalBayesClassifier, SVM 분류

```python
# 0307.py
import cv2
import numpy as np
import matplotlib.pyplot as plt

#1
def load_Iris():
    label = {'setosa':0, 'versicolor':1, 'virginica':2}
    data = np.loadtxt("./data/iris.csv",
                      skiprows = 1, delimiter = ',',
                      converters =
                          {4: lambda name: label[name.decode()]})
    return np.float32(data)
iris_data = load_Iris()

#2
X     = np.float32(iris_data[:, :-1])
y_true = np.int32(iris_data[:, -1])
data = cv2.ml.TrainData_create(samples = X,
                               layout = cv2.ml.ROW_SAMPLE,
                               responses = y_true)
data.setTrainTestSplitRatio(0.8)    # train data: 80%, shuffle = True
```

```
24  #3: DTrees, RTrees, NormalBayesClassifier, SVM
25  #3-1
26  model = cv2.ml.DTrees_create()
27  model.setCVFolds(1)        # If CVFolds > 1 then, it is not implemented
28  model.setMaxDepth(10)
29
30  #3-2
31  ##model = cv2.ml.RTrees_create()
32
33  #3-3
34  ##model =  cv2.ml.NormalBayesClassifier_create()        # error
35
36  #3-4
37  ##model =  cv2.ml.SVM_create()
38
39  #4
40  ret = model.train(data)
41
42  #5
43  train_err, train_resp  = model.calcError(data, test = False)
44  train_accuracy = (100.0 - train_err)
45  print('train_err={:.2f}%'.format(train_err))
46  print('train_accuracy={:.2f}%'.format(train_accuracy))
47
48  test_err, test_resp  = model.calcError(data, test = True)
49  test_accuracy = (100.0 - test_err)
50  print('test_err={:.2f}%'.format(test_err))
51  print('test_accuracy={:.2f}%'.format(test_accuracy))
52
53  #6
54  ##ret, pred  = model.predict(data.getTrainSamples())
55  ##train_accuracy2 = np.sum(pred == data.getTrainResponses()) /
56  ##                        data.getNTrainSamples()
57  ##print('train_accuracy={:.2f}%'.format(train_accuracy2 * 100))
58  ##
59  ##ret, pred  = model.predict(data.getTestSamples())
60  ##test_accuracy2 = np.sum(pred == data.getTestResponses()) /
61  ##                        data.getNTestSamples()
62  ##print('test_accuracy2={:.2f}%'.format(test_accuracy2 * 100))
```

실행 결과 1: #3-1 DTrees

```
train_err=2.50%, train_accuracy=97.50%
test_err=3.33%,  test_accuracy=96.67%
```

실행 결과 2: #3-2 RTrees

```
train_err=3.33%, train_accuracy=96.67%
test_err=0.00%, test_accuracy=100.00%
```

실행 결과 3: #3-3 NormalBayesClassifier

```
train_err=52.50%, train_accuracy=47.50%
test_err=53.33%, test_accuracy=46.67%
```

실행 결과 4: #3-4 SVM

```
train_err=0.83%, train_accuracy=99.17%
test_err=0.00%, test_accuracy=100.00%
```

프로그램 설명

1 #1은 iris_data에 붓꽃 데이터를 로드한다. #2는 cv2.ml.TrainData_create()로 데이터 ^data를 생성하고, ratio = 0.8의 훈련 데이터와 ratio = 0.2의 테스트 데이터로 분리한다.

2 #3은 DTrees, RTrees, NormalBayesClassifier, SVM 모델을 생성한다.

3 #4는 model.train()으로 data를 이용하여 모델을 훈련한다.

4 #5에서 model.calcError(data, test = False)는 훈련 데이터의 분류오류 ^train_err와 분류 결과 ^train_resp를 계산한다. train_accuracy는 훈련 데이터의 분류 정확도이다.
model.calcError(data, test = True)는 테스트 데이터의 분류오류 ^test_err와 분류 결과 ^test_resp를 계산한다. test_accuracy는 테스트 데이터의 분류 정확도이다.

5 #6은 model.predict()로 훈련 데이터 ^data.getTrainSamples()와 테스트 데이터 ^data.getTestSamples() 각각을 모델에 입력하여 모델출력 ^pred을 계산하고, 분류 정확도를 계산한다. NormalBayesClassifier는 다른 분류기에 비해 정확도가 낮다. 데이터가 정규분포를 따르지 않기 때문이다.

예제 3.8 | Iris 데이터의 EM 클러스터링

```python
01  # 0308.py
02  import cv2
03  import numpy as np
04  import matplotlib.pyplot as plt
05
06  #1
07  def load_Iris():
08      label = {'setosa':0, 'versicolor':1, 'virginica':2}
09      data = np.loadtxt("./data/iris.csv",
10                        skiprows = 1, delimiter = ',',
11                        converters =
12                            {4: lambda name: label[name.decode()]})
13      return np.float32(data)
14
15  iris_data = load_Iris()
16
```

```python
17  #2
18  X      = np.float32(iris_data[:, :-1])
19  y_true = np.int32(iris_data[:,    -1])
20  data = cv2.ml.TrainData_create(samples = X,
21                                 layout = cv2.ml.ROW_SAMPLE,
22                                 responses = y_true)
23  data.setTrainTestSplitRatio(0.8)     # train data: 80%, shuffle = True
24
25  #3
26  model = cv2.ml.EM_create()
27  model.setClustersNumber(3)           # 3 class
28  ret = model.train(data)
29
30  #4
31  x_train = data.getTrainSamples()
32  y_train = data.getTrainResponses()
33  ret, train_prob = model.predict(x_train)
34  train_pred = np.argmax(train_prob, axis = 1)
35  train_pred = train_pred.reshape(y_train.shape)
36  ##print("train_pred[:5]=", train_pred[:5])
37  ##print("y_train[:5]=",    y_train[:5])
38
39  x_test = data.getTestSamples()
40  y_test = data.getTestResponses()
41  ret, test_prob = model.predict(x_test)
42  test_pred = np.argmax(test_prob, axis = 1)
43  test_pred = test_pred.reshape(y_test.shape)
44  ##print("train_pred[:5]=", train_pred[:5])
45  ##print("y_train[:5]=",    y_train[:5])
46
47  #5: EM re-labeling using matches which are calculated by true_label
48  #5-1
49  def findMatchingLabels(true_label, pred):
50      matches = dict()
51      nClass = np.unique(true_label).shape[0]
52      for i in range(nClass):
53          res = true_label[pred == i]
54          labels, counts = np.unique(res, return_counts = True)
55          k = labels[np.argmax(counts)]
56          matches[i] = k
57      return matches
58
59  matches = findMatchingLabels(y_train, train_pred)
60  print("matches=", matches)
61
```

```
62  #5-2
62  ##zeros = train_pred == 0
63  ##ones  = train_pred == 1
64  ##twos  = train_pred == 2
65  ##train_pred[zeros] = matches[0]
66  ##train_pred[ones]  = matches[1]
67  ##train_pred[twos]  = matches[2]
68
69  def reLabeling(pred, matches):
70      masks = []
71      nClass = len(matches)
72      for i in range(nClass):
73          masks.append(pred == i)
74
75      for i in range(nClass):
76          pred[masks[i]] = matches[i]
77      return pred
78
79  train_pred = reLabeling(train_pred, matches)
80  ##print("train_pred[:5]=", train_pred[:5])
81  ##print("y_train[:5]=",    y_train[:5])
82
83  test_pred = reLabeling(test_pred, matches)
84
85  #5-3
86  def calcAccuracy(label, pred, percent = True):
87      N = label.shape[0]                      # number of data
88      accuracy = np.sum(pred == label) / N
89      if percent:
90          accuracy *= 100
91      return accuracy
92
93  train_accuracy = calcAccuracy(y_train, train_pred)
94  print('train_accuracy={:.2f}%'.format(train_accuracy))
95
96  test_accuracy = calcAccuracy(y_test, test_pred)
97  print('test_accuracy={:.2f}%'.format(test_accuracy))
```

실행 결과

```
matches= {0: 2, 1: 0, 2: 1}
train_accuracy=89.17%
test_accuracy=93.33%
```

프로그램 설명

1 #1은 iris_data에 붓꽃 데이터를 로드한다. #2는 cv2.ml.TrainData_create()로 데이터 data를 생성한다. ratio = 0.8의 훈련 데이터와 ratio = 0.2의 테스트 데이터로 분리한다.

② #3은 EM 모델을 생성하고 3-클러스터로 설정하고 model.train()로 data를 이용하여 모델을 훈련한다.

③ #4는 model.predict()로 x_train, x_test의 클러스터 확률 $train\_prob, test\_prob$을 계산한다. np.argmax()로 클러스터 레이블(train_pred, test_pred)을 계산한다.

④ EM은 무감독 분류이기 때문에, 클러스터 레이블 번호가 (y_train, y_test)와 다를 수 있다. #5는 y_train, train_pred 사이의 매칭을 계산하여, 클러스터 레이블 $train\_pred, test\_pred$을 일치 시킨다. 예제에서는 matches = {0: 2, 1: 0, 2: 1}이다. 즉, EM에 의한 클러스터-0은 y_train에서 레이블 2이고, 클러스터-1은 y_train에서 레이블 0이고, 클러스터-2는 y_train에서 레이블 1이다.

⑤ #5-1은 findMatchingLabels()로 y_train, train_pred 사이에 가장 많이 일치하는 매칭을 matches 사전에 계산한다.

⑥ #5-2는 reLabeling()으로 matches를 이용하여 train_pred, test_pred의 레이블을 변경한다.

⑦ #6은 calcAccuracy()로 정확도 train_accuracy = 89.17%, test_accuracy = 93.33%를 계산한다.

예제 3.9	Iris 데이터의 ANN_MLP 분류 1

```
01 # 0309.py
02 import cv2
03 import numpy as np
04 import matplotlib.pyplot as plt
05
06 #1
07 def load_Iris():
08     label = {'setosa':0, 'versicolor':1, 'virginica':2}
09     data = np.loadtxt("./data/iris.csv",
10                       skiprows = 1, delimiter = ',',
11                       converters =
12                           {4: lambda name: label[name.decode()]})
13     return np.float32(data)
14 iris_data = load_Iris()
15
16 #2
17 X      = np.float32(iris_data[:, :-1])
18 y_true = np.float32(iris_data[:,  -1])
19
20 n_class = len(np.unique(y_true))               # 3 class
21 y_true_1hot = np.eye(n_class, dtype = np.float32)[np.int32(y_true)]
22
23 data = cv2.ml.TrainData_create(samples = X,
24                                layout = cv2.ml.ROW_SAMPLE,
25                                responses = y_true_1hot)
26 data.setTrainTestSplitRatio(0.8)     # train data: 80%, shuffle = True
```

```
27  #3:
28  model = cv2.ml.ANN_MLP_create()
29  model.setLayerSizes(np.array([4, 10, 3]))
30  model.setActivationFunction(
31                  cv2.ml.ANN_MLP_SIGMOID_SYM, 2, 1)   # [-1, 1]
32  model.setTermCriteria((cv2.TERM_CRITERIA_EPS+
33                      cv2.TERM_CRITERIA_COUNT, 1000, 1e-5))
34  ##model.setTrainMethod(cv2.ml.ANN_MLP_RPROP, 0.1)   # default method
35  ret = model.train(data)
36
37  #4
38  train_err, train_resp  = model.calcError(data, test = False)
39  train_accuracy1 = (100.0 - train_err)
40  print('train_accuracy1={:.2f}%'.format(train_accuracy1))
41
42  test_err, test_resp  = model.calcError(data, test = True)
43  test_accuracy1 = (100.0 - test_err)
44  print('test_accuracy1={:.2f}%'.format(test_accuracy1))
45
46  #5
47  #5-1
48  x_train = data.getTrainSamples()
49  ret, train_out  = model.predict(x_train)
50  train_pred = np.argmax(train_out, axis = 1)
51      # train_out.argmax(-1) : 0, 1, 2
52
53  y_train = y_true[data.getTrainSampleIdx()]
54  ##y_train = np.argmax(data.getTrainResponses(), axis = 1)
55  train_accuracy2 = np.sum(train_pred == y_train) /
56                              data.getNTrainSamples()
57  print('train_accuracy2={:.2f}%'.format(train_accuracy2 * 100))
58
59  #5-2
60  x_test = data.getTestSamples()
61  ret, test_out  = model.predict(x_test)
62  test_pred = np.argmax(test_out, axis = 1)          # 0, 1, 2
63
64  y_test = y_true[data.getTestSampleIdx()]
65  ##y_test = np.argmax(data.getTestResponses(), axis = 1)
66  test_accuracy2 = np.sum(test_pred == y_test) / data.getNTestSamples()
67  print('test_accuracy2={:.2f}%'.format(test_accuracy2 * 100))
```

▎ 실행 결과

```
train_accuracy1=98.63%
test_accuracy1=98.63%
train_accuracy2=99.17%
test_accuracy2=100.00%
```

▶ **프로그램 설명**

1 #1은 iris_data에 붓꽃 데이터를 로드한다.

2 #2는 특징 벡터 X와 레이블 y_true의 원-핫 인코딩 y_true_1hot을 이용하여 cv2.ml.TrainData_create()로 데이터 data를 생성한다. ratio = 0.8의 훈련 데이터와 ratio = 0.2의 테스트 데이터로 분리한다.

3 #3은 ANN_MLP 모델을 생성한다. model.setLayerSizes()로 np.array([4, 10, 3])의 3-층 신경망을 구성한다. cv2.ml.ANN_MLP_SIGMOID_SYM 활성화 함수를 설정하고, 종료 조건을 최대반복횟수 100, 오차 1e-5로 설정한다. model.train()으로 cv2.ml.ANN_MLP_RPROP의 디폴트 훈련 방법으로 data를 훈련한다 .

4 #4는 model.calcError()로 훈련 데이터와 테스트 데이터의 오분류 train_err, test_err와 분류 레이블 train_resp, test_resp을 계산하고, 정확도 train_accuracy1, test_accuracy1를 계산한다.

5 #5는 model.predict()로 데이터 x_train, x_test의 훈련된 모델의 출력 train_out, test_out을 계산한다. np.argmax()로 분류 레이블 train_pred, test_pred을 계산하낟. 정답 레이블 y_train, y_test과 비교하여 정확도(train accuracy2, test_accuracy2)를 계산한다. y_train은 y_true[data.getTrainSampleIdx()]로 알 수 있고, y_test는 y_true[data.getTestSampleIdx()]로 알 수 있다. 또는 np.argmax()를 사용하여 계산할 수 있다.

6 #4의 결과와 약간 차이가 있다. train_resp.flatten()과 train_pred는 같고, test_resp.flatten()과 test_pred는 같다. 훈련 데이터의 분류 정확도는 train_accuracy2 = 99.17%이고, 테스트 데이터의 분류 정확도는 test_accuracy2 = 100.00%이다.

예제 3.10	Iris 데이터의 ANN_MLP 분류 2(cv2.ml.ANN_MLP_UPDATE_WEIGHTS)

```python
01 # 0310.py
02 import cv2
03 import numpy as np
04 import matplotlib.pyplot as plt
05
06 #1
07 def load_Iris():
08     label = {'setosa':0, 'versicolor':1, 'virginica':2}
09     data = np.loadtxt("./data/iris.csv",
10                     skiprows = 1, delimiter = ',',
11                     converters =
12                         {4: lambda name: label[name.decode()]})
13     return np.float32(data)
14
15 iris_data = load_Iris()
16
```

```python
17  #2
18  X       = np.float32(iris_data[:, :-1])
19  y_train = np.float32(iris_data[:, -1])
20
21  n_class = len(np.unique(y_train))              #  3 class
22  y_train_1hot = np.eye(n_class, dtype = np.float32)[np.int32(y_train)]
23
24  data = cv2.ml.TrainData_create(samples = X,
25                                 layout = cv2.ml.ROW_SAMPLE,
26                                 responses = y_train_1hot)
27  data.setTrainTestSplitRatio(0.8)     # train data: 80%, shuffle = True
28
29  x_train = data.getTrainSamples()
30  train_resp = data.getTrainResponses()          # one-hot
31  y_train = np.argmax(train_resp, axis = 1)      # 0, 1, 2
32  nTrain = data.getNTrainSamples()
33
34  x_test  = data.getTestSamples()
35  test_resp = data.getTestResponses()            # one-hot
36  y_test = np.argmax(test_resp, axis = 1)        # 0, 1, 2
37  nTest = data.getNTestSamples()
38
39  #3: Artificial Neural Networks
40  model = cv2.ml.ANN_MLP_create()
41  model.setLayerSizes(np.array([4, 10, 3]))
42  model.setActivationFunction(
43                  cv2.ml.ANN_MLP_SIGMOID_SYM, 2, 1)   # [-1, 1]
44  model.setTermCriteria((cv2.TERM_CRITERIA_EPS+
45                      cv2.TERM_CRITERIA_COUNT, 10, 1e-5))
46
47  ##model.setTrainMethod(cv2.ml.ANN_MLP_RPROP, 0.1)    # default method
48  ##model.setTrainMethod(cv2.ml.ANN_MLP_BACKPROP)
49
50  ret = model.train(data)                        # initial training
51
52  #4
53  train_loss_list = []
54  train_accuracy_list = []
55
56  iters_num = 100
57  for i in range(iters_num):
58
59  #4-1
60      ret = model.train(data, flags = cv2.ml.ANN_MLP_UPDATE_WEIGHTS)
61
```

```
62  #4-2
63      ret, train_out  = model.predict(x_train)
64      train_pred = np.argmax(train_out, axis = 1)
65
66  #4-3
67      train_loss = np.sum((train_resp-train_out) ** 2) / nTrain  # MSE
68      train_accuracy = np.sum(train_pred == y_train) / nTrain
69
70  #4-4
71      train_loss_list.append(train_loss)
72      train_accuracy_list.append(train_accuracy)
73
74  #5: final loss, accuracy
75  #5-1
76  print('train_loss={:.2f}'.format(train_loss))
77  print('train_accuracy={:.2f}'.format(train_accuracy))
78
79  #5-2
80  ret, test_out  = model.predict(x_test)
81  test_pred = np.argmax(test_out, axis = 1)
82
83  test_loss      = np.sum((test_resp-test_out) ** 2) / nTest      # MSE
84  test_accuracy = np.sum(test_pred == y_test) / nTest
85  print('test_loss={:.2f}'.format(test_loss))
86  print('test_accuracy={:.2f}'.format(test_accuracy))
87
88  #6: display
89  #6-1: train_loss_list
90  x = np.linspace(0, iters_num, num = iters_num)
91  plt.title('train_loss')
92  plt.plot(x, train_loss_list, color = 'red',
93          linewidth = 2, label = 'train_loss')
94  plt.xlabel('iterations')
95  plt.ylabel('loss(MSE)')
96  ##plt.legend(loc= 'best')
97  plt.show()
98
99  #6-2: train_accuracy_list
100 plt.title('train_accuracy')
101 plt.plot(x, train_accuracy_list, color = 'blue',
102         linewidth = 2, label = 'train_accuracy')
103 plt.xlabel('iterations')
104 plt.ylabel('accuracy')
105 plt.xlim(0, iters_num)
106 plt.ylim(0, 1.1)
107 ##plt.legend(loc = 'best')
108 plt.show()
```

실행 결과 1: model.setTrainMethod(cv2.ml.ANN_MLP_RPROP, 0.1) # default method

```
train_accuracy1=98.63%
test_accuracy1=98.63%
train_accuracy2=99.17%
test_accuracy2=100.00%
```

실행 결과 2: model.setTrainMethod(cv2.ml.ANN_MLP_BACKPROP)

```
train_accuracy1=98.63%
test_accuracy1=98.63%
train_accuracy2=99.17%
test_accuracy2=100.00%
```

프로그램 설명

1 flags = cv2.ml.ANN_MLP_UPDATE_WEIGHTS를 설정하여 반복적으로 가중치를 갱신한다. 평균제곱오차 Mean Squared Error; MSE로 손실 loss을 계산하고, 정확도를 계산하여 그래프로 표시한다.

2 #1은 iris_data에 붓꽃 데이터를 로드한다. #2는 특징 벡터 X와 레이블 y_true의 원-핫 인코딩 y_true_1hot를 이용하여 cv2.ml.TrainData_create()로 데이터를 생성한다. ratio = 0.8의 훈련 데이터와 ratio = 0.2의 테스트 데이터로 분리한다. 훈련 데이터 x_train, train_resp, y_train, nTrain와 테스트 데이터 x_test, test_resp, y_test, nTest를 변수에 저장한다. train_resp, test_resp는 원-핫 인코딩 레이블이고, y_train, y_test는 정수 레이블이다.

3 #3은 ANN_MLP 모델을 생성한다. model.setLayerSizes()로 np.array([4, 10, 3])의 3층 신경망을 구성한다. cv2.ml.ANN_MLP_SIGMOID_SYM 활성화 함수를 설정하고 종료 조건을 최대반복횟수 10, 오차 1e-5로 설정한다. model.setTrainMethod()로 훈련 방법을 설정한다. 디폴트 훈련 방법은 cv2.ml.ANN_MLP_RPROP이다. model.train()은 모델 설정에 따라 data를 이용하여 모델을 훈련한다.

4 #4-1은 iters_num = 100회 반복하여 model.train()으로 data를 이용하여 모델을 훈련한다. flags = cv2.ml.ANN_MLP_UPDATE_WEIGHTS를 사용하여 각 반복에서 가중치를 초기화하지 않고 가중치를 갱신한다. 각 반복에서 model.setTermCriteria()로 설정한 최대 10회 훈련한다.

5 #4-2는 model.predict()로 x_train 입력의 모델출력 train_out을 계산하고, np.argmax()로 분류 레이블 train_pred을 계산한다.

6 #4-3은 정답 레이블 train_resp과 모델출력 train_out의 평균제곱오차 MSE를 train_loss에 계산하고 정확도를 train_accuracy에 계산한다. 그래프를 그리기 위해 train_accuracy_list, train_loss_list 리스트에 추가한다.

7 #5는 훈련 데이터의 손실 오차 train_loss와 정확도 train_accuracy를 출력한다. 테스트 데이터 x_test의 출력 test_out과 분류 레이블 test_pred을 계산하고, 손실 오차 tes_loss와 정확도 test_accuracy를 출력한다.

🔢 #6은 train_loss_list, train_accuracy_list를 그래프로 표시한다. [그림 3.3]은 cv2.ml.ANN_ MLP_RPROP 훈련 결과이다. [그림 3.4]는 cv2.ml.ANN_MLP_BACKPROP 훈련 결과이다. 훈련오차는 0으로 수렴하고, 정확도는 1.0으로 수렴하는 것을 확인할 수 있다.

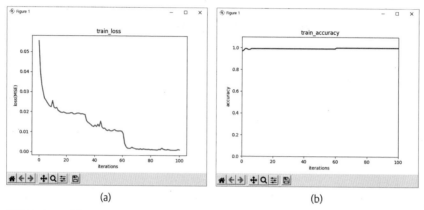

(a)   (b)

그림 3.3 ▷ model.setTrainMethod(cv2.ml.ANN_MLP_RPROP, 0.1)

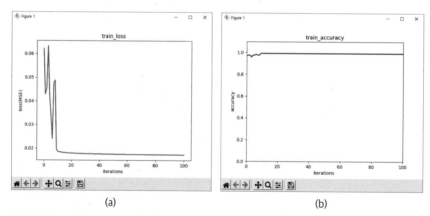

(a)   (b)

그림 3.4 ▷ model.setTrainMethod(cv2.ml.ANN_MLP_BACKPROP)

MNIST 분류 02

MNIST ^{Modified National Institute of Standards and Technology} 데이터셋은 손 글씨 숫자 handwritten digits 데이터이다. 머신러닝과 딥러닝에서 많이 사용하는 분류 데이터이다. Yann LeCun 사이트에 4개의 압축파일(*.gz) 형태로 제공되며, 다양한 머신러닝 분류기의 테스트 결과를 보여준다.

훈련 데이터 x_train, y_train는 60,000개, 테스트 데이터 x_test, y_test는 10,000개이다. 영상 x_train, x_test은 28×28 크기의 손 글씨 숫자의 그레이스케일 영상이다. SVM, ANN_ MLP 모델을 사용하여 분류한다. 모델의 입력은 3가지 방법으로 영상을 [0, 1] 범위로 정규화하고 784-차원 벡터, PCA ^{Principal Component Analysis} 특징 추출, HOG ^{Histogram of Oriented Gradients} 특징 추출을 사용한다.

예제 3.11 | MNIST 데이터 로드

```
01  # mnist.py
02  #1: load MNIST
03  import gzip
04  import numpy as np
05  #1-1
06  IMAGE_SIZE = 28
07  def extract_data(filename, num_images):
08      with gzip.open(filename) as bytestream:
09          bytestream.read(16)
10          buf = bytestream.read(IMAGE_SIZE * IMAGE_SIZE * num_images)
11          data = np.frombuffer(
12                      buf, dtype = np.uint8).astype(np.float32)
13          data = data.reshape(num_images, IMAGE_SIZE, IMAGE_SIZE)
14
15      return data
16
17  #1-2
18  def extract_labels(filename, num_images):
19      with gzip.open(filename) as bytestream:
20          bytestream.read(8)
21          buf = bytestream.read(1 * num_images)
22          labels = np.frombuffer(
23                      buf, dtype = np.uint8).astype(np.int32)
24      return labels
```

```
25
26  #1-3
27  def ont_hot_encoding(y):              # assume that y is 1-D array
28      num_arr = np.unique(y)
29      n = len(num_arr               # num_arr.shape[0]
30      return np.float32(np.eye(n)[y])
31
32  #1-4: Extract gzip files into np arrays.
33  def load(flatten = False, one_hot = False, normalize = False):
34      x_train = extract_data(
35                  './data/train-images-idx3-ubyte.gz', 60000)
36      y_train = extract_labels(
37                  './data/train-labels-idx1-ubyte.gz', 60000)
38      x_test = extract_data(
39                  './data/t10k-images-idx3-ubyte.gz',   10000)
40      y_test = extract_labels(
41                  './data/t10k-labels-idx1-ubyte.gz', 10000)
42
43      if normalize:
44          x_train = x_train/255
45          x_test  = x_test/255
46
47      if flatten:
48          # (60000, 784)
49          x_train = x_train.reshape(-1, IMAGE_SIZE * IMAGE_SIZE)
50          # (10000, 784)
51          x_test = x_test.reshape(-1, IMAGE_SIZE * IMAGE_SIZE)
52
53      if one_hot:
54          y_train = ont_hot_encoding(y_train)      # (60000, 10)
55          y_test = ont_hot_encoding(y_test)        # (10000, 10)
56      return (x_train, y_train), (x_test, y_test)
```

```
01  # 0311.py
02
03  '''
04  ref1: http://yann.lecun.com/exdb/mnist/
05  ref2: https://gist.github.com/ischlag/41d15424e7989b936c1609b53edd1390
06  ref3: 텐서플로 프로그래밍, 가메출판사, 2020, 김동근
07  '''
08  import cv2
09  import numpy as np
10  import matplotlib.pyplot as plt
11
```

```
12  #2
13  import mnist                              # mnist.py
14  (x_train, y_train), (x_test, y_test) = mnist.load()
15  print('x_train.shape=', x_train.shape)    # (60000, 28, 28)
16  print('y_train.shape=', y_train.shape)    # (60000, )
17  print('x_test.shape=',  x_test.shape)     # (10000, 28, 28)
18  print('y_test.shape=',  y_test.shape)     # (10000, )
19
20  #3
21  nlabel, count = np.unique(y_train, return_counts = True)
22  print("nlabel:", nlabel)                  # [0 1 2 3 4 5 6 7 8 9]
23  print("count:", count)
24  print("# of Class:", len(nlabel) )        # 10
25
26  #4: display 8 images
27  print("y_train[:8]=", y_train[:8])
28  fig = plt.figure(figsize = (8, 4))
29  plt.suptitle('x_train[8], y_train[:8]', fontsize = 15)
30  for i in range(8):
31      plt.subplot(2, 4, i + 1)
32      plt.title("%d"%y_train[i])
33      plt.imshow(x_train[i], cmap = 'gray')
34      plt.axis("off")
35  fig.tight_layout()
36  plt.show()
```

실행 결과

```
x_train.shape= (60000, 28, 28)
y_train.shape= (60000,)
x_test.shape= (10000, 28, 28)
y_test.shape= (10000,)
nlabel: [0 1 2 3 4 5 6 7 8 9]
count: [5923 6742 5958 6131 5842 5421 5918 6265 5851 5949]
# of Class: 10
y_train[:8]= [5 0 4 1 9 2 1 3]
```

프로그램 설명

1 ref1의 'Yann LeCun' 사이트에 훈련 데이터와 테스트 데이터의 영상과 정답 레이블이 4개의 압축파일로 제공된다. 여기서는 4개의 압축파일을 디스크에 미리 다운로드한 상태에서 ref2의 'mnist-to-jpg.py' 파일을 참조하여 extract_data(), extract_labels(), load() 함수를 작성하고 재사용을 위해 #1을 mnist.py 파일에 저장한다.

2 #1-1의 extract_data()는 압축파일 ^{filename}에서 num_images개의 손 글씨 숫자 영상의 배열 ^{data}로 변환한다. data.shape = (num_images, 28, 28)이다.

③ #1-2의 extract_labels()는 압축파일 [filename]에서 num_images개의 레이블 배열 [labels]로 변환한다. labels.shape = (num_images,)이다.

④ #1-3의 ont_hot_encoding()은 정수 레이블 y를 원-핫 인코딩 배열로 변환한다.

⑤ #1-4의 load()는 extract_data(), extract_labels(), ont_hot_encoding() 함수를 호출하여 MNIST의 훈련 데이터와 테스트 데이터를 반환한다. flatten = True이면 28×28 영상을 784의 1차원으로 변환한다. one_hot = True이면 y_train, y_test를 원-핫 인코딩으로 변환한다. normalize = False이면 영상 [x_train, x_test]의 화소 값은 [0, 255]의 범위이며, normalize = True이면 [0, 1] 범위로 정규화 한다.

⑥ '0311.py' 파일에서 #2는 'mnist.py' 파일을 임포트하여 mnist.load()로 훈련 데이터 [x_train, y_train]와 테스트 데이터 [x_test, y_test]를 로드한다. #3의 np.unique()는 y_train의 레이블 [nlabel]과 빈도수 [count]를 계산한다. len(nlabel) = 10이다. #4는 x_train[:8]의 영상을 표시한다([그림 3.5]).

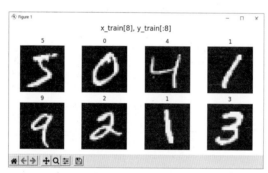

그림 3.5 ▷ MNIST 데이터: x_train[8], y_train[:8]

예제 3.12	MNIST의 SVM 분류1: flatten = True, normalize = True

```
01  # 0312.py
02
03  import cv2
04  import numpy as np
05  import matplotlib.pyplot as plt
06
07  #1: MNIST
08  import mnist  # mnist.py
09  ##(x_train, y_train), (x_test, y_test) = mnist.load(flatten = True)
10  (x_train, y_train), (x_test, y_test) =
11                  mnist.load(flatten = True, normalize = True)
12
```

```
13 #2:
14 model = cv2.ml.SVM_create()
15 model.setKernel(cv2.ml.SVM_RBF)                # default
16 model.setC(0.1)                                # default = 1.0
17 model.setGamma(0.00015)                        # default = 1.0
18
19 model.setTermCriteria((cv2.TERM_CRITERIA_MAX_ITER +
20                        cv2.TERM_CRITERIA_EPS, 100, 0.001))
21 ret = model.train(samples = x_train,
22                   layout = cv2.ml.ROW_SAMPLE, responses = y_train)
23 ##ret = model.trainAuto(samples = x_train,
24                         layout = cv2.ml.ROW_SAMPLE,
25                         responses = y_train)
26
27 #3
28 ret, train_pred = model.predict(x_train)
29 train_pred = np.int32(train_pred.flatten())
30 train_accuracy = np.sum(y_train == train_pred) / x_train.shape[0]
31 print('train_accuracy=', train_accuracy)
32
33 #4:
34 ret, test_pred = model.predict(x_test)
35 test_pred = np.int32(test_pred.flatten())
36 test_accuracy = np.sum(y_test == test_pred) / x_test.shape[0]
37 print('test_accuracy=', test_accuracy)
38
39 #5: display 8 test images
40 fig = plt.figure(figsize = (8, 4))
41 plt.suptitle('x_test[8]: (test_pred[8]: y_test[:8])',fontsize=15)
42 for i in range(8):
43     plt.subplot(2, 4, i + 1)
44     plt.title("true={}: pred={}".format(y_test[i], test_pred[i]))
45     plt.imshow(x_test[i].reshape(28, 28), cmap = 'gray')
46     plt.axis("off")
47 fig.tight_layout()
48 plt.show()
```

실행 결과 1: mnist.load(flatten = True)

```
train_accuracy= 0.2033
test_accuracy= 0.1934
```

실행 결과 2: mnist.load(flatten = True, normalize = True)

```
train_accuracy= 0.773
test_accuracy= 0.771
```

프로그램 설명

1 MNIST 영상 x_train, x_test에서 특징 추출을 하지 않고, 각 영상은 784차원 벡터로 변환하며, 화소 값은 [0, 1]로 정규화 한다.

2 #1은 mnist.load(flatten = True)로 훈련 데이터 x_train, y_train와 테스트 데이터 x_test, y_test를 로드한다. flatten = True로 x_train.shape = (60000, 784)이고, x_test.shape = (10000, 784)이다. normalize = True로 정규화 한다.

3 #2는 SVM 모델을 생성하고, 파라미터를 설정한다. model.train()으로 훈련 데이터 x_train, y_train로 모델을 훈련한다. 반복 횟수(예제에서는 100)가 크면 훈련 시간이 오래 걸린다. 반복 횟수를 너무 적게 하면 시간은 단축할 수 있지만, 정확도가 낮아진다.

4 #3은 model.predict(x_train)로 x_train 입력의 모델출력 train_pred을 계산하고 정확도 train_accuracy를 계산한다.

5 #4는 model.predict(x_test)로 x_test 입력의 출력 test_pred을 계산하고, 정확도 test_accuracy를 계산한다. #5는 x_test[:8]의 정답 레이블 y_test[:8]과 분류 결과 test_pred[:8]를 표시한다.

6 [그림 3.6]은 normalize - True로 영상을 [0, 1]로 정규화하여 분류한 결과이다. x_test[7]에서 잘못 분류하였다. 훈련 데이터와 테스트 데이터에서 정확도는 77%이다. normalize = False로 정규화하지 않으면 정확도는 20%로 낮아진다. 영상에서 PCA, HOG 등의 특징을 추출하여 분류하면 정확도를 높일 수 있다.

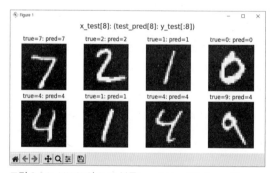

그림 3.6 ▷ MNIST의 SVM 분류1: mnist.load(flatten = True, normalize = True)

예제 3.13 | MNIST의 SVM 분류2: PCA 특징 벡터

```
01  # 0313.py
02
03  import cv2
04  import numpy as np
05  import matplotlib.pyplot as plt
06  np.set_printoptions(precision = 2, suppress = True)
```

```
07
08 #1: MNIST
09 import mnist  # mnist.py
10 (x_train, y_train), (x_test, y_test) =
11                       mnist.load(flatten = True, normalize = True)
12
13 #2: PCA feature extraction
14 k= 20                      # feature dimension, 10, 20, 100
15 ##mean = cv2.reduce(x_train, dim = 0, rtype = cv2.REDUCE_AVG)
16 mean, eVects = cv2.PCACompute(x_train, mean = None, maxComponents = k)
17 x_train_pca  = cv2.PCAProject(x_train, mean, eVects)
18 x_test_pca   = cv2.PCAProject(x_test, mean, eVects)
19 print('x_train_pca.shape=', x_train_pca.shape)       # (60000, k)
20 print('x_test_pca.shape=',  x_test_pca.shape)        # (10000, k)
21
22 #3
23 model =  cv2.ml.SVM_create()
24 model.setKernel(cv2.ml.SVM_RBF)                      # default
25 model.setC(2.5)                                      # default = 1.0
26 model.setGamma(0.03375)                              # default = 1.0
27 model.setTermCriteria((cv2.TERM_CRITERIA_MAX_ITER +
28                         cv2.TERM_CRITERIA_EPS, 100, 0.0001))
29
30 ret = model.train(samples = x_train_pca,
31                   layout = cv2.ml.ROW_SAMPLE, responses = y_train)
32 ##ret= model.trainAuto(samples = x_train_pca,
33                        layout = cv2.ml.ROW_SAMPLE,
34                        responses = y_train)
35 ##print('model.getKernelType()=', model.getKernelType())
36 ##print('model.getC()=', model.getC())
37 ##print('model.getGamma()=', model.getGamma())
38
39 #4
40 ret, train_pred = model.predict(x_train_pca)
41 train_pred = np.int32(train_pred.flatten())
42 train_accuracy = np.sum(y_train == train_pred) / x_train.shape[0]
43 print('train_accuracy=', train_accuracy)
44
45 #5:
46 ret, test_pred = model.predict(x_test_pca)
47 test_pred = np.int32(test_pred.flatten())
48 test_accuracy = np.sum(y_test == test_pred) / x_test.shape[0]
49 print('test_accuracy=', test_accuracy)
50
51 #6:  display 8 test images
52 fig = plt.figure(figsize = (8, 4))
```

```
53  plt.suptitle('x_test[8]: (test_pred[8]: y_test[:8])',fontsize = 15)
54  for i in range(8):
55      plt.subplot(2, 4, i + 1)
56      plt.title("true={}: pred={}".format(y_test[i], test_pred[i]))
57      plt.imshow(x_test[i].reshape(28, 28), cmap = 'gray')
58      plt.axis("off")
59  fig.tight_layout()
60  plt.show()
```

실행 결과 1: k= 10, model.trainAuto()

```
x_train_pca.shape= (60000, 10)
x_test_pca.shape= (10000, 10)
model.getKernelType()- 2
model.getC()= 0.1
model.getGamma()= 0.03375
train_accuracy= 0.7274
test_accuracy= 0.7273
```

실행 결과 2: k= 20, model.train()

```
x_train_pca.shape= (60000, 20)
x_test_pca.shape= (10000, 20)
train_accuracy= 0.9398833333333333
test_accuracy= 0.9332
```

실행 결과 3: k= 100, model.train()

```
x_train_pca.shape= (60000, 100)
x_test_pca.shape= (10000, 100)
train_accuracy= 0.9846
test_accuracy= 0.9735
```

프로그램 설명

1 MNIST 데이터의 영상에서 PCA 특징 벡터를 추출하여 SVM 분류기로 분류한다.

2 #1은 mnist.load(flatten =True)로 훈련 데이터 x_train, y_train와 테스트 데이터 x_test, y_test를 로드한다. PCA 특징을 계산하기 위하여, flatten = True로 각 영상을 784-차원의 벡터로 변환한다. x_train.shape = (60000, 784)이고, x_test.shape = (10000, 784)이다. normalize = True로 영상 x_train, x_test의 화소 값을 [0, 1] 범위로 정규화 한다. 정규화 하는 것이 정확도가 높다.

3 #2는 영상에서 PCA 특징을 추출한다. cv2.PCACompute()로 x_train에서 평균 $mean$, maxComponents = k개의 고유벡터 $eVects$를 계산한다. cv2.PCAProject()에서 mean, eVects를 이용하여 영상 x_train, x_test을 고유벡터에 투영한 x_train_pca, x_test_pca를 계산한다. x_train_pca.shape = (60000, k), x_test_pca.shape = (10000, k)이다.

4 #3은 SVM 모델을 생성하고, 파라미터를 설정하고, model.train()으로 훈련 데이터 x_{train_pca}, y_{train}로 모델을 훈련한다. model.trainAuto()를 사용하면 현재 설정된 SVM 타입, 커널(cv2. ml.SVM_RBF)에서 자동으로 최적의 훈련 파라미터를 계산한다. model.setC(0.1), model. setGamma(0.03375)는 k = 10에서 자동으로 계산한 파라미터로 설정한 값이다. k가 클수록 훈련 시간은 오래 걸린다.

5 #4는 model.predict(x_train_pca)로 훈련 데이터의 모델출력 $train\_pred$을 계산하고, 정확도 $train\_accuracy$를 계산한다.

6 #5는 model.predict(x_test_pca)로 테스트 데이터의 모델출력 $test\_pred$을 계산하고, 정확도 $test\_accuracy$를 계산한다. #6은 x_test[:8]의 실제 레이블 $y\_test[:8]$과 분류 결과 $test\_pred[:8]$를 표시한다.

7 k= 100에서 훈련 데이터의 정확도 $train\_accuracy$는 98.46%이고, 테스트 데이터 $test\_accuracy$의 정확도는 97.35%이다.

예제 3.14 | MNIST의 SVM 분류3(HOG 특징 벡터)

```
01  # 0314.py
02  import cv2
03  import numpy as np
04  import matplotlib.pyplot as plt
05
06  #1: MNIST
07  import mnist                              # mnist.py
08  (x_train, y_train), (x_test, y_test) = mnist.load()
09
10  #2: HOG feature extraction
11  hog = cv2.HOGDescriptor(_winSize = (28, 28),
12                          _blockSize = (14,14),
13                          _blockStride = (7,7),
14                          _cellSize = (7,7),
15                          _nbins = 9)        # _gammaCorrection = False
16  print("HOG feature size = ",  hog.getDescriptorSize())
17
18  def computeHOGfeature(X, hog):
19      n Size = hog.getDescriptorSize()
20      #  (9x1) -> 4 * (9x1) -> (3 * 3)(36x1) -> (324x1)
21      x_train_hog = np.zeros((X.shape[0], nSize), dtype = np.float32)
22      for i, img in enumerate(X):
23          x_train_hog[i] = hog.compute(np.uint8(img)).flatten()
24
25      return x_train_hog
26
```

```
27  x_train_hog = computeHOGfeature(x_train, hog)
28  x_test_hog = computeHOGfeature(x_test, hog)
29  print('x_train_hog.shape=', x_train_hog.shape)        # (60000, 324)
30  print('x_test_hog.shape=',  x_test_hog.shape)         # (60000, 324)
31
32  #3
33  #3-1:
34  model =  cv2.ml.SVM_create()
35  model.setKernel(cv2.ml.SVM_RBF)                       # default
36  model.setC(12.5)                                      # default = 1.0
37  model.setGamma(0.5)                                   # default = 1.0
38  model.setTermCriteria((cv2.TERM_CRITERIA_MAX_ITER +
39                       cv2.TERM_CRITERIA_EPS, 100, 0.001))
40
41  #3-2:
42  ret = model.train(samples = x_train_hog,
43                    layout = cv2.ml.ROW_SAMPLE, responses = y_train)
44  ##ret= model.trainAuto(samples = x_train_hog,
45                       layout = cv2.ml.ROW_SAMPLE,
46                       responses = y_train)
47  ##print('model.getKernelType()=', model.getKernelType())
48  ##print('model.getC()=', model.getC())
49  ##print('model.getGamma()=', model.getGamma())
50
51  #3-3:
52  model.save('./data/0314_HOG_SVM.train')
53
54  #4
55  ret, train_pred = model.predict(x_train_hog)
56  train_pred = np.int32(train_pred.flatten())
57  train_accuracy = np.sum(y_train == train_pred) / x_train.shape[0]
58  print('train_accuracy=', train_accuracy)
59
60  #5:
61  ret, test_pred = model.predict(x_test_hog)
62  test_pred = np.int32(test_pred.flatten())
63  test_accuracy = np.sum(y_test == test_pred) / x_test.shape[0]
64  print('test_accuracy=', test_accuracy)
65
66  #6:  display 8 test images
67  fig = plt.figure(figsize = (8, 4))
68  plt.suptitle('x_test[8]: (test_pred[8]: y_test[:8])',fontsize = 15)
69  for i in range(8):
70      plt.subplot(2, 4, i + 1)
71      plt.title("true={}: pred={}".format(y_test[i], test_pred[i]))
```

```
72      plt.imshow(x_test[i].reshape(28, 28), cmap = 'gray')
73      plt.axis("off")
74 fig.tight_layout()
75 plt.show()
```

실행 결과

```
HOG feature size =  324
x_train_hog.shape= (60000, 324)
x_test_hog.shape= (10000, 324)
train_accuracy= 0.9996
test_accuracy= 0.9922
```

프로그램 설명

1 MNIST 데이터의 영상에서 HOG 특징 벡터를 추출하여 SVM 분류기로 분류한다.

2 #1은 mnist.load(flatten = True)로 훈련 데이터 x_train, y_train와 테스트 데이터 x_test, y_test를 로드한다. HOG 특징은 2차원 영상에서 계산한다. flatten = False로 x_train.shape = (60000, 28, 28)이고 x_test.shape = (10000, 28, 28)이다. normalize = False로 영상 x_train, x_test의 화소값은 [0, 255]의 범위이다.

3 #2는 영상에서 HOG 특징을 추출한다. 셀 크기 _cellSize = (7, 7)에서 _nbins = 9이면 각 셀에서 9×1 벡터를 계산한다. _blockSize = (14, 14)이면 4개 셀의 히스토그램을 묶어 36×1 벡터를 생성한다. 윈도우 크기 _winSize = (28, 28)에서 _blockStride = (7, 7)으로 이동하면, 가로 3번, 세로 3번 이동하여 3×3 = 9개의 블록에서 각각 36×1 벡터를 계산한다. 그러므로 전체 디스크립터의 크기는 hog.getDescriptorSize() = 9×36 = 324이다. computeHOGfeature() 함수를 사용하여 영상 x_train, x_test에서 HOG 특징 x_train_hog, x_test_hog을 추출한다. hog.compute()로 np.uint8(img) 영상의 HOG 특징을 검출한다.

4 #3은 모델을 생성, 훈련, 저장한다. #3-1은 SVM 모델을 생성하고, 파라미터를 설정한다. #3-2에서 model.train()은 훈련 데이터 x_train_hog, y_train로 모델을 훈련한다. model.trainAuto()를 사용하면 현재 설정된 SVM 타입 cv2.ml.SVM_C_SVC, 커널 cv2.ml.SVM_RBF 에서 자동으로 훈련 파라미터를 계산한다. 훈련 시간은 오래 걸린다. #3-1의 model. setC(12.5), model.setGamma(0.5)는 model.trainAuto()로 자동으로 계산한 파라미터로 설정한 값이다. #3-3은 훈련한 모델을 '0314_HOG_SVM.train' 파일에 YAML 파일형태로 저장한다.

5 #4는 model.predict(x_train_hog)로 훈련 데이터의 모델출력 train_pred을 계산하고, 정확도 train_accuracy를 계산한다.

6 #5는 model.predict(x_test_hog)로 테스트 데이터의 모델출력 test_pred을 계산하고, 정확도 test_accuracy를 계산한다.

7 #6은 x_test[:8]의 정답 레이블 y_test[:8]과 분류 결과 test_pred[:8]를 표시한다.

8 훈련 데이터의 정확도 train_accuracy는 99.96%이고, 테스트 데이터의 정확도 test_accuracy는 98.22%이다.

예제 3.15 | MNIST의 ANN_MLP 분류 1(RPROP): (flatten = True, normalize = True)

```python
01  # 0315.py
02  import cv2
03  import numpy as np
04  import matplotlib.pyplot as plt
05
06  #1: MNIST
07  import mnist                              # mnist.py
08  (x_train, y_train_1hot), (x_test, y_test_1hot) =
09                  mnist.load(flatten = True,
10                  one_hot = True, normalize = True)
11
12  y_train = np.argmax(y_train_1hot, axis = 1)
13  # category label: [0, 1, ..., 9]
14  y_test  = np.argmax(y_test_1hot, axis = 1)
15  train_size = y_train.shape[0]             # 60000
16  test_size  = y_test.shape[0]              # 10000
17
18  #2: TrainData
19  data = cv2.ml.TrainData_create(samples = x_train,
20                                  layout = cv2.ml.ROW_SAMPLE,
21                                  responses = y_train_1hot)
22
23  #3: Artificial Neural Networks
24  #3-1:
25  model = cv2.ml.ANN_MLP_create()
26  model.setLayerSizes(np.array([784, 20, 20, 10]))
27  model.setActivationFunction(cv2.ml.ANN_MLP_SIGMOID_SYM,
28                              2, 1)        # [-1, 1]
29  model.setTermCriteria((cv2.TERM_CRITERIA_EPS +
30                  cv2.TERM_CRITERIA_COUNT, 10, 1e-5))
31
32  #3-2:
33  model.setTrainMethod(cv2.ml.ANN_MLP_RPROP, 0.1) # default method
34  ret = model.train(data)                       # initial training
35
36  #4: training
37  iters_num =  100
38  train_loss_list = []
39
40  for epoch in range(iters_num):
41      ret = model.train(data, flags = cv2.ml.ANN_MLP_UPDATE_WEIGHTS)
42      ret, train_out  = model.predict(x_train)
43      train_loss = np.sum((y_train_1hot-train_out) ** 2) /
44                      train_size                # MSE
45      train_loss_list.append(train_loss)
```

```
46      print("epoch=", epoch, "train_loss=", train_loss)
47
48 #5: final loss, accuracy
49 #5-1
50 model.save('./data/0315_ANN_RPROP.train')
51
52 #5-2
53 ret, train_out  = model.predict(x_train)
54 train_pred = np.argmax(train_out, axis = 1)
55
56 train_loss     = np.sum((y_train_1hot-train_out) ** 2) /
57                       train_size              # MSE
58 train_accuracy = np.sum(train_pred == y_train) / train_size
59 print('train_loss={:.2f}'.format(train_loss))
60 print('train_accuracy={:.2f}'.format(train_accuracy))
61
62 #5-3
63 ret, test_out  = model.predict(x_test)
64 test_pred = np.argmax(test_out, axis = 1)
65
66 test_loss      = np.sum((y_test_1hot-test_out) ** 2) /
67                       test_size                # MSE
68 test_accuracy = np.sum(test_pred == y_test) / test_size
69 print('test_loss={:.2f}'.format(test_loss))
70 print('test_accuracy={:.2f}'.format(test_accuracy))
71
72 #6: display
73 #6-1: train_loss_list
74 x = np.linspace(0, iters_num, num = iters_num)
75 plt.title('train_loss')
76 plt.plot(x, train_loss_list, color = 'red',
77         linewidth = 2, label = 'train_loss')
78 plt.xlabel('iterations')
79 plt.ylabel('loss(MSE)')
80 plt.show()
81
82 #6-2:  display 8 test images
83 fig = plt.figure(figsize = (8, 4))
84 plt.suptitle('x_test[8]: (test_pred[8]: y_test[:8])', fontsize = 15)
85 for i in range(8):
86     plt.subplot(2, 4, i + 1)
87     plt.title("true={}: pred={}".format(y_test[i], test_pred[i]))
88     plt.imshow(x_test[i].reshape(28, 28), cmap = 'gray')
89     plt.axis("off")
90 fig.tight_layout()
91 plt.show()
```

실행 결과

```
train_loss=0.05
train_accuracy=0.97
test_loss=0.12
test_accuracy=0.93
```

프로그램 설명

1 MNIST 영상 x_train, x_test에서 특징추출을 하지 않는다. 각 영상은 784차원 벡터로 변환하고, 화소 값은 [0, 1]로 정규화 한다. flags = cv2.ml.ANN_MLP_UPDATE_WEIGHTS를 설정하여 반복적으로 가중치를 갱신한다. 평균제곱오차 mean squared error; MSE로 훈련하는 동안 훈련 데이터의 손실 오차 loss를 계산하여 그래프로 표시한다.

2 #1은 mnist.load()로 훈련 데이터 x_train, y_train_1hot와 테스트 데이터 x_test, y_test_1hot를 로드한다. flatten = True로 x_train.shape = (60000, 784)이고, x_test.shape = (10000, 784)이다. normalize = True로 [0, 1] 범위로 정규화 한다. one_hot = True로 y_train_1hot. shape = (60000, 10), y_test_1hot.shape = (10000, 10)이다. 정확도 계산에 사용하기 위해 np.argmax()를 이용하여 정수 레이블 y_train, y_test을 계산한다.

3 #2는 훈련 데이터 x_train, y_train_1hot를 이용하여 cv2.ml.TrainData_create()로 훈련 데이터 data를 생성한다. 전체가 훈련 데이터이므로 데이터를 분리하지 않는다.

4 #3은 ANN_MLP 모델을 생성하고, data를 이용하여 모델을 훈련한다. #3-1은 np.array([784, 20, 20, 10])의 4-층 신경망을 구성한다.
cv2.ml.ANN_MLP_SIGMOID_SYM 활성화 함수를 설정하고, 종료 조건을 최대반복횟수 10, 오차 1e-5로 설정한다. #3-2는 RPROP Resilient Propagation 훈련 방법으로 설정하고, model. train()으로 data를 이용하여 모델을 훈련한다.

5 #4는 iters_num = 100회 반복하며, model.train()으로 data를 이용하여 모델을 훈련한다. flags = cv2.ml.ANN_MLP_UPDATE_WEIGHTS에 의해 각 반복에서 가중치를 초기화하지 않고 갱신한다. 각 반복에서 model.setTermCriteria()로 설정한 최대 10회 훈련한다. model.predict()로 x_train에 대한 모델의 출력 train_out을 계산하고, 정답 레이블 y_train_1hot과 출력 train_out의 평균제곱오차 MSE를 train_loss에 계산하고, 그래프를 그리기 위해 train_loss_ list 리스트에 추가한다.

6 #5-1은 훈련된 모델을 '0315_ANN_RPROP.train' 파일에 저장한다. #5-2는 훈련 데이터 x_train의 손실 오차 train_loss와 정확도 train_accuracy를 계산한다. #5-3은 테스트 데이터 x_test의 손실 오차 test_loss와 정확도 test_accuracy를 계산한다.

7 #6은 train_loss_list를 그래프로 표시한다. [그림 3.7]은 RPROP 훈련의 손실 오차 그래프이다. 훈련 데이터의 정확도 train_accuracy는 97%이고, 테스트 데이터의 정확도 test_accuracy는 93%이다.

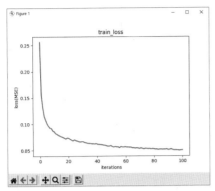

그림 3.7 ▷ RPROP 손실 오차(train_loss)

예제 3.16 | MNIST의 ANN_MLP 분류 2(BACKPROP): (flatten = True, normalize = True)

```
01  # 0316.py
02  import cv2
03  import numpy as np
04  import matplotlib.pyplot as plt
05
06  #1: MNIST
07  import mnist                          # mnist.py
08  (x_train, y_train_1hot), (x_test, y_test_1hot) =
09          mnist.load(flatten = True, one_hot = True, normalize = True)
10
11  y_train = np.argmax(y_train_1hot,
12                      axis = 1)         # category label: [0, 1, ..., 9]
13  y_test  = np.argmax(y_test_1hot, axis = 1)
14  train_size = y_train.shape[0]         # 60000
15  test_size  = y_test.shape[0]          # 10000
16
17  #2: TrainData
18  data = cv2.ml.TrainData_create(samples = x_train,
19                                 layout = cv2.ml.ROW_SAMPLE,
20                                 responses = y_train_1hot)
21
22  #3: Artificial Neural Networks
23  #3-1:
24  model = cv2.ml.ANN_MLP_create()
25  model.setLayerSizes(np.array([784, 20, 20, 10]))
26  model.setActivationFunction(cv2.ml.ANN_MLP_SIGMOID_SYM,
27                              2, 1)               # [-1, 1]
28  model.setTermCriteria((cv2.TERM_CRITERIA_EPS +
29                         cv2.TERM_CRITERIA_COUNT, 1, 1e-5))
```

```
30
31  #3-2:
32  model.setTrainMethod(cv2.ml.ANN_MLP_BACKPROP, 0.01, 0.1)
33  ret = model.train(data)              # initial training
34
35  #4: mini-batch training
36  #4-1
37  iters_num = 100
38  batch_size= 1000
39  K = train_size //'batch_size
40  train_loss_list = []
41
42  np.random.seed(111)
43
44  for epoch in range(iters_num):
45  #4-2
46      train_loss = 0
47      for i in range(K):               # 60
48          batch_mask = np.random.choice(train_size, batch_size)
49          x_batch = x_train[batch_mask]
50          y_batch_1hot = y_train_1hot[batch_mask]
51
52          data = cv2.ml.TrainData_create(samples = x_batch,
53                                  layout = cv2.ml.ROW_SAMPLE,
54                                  responses = y_batch_1hot)
55  #4-3
56          ret = model.train(data,
57                          flags = cv2.ml.ANN_MLP_UPDATE_WEIGHTS)
58          ret, train_out  = model.predict(x_batch)
59          train_loss += np.sum((y_batch_1hot - train_out) ** 2) /
60                          batch_size         # MSE
61
62  #4-4
63      train_loss /= K
64      train_loss_list.append(train_loss)
65     print("epoch=", epoch, "train_loss=", train_loss)
66
67  #5: final loss, accuracy
68  #5-1
69  model.save('./data/0316_ANN_BACKPROP.train')
70
71  #5-2
72  ret, train_out  = model.predict(x_train)
73  train_pred = np.argmax(train_out, axis = 1)
74
```

```
75 train_loss = np.sum((y_train_1hot-train_out) ** 2) /
76                    train_size          # MSE
77 train_accuracy = np.sum(train_pred == y_train) / train_size
78 print('train_loss={:.2f}'.format(train_loss))
79 print('train_accuracy={:.2f}'.format(train_accuracy))
80
81 #5-3
82 ret, test_out  = model.predict(x_test)
83 test_pred = np.argmax(test_out, axis = 1)
84
85 test_loss = np.sum((y_test_1hot - test_out) ** 2) /
86                    test_size           # MSE
87 test_accuracy = np.sum(test_pred == y_test) / test_size
88 print('test_loss={:.2f}'.format(test_loss))
89 print('test_accuracy={:.2f}'.format(test_accuracy))
90
91 #6: display
92 #6-1: train_loss_list
93 x = np.linspace(0, iters_num, num = iters_num)
94 plt.title('train_loss')
95 plt.plot(x, train_loss_list, color = 'red',
96         linewidth = 2, label = 'train_loss')
97 plt.xlabel('iterations')
98 plt.ylabel('loss(MSE)')
99 plt.show()
100
101 #6-2:  display 8 test images
102 fig = plt.figure(figsize = (8, 4))
103 plt.suptitle('x_test[8]: (test_pred[8]: y_test[:8])', fontsize = 15)
104 for i in range(8):
105     plt.subplot(2, 4, i + 1)
106     plt.title("true={}: pred={}".format(y_test[i], test_pred[i]))
107     plt.imshow(x_test[i].reshape(28, 28), cmap = 'gray')
108     plt.axis("off")
109 fig.tight_layout()
110 plt.show()
```

실행 결과

```
train_loss=0.06
train_accuracy=0.97
test_loss=0.11
test_accuracy=0.94
```

프로그램 설명

1 MNIST 영상 x_train, x_test에서 특징추출을 하지 않는다. 각 영상은 784차원 벡터로 변환하고, 화소 값은 [0, 1]로 정규화한다. flags = cv2.ml.ANN_MLP_UPDATE_WEIGHTS를 설정하여 반복적으로 가중치를 갱신한다. 훈련하는 동안 평균제곱오차 Mean Squared Error; MSE)로 훈련 데이터의 손실 오차 loss를 계산하여 그래프로 표시한다.

2 #1은 mnist.load(flatten = True)로 훈련 데이터 x_train, y_train_1hot와 테스트 데이터 x_test, y_test_1hot를 로드한다. flatten = True로 x_train.shape = (60000, 784)이고, x_test.shape = (10000, 784)이다. normalize = True로 [0, 1] 범위로 정규화 한다. one_hot = True로 y_train_1hot.shape = (60000, 10), y_test_1hot.shape = (10000, 10)이다. np.argmax()를 이용하여 정수 레이블 y_train, y_test을 계산한다.

3 #2는 훈련 데이터 x_train, y_train_1hot를 이용하여 cv2.ml.TrainData_create()로 데이터 data를 생성한다.

4 #3은 ANN_MLP 모델을 생성하고, data를 이용하여 모델을 훈련한다. #3-1은 np.array([784, 20, 20, 10])의 4-층 신경망을 구성한다. cv2.ml.ANN_MLP_SIGMOID_SYM 활성화 함수를 설정하고, 종료 조건을 최대반복횟수 1, 오차 1e-5로 설정한다. #3-2는 모멘텀 기반 역전파 훈련 ANN_MLP_BACKPROP, 가중치 스케일 0.01, 모멘텀 스케일 0.1을 설정하고, model.train() 으로 data를 이용하여 모델을 훈련한다.

5 #4는 iters_num = 100회 반복하여, 각 반복에서 미니 배치로 모델을 훈련한다. #4-2의 range(K)에 의한 반복은 np.random.choice()에 의해 랜덤하게 batch_mask를 생성하고, 랜덤 배치 훈련 데이터 x_batch, y_batch_1hot를 생성하여 data를 생성한다.
model.train()에서 flags = cv2.ml.ANN_MLP_UPDATE_WEIGHTS를 사용하여 가중치를 초기화하지 않고 갱신한다. model.train()에 의한 훈련에서 #3-1의 model.setTermCriteria()로 설정한 1회 훈련한다. range(K)에 의한 반복을 마치면 모든 훈련 데이터 전체를 한번 모델에 적용하여 훈련한 것과 같은 1 에폭 훈련이다. model.predict()로 x_batch에 대한 모델의 출력 train_out을 계산한다. train_loss에 평균제곱오차 MSE를 계산하고, 그래프를 그리기 위해 train_loss_list 리스트에 추가한다.

6 #5-1은 훈련된 모델을 '0316_ANN_BACKPROP' 파일에 저장한다. #5-2는 훈련 데이터 x_train의 손실 오차 train_loss와 정확도 train_accuracy를 계산한다. #5-3은 테스트 데이터 x_test의 손실 오차 test_loss와 정확도 test_accuracy를 계산한다.

7 #6은 train_loss_list를 그래프로 표시한다. [그림 3.8]은 BACKPROP를 이용한 미니 배치 훈련의 손실 오차 그래프이다. 손실 오차 그래프가 진동하며 0으로 수렴한다. 배치 크기를 작게 하면 더 크게 진동한다. 훈련 데이터의 정확도 train_accuracy는 97%이고, 테스트 데이터의 정확도 test_accuracy는 94%이다.

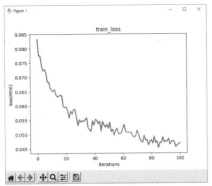

그림 3.8 ▷ BACKPROP 미니 배치 훈련 손실 오차(train_loss)

예제 3.17 | MNIST의 ANN_MLP 분류 3: HOG 특징 벡터

```
01  # 0317.py
02  import cv2
03  import numpy as np
04  import matplotlib.pyplot as plt
05
06  #1: MNIST
07  import mnist                          # mnist.py
08  (x_train, y_train_1hot), (x_test, y_test_1hot) =
09                           mnist.load(one_hot = True)
10
11  y_train = np.argmax(y_train_1hot,
12                      axis = 1)         # category label: [0, 1, ..., 9]
13  y_test  = np.argmax(y_test_1hot, axis = 1)
14  train_size = y_train.shape[0]         # 60000
15  test_size  = y_test.shape[0]          # 10000
16
17  #2
18  #2-1: HOG feature extraction
19  hog = cv2.HOGDescriptor(_winSize = (28, 28),
20                          _blockSize = (14,14),
21                          _blockStride = (7,7),
22                          _cellSize = (7,7),
23                          _nbins = 9)        # _gammaCorrection = False
24  print("HOG feature size = ", hog.getDescriptorSize())
25
26  def computeHOGfeature(X, hog):
27      nSize = hog.getDescriptorSize()
28      # (9x1)-> 4 * (9x1) -> (3 * 3)(36x1) -> (324x1)
29      x_train_hog = np.zeros((X.shape[0], nSize), dtype = np.float32)
```

```python
30      for i, img in enumerate(X):
31          x_train_hog[i] = hog.compute(np.uint8(img)).flatten()
32      return x_train_hog
33
34  x_train_hog = computeHOGfeature(x_train, hog)
35  x_test_hog  = computeHOGfeature(x_test, hog)
36  print('x_train_hog.shape=', x_train_hog.shape)       # (60000, 324)
37  print('x_test_hog.shape=',  x_test_hog.shape)        # (60000, 324)
38
39  #2-2: TrainData
40  data = cv2.ml.TrainData_create(samples = x_train_hog,
41                                 layout = cv2.ml.ROW_SAMPLE,
42                                 responses = y_train_1hot)
43
44  #3: Artificial Neural Networks
45  #3-1:
46  model = cv2.ml.ANN_MLP_create()
47  model.setLayerSizes(np.array([324, 20, 20, 10]))
48  model.setActivationFunction(cv2.ml.ANN_MLP_SIGMOID_SYM,
49                              2, 1)                    # [-1, 1]
50  model.setTermCriteria((cv2.TERM_CRITERIA_EPS +
51                      cv2.TERM_CRITERIA_COUNT, 10, 1e-5))
52
53  #3-2:
54  model.setTrainMethod(cv2.ml.ANN_MLP_RPROP, 0.1)    # default method
55  ret = model.train(data)                            # initial training
56
57  #4: batch training
58  iters_num =  100
59  train_loss_list = []
60
61  for epoch in range(iters_num):
62      ret = model.train(data, flags = cv2.ml.ANN_MLP_UPDATE_WEIGHTS)
63      ret, train_out  = model.predict(x_train_hog)
64      train_loss = np.sum((y_train_1hot-train_out) ** 2) /
65                      train_size                  # MSE
66      train_loss_list.append(train_loss)
67      print("epoch=", epoch, "train_loss=", train_loss)
68
69  #5: final loss, accuracy
70  #5-1
71  model.save('./data/0317_HOG_ANN_RPROP.train')
72
73  #5-2
74  ret, train_out  = model.predict(x_train_hog)
75  train_pred = np.argmax(train_out, axis = 1)
```

```
76
77  train_loss    = np.sum((y_train_1hot-train_out) ** 2) /
78                      train_size                # MSE
79  train_accuracy = np.sum(train_pred == y_train) / train_size
80  print('train_loss={:.2f}'.format(train_loss))
81  print('train_accuracy={:.2f}'.format(train_accuracy))
82
83  #5-3
84  ret, test_out  = model.predict(x_test_hog)
85  test_pred = np.argmax(test_out, axis = 1)
86
87  test_loss     = np.sum((y_test_1hot-test_out) ** 2) /
88                      test_size                 # MSE
89  test_accuracy = np.sum(test_pred == y_test) / test_size
90  print('test_loss={:.2f}'.format(test_loss))
91  print('test_accuracy={:.2f}'.format(test_accuracy))
92
93  #6: display
94  #6-1: train_loss_list
95  x = np.linspace(0, iters_num, num = iters_num)
96  plt.title('train_loss')
97  plt.plot(x, train_loss_list, color = 'red',
98          linewidth = 2, label = 'train_loss')
99  plt.xlabel('iterations')
100 plt.ylabel('loss(MSE)')
101 plt.show()
102
103 #6-2:  display 8 test images
104 fig = plt.figure(figsize = (8, 4))
105 plt.suptitle('x_test[8]: (test_pred[8]: y_test[:8])',fontsize = 15)
106 for i in range(8):
107     plt.subplot(2, 4, i + 1)
108     plt.title("true={}: pred={}".format(y_test[i], test_pred[i]))
109     plt.imshow(x_test[i].reshape(28, 28), cmap = 'gray')
110     plt.axis("off")
111 fig.tight_layout()
112 plt.show()
```

실행 결과

```
train_loss=0.01
train_accuracy=1.00
test_loss=0.04
test_accuracy=0.98
```

프로그램 설명

1 [예제 3.14]의 HOG 특징 벡터를 사용한 MNIST의 SVM 분류를 ANN_MLP 모델을 사용하여 ANN_RPROP로 훈련하고 분류한다.

2 #1은 mnist.load(flatten = True)로 훈련 데이터 x_train, y_train_1hot와 테스트 데이터 x_test, y_test_1hot를 로드한다.

3 #2-1은 영상에서 HOG 특징을 추출 x_train_hog, x_test_hog한다. #2-2는 (x_train_hog, y_train_1hot)을 이용하여 훈련 데이터 $data$를 생성한다. hog.getDescriptorSize() = 324이다 ([예제 3.14] 참조).

4 #3은 ANN_MLP 모델을 생성하고, data를 이용하여 모델을 훈련한다. np.array([324, 20, 20, 10])의 4-층 신경망을 구성한나. cv2.ml.ANN_MLP_SIGMOID_SYM 활성화 함수를 설정하고, 종료 조건을 최대반복횟수 10, 오차 1e-5로 설정한다. 디폴트 훈련인 ANN_MLP_RPROP 훈련에서 DW0 = 0.1로 설정한다. model.train()으로 data를 이용하여 모델을 훈련한다.

5 #4는 iters_num = 100회 반복하며, model.train()으로 data를 이용하여 모델을 훈련한다. flags = cv2.ml.ANN_MLP_UPDATE_WEIGHTS를 사용하여 각 반복에서 가중치를 초기화하지 않고 갱신한다. 각 반복에서 model.setTermCriteria()로 설정한 최대 10회 훈련한다. model.predict()로 x_train_hog의 모델출력(train_out)을 계산한다. train_loss에 평균제곱 오차 MSE를 계산하고 train_loss_list 리스트에 추가한다.

6 #5-1은 훈련된 모델을 '0317_HOG_ANN_RPROP' 파일에 저장한다. #5-2는 훈련 데이터 x_train_hog의 손실 오차 $train\_loss$와 정확도 $train\_accuracy$를 계산한다. #5-3은 테스트 데이터 x_test_hog의 손실 오차 $test\_loss$와 정확도 $test\_accuracy$를 계산한다.

7 #6은 train_loss_list를 그래프로 표시한다([그림 3.9]). 훈련 데이터의 정확도 $train\_accuracy$는 100%이고, 테스트 데이터의 정확도 $test\_accuracy$는 98%이다.

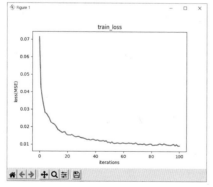

그림 3.9 ▷ HOG 특징 벡터를 이용한 ANN_MLP 분류의 훈련 손실 오차(train_loss)

손 글씨 숫자 인식 03

SVM, ANN_MLP로 훈련된 모델을 이용하여 숫자 인식 예제를 작성한다. 마우스를 이용하여 배열에 숫자 영상을 생성한다. 경계선을 검출과 바운딩 박스로 숫자 영역을 분할한다. 훈련된 모델을 이용하여 바운딩 박스의 숫자를 인식한다.

HOG 특징([예제 3.14], [예제 3.17])을 사용하는 모델은 숫자 영역에서 HOG 특징을 추출해야 한다. SVM 모델을 이용하는 [예제 3.14] 모델에서 model.predict()는 바로 숫자 레이블을 반환한다.

ANN_MLP 모델을 이용하는 모델([예제 3.15], [예제 3.16], [예제 3.17])에서는 model.predict()의 출력에 np.argmax()를 적용하여 숫자 레이블을 계산한다.

예제 3.18	ANN_MLP 모델을 이용한 숫자 인식: (flatten = True, normalize = True)

```python
01  # 0318.py
02  import cv2
03  import numpy as np
04
05  #1
06  model = cv2.ml_ANN_MLP.load('./data/0315_ANN_RPROP.train')
07  #model = cv2.ml_ANN_MLP.load('./data/0316_ANN_BACKPROP.train')
08
09  #2:
10  def makeSquareImage(img):
11      height, width  = img.shape[:2]
12      if width > height:
13          y0 = (width-height)//2
14          resImg = np.zeros(shape = (width, width), dtype = np.uint8)
15          resImg[y0:y0 + height, :] = img
16
17      elif width < height:
18          x0 = (height - width) // 2
19          resImg = np.zeros(shape = (height, height),
20                            dtype = np.uint8)
21          resImg[:, x0:x0+width] = img
22      else:
23          resImg = img
24      return resImg
```

```python
25
26  #3
27  colors = {'black':(0,0,0),     'white': (255, 255, 255),
28            'blue': (255,0,0) , 'red':    (0,0,255)}
29  def onMouse(event, x, y, flags, param):
30      if event == cv2.EVENT_MOUSEMOVE:
31          if flags & cv2.EVENT_FLAG_LBUTTON:
32              cv2.circle(src, (x, y), 10, colors['black'], -1) # draw
33              cv2.imshow('image', src)
34          elif flags & cv2.EVENT_FLAG_RBUTTON:
35              cv2.circle(src, (x, y), 10, colors['white'], -1) # erase
36              cv2.imshow('image', src)
37
38  src  = np.full((512, 512, 3), colors['white'], dtype = np.uint8)
39  cv2.imshow('image', src)
40  cv2.setMouseCallback('image', onMouse)
41
42  font = cv2.FONT_HERSHEY_SIMPLEX
43  x_img = np.zeros(shape = (28, 28), dtype = np.uint8)
44
45  #4
46  while True:
47  #4-1
48      key = cv2.waitKey(25)
49      if   key == 27:                     # esc
50          break;
51      elif key == 32:                     # space
52          src[:, :] = colors['white']     # clear image
53          cv2.imshow('image', src)
54  #4-2
55      elif key == 13:                     # return
56          print("----classify....")
57          dst = src.copy()
58          gray = cv2.cvtColor(dst, cv2.COLOR_BGR2GRAY)
59          ret, th_img = cv2.threshold(gray, 125, 255,
60                              cv2.THRESH_BINARY_INV)
61          #cv2.imshow('th_img', th_img)
62          contours, _ = cv2.findContours(th_img,
63                              cv2.RETR_EXTERNAL,
64                              cv2.CHAIN_APPROX_SIMPLE)
65
66  #4-3:
67          for i, cnt in enumerate(contours):
68              x, y, width, height = cv2.boundingRect(cnt)
69              area = width * height
```

```
70          if area < 1000:               # too small
71              continue
72          cv2.rectangle(dst, (x, y),
73                        (x + width, y + height),
74                        colors['red'], 2)
75
76          x_img[:,:] = 0                 # black background
77          img = th_img[y:y + height, x:x + width]
78          img = makeSquareImage(img)
79
80          img = cv2.resize(img, dsize = (20, 20),
81                           interpolation = cv2.INTER_AREA)
82          x_img[4:24, 4:24] = img
83          x_img = cv2.dilate(x_img, None, 2)
84          x_img = cv2.erode(x_img,  None, 4)
85          #cv2.imshow('x_img', x_img)
86
87 #4-4: predict
88          x_test =
89              np.float32(x_img / 255).reshape(1, -1)    # (1, 784)
90          ret, pred = model.predict(x_test)
91          digit = np.argmax(pred, axis = 1)[0]
92          print('digit=', digit)
93
94          cv2.putText(dst, str(digit), (x, y),
95                      font, 2, colors['blue'], 3)
96
97      cv2.imshow('image', dst)
98 cv2.destroyAllWindows()
```

프로그램 설명

1 MNIST 영상 x_train, x_test에서 특징 추출을 하지 않는다. flatten = True로 하고, [0, 1] 범위로 데이터를 정규화한다. ANN_MLP로 훈련된 모델('0315_ANN_RPROP.train', '0316_ANN_ BACKPROP.train')로 숫자를 분류한다([예제 3.15], [예제 3.16] 참조). #1은 훈련된 모델을 로드한다.

2 #2의 makeSquareImage()는 img의 가로 width, 세로 height 중에서 큰 쪽 크기의 정사각형 중앙에 영상을 위치시켜 반환한다. 영상을 가로, 세로에서 같은 비율로 스케일링하기 위해 사용한다.

3 #3의 onMouse()는 마우스 핸들러이다. 마우스 왼쪽 버튼 cv2.EVENT_FLAG_LBUTTON 드래그는 컬러영상 src에 원을 사용하여 검은색 colors['black']으로 숫자를 그린다. 마우스 오른쪽 버튼 cv2.EVENT_FLAG_RBUTTON 드래그는 배경과 같은 흰색 colors['white']으로 숫자를 지운다. src는 흰색으로 초기화된 컬러영상이다. x_img는 입력을 위한 shape = (28, 28) 크기의 그레이스케일 영상이다.

4 #4의 반복문에서 스페이스 바 $^{key\,=\,32}$를 누르면 src 영상을 흰색으로 초기화한다. #4-2는 엔터키 $^{key\,=\,13}$를 누르면 마우스로 입력한 영상 src를 dst에 복사하고, 숫자 영역을 검출하고, 모델에 입력하여 숫자를 인식한다. cv2.threshold()에서 cv2.THRESH_BINARY_INV로 임계값(125)을 사용하여 마우스로 표시한 검정색 숫자를 흰색, 배경을 검정색으로 반전한 이진 영상 $^{th\_img}$을 생성한다. cv2.findContours()로 윤곽선 ^{contours}을 검출한다.

5 #4-3은 윤곽선 ^{contours}에서 바운딩 사각형을 추출하고, 작은 크기는 제거한다. th_img에서 바운딩 사각 영역을 잘라내어 img에 저장하고, makeSquareImage()로 영상(img)의 가로 세로를 같게 하고, (20, 20) 크기로 변환한다. img를 x_img의 영상의 중심에 복사하고, 모폴로지 연산을 적용한다. 255로 나누어 정규화하여 x_test에 저장하고, x_test.shape = (1, 784)로 변환한다. model.predict()로 x_test를 모델에 입력하여 출력 ^{pred}을 계산한다. np.argmax()로 숫자 ^{digit} 레이블을 계산하여 문자열로 출력한다.

6 [그림 3.10]은 MNIST 데이터로 훈련된 모델을 이용하여 마우스로 쓴 숫자를 인식한 결과이다. [그림 3.10](a)은 올바른 인식한 결과이고, [그림 3.10](b)은 잘못 인식한 결과이다. 마우스로 입력한 숫자의 종횡비 $^{aspect\,ratio}$, 두께, 기울기 등이 인식에 영향을 미친다.

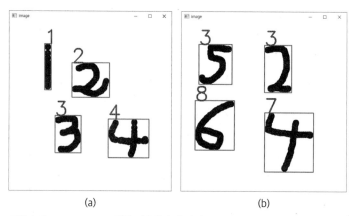

(a)   (b)

그림 3.10 ▷ ANN_MLP 모델을 이용한 숫자 인식(flatten = True, normalize = True)

| 예제 3.19 | SVM, ANN_MLP 모델을 이용한 숫자 인식: HOG 특징 벡터 |

```
01 # 0319.py
02 import cv2
03 import numpy as np
04
05 #1
06 HOG_SVM = 1
07 HOG_ANN = 2
```

```
08 model_type = HOG_ANN
09 if model_type == HOG_SVM:
10      model = cv2.ml_SVM.load('./data/0314_HOG_SVM.train')
11 else:
12      model = cv2.ml_ANN_MLP.load('./data/0317_HOG_ANN_RPROP.train')
13
14 #2: HOG feature
15 hog = cv2.HOGDescriptor(_winSize = (28, 28),
16                         _blockSize = (14,14),
17                         _blockStride = (7,7),
18                         _cellSize = (7,7),
19                         _nbins = 9)
20 print("HOG feature size = ",  hog.getDescriptorSize())     # 324
21
22 #3
23 def makeSquareImage(img):
24      height, width  = img.shape[:2]
25      if width > height:
26          y0 = (width - height) // 2
27          resImg = np.zeros(shape = (width, width), dtype = np.uint8)
28          resImg[y0:y0 + height, :] = img
29
30      elif width < height:
31          x0 = (height - width) // 2
32          resImg = np.zeros(shape = (height, height),
33                          dtype = np.uint8)
34          resImg[:, x0:x0 + width] = img
35      else:
36          resImg = img
37      return resImg
38
39 #4
40 colors = {'black':(0,0,0),    'white': (255, 255, 255),
41          'blue': (255,0,0) , 'red':    (0,0,255)}
42 def onMouse(event, x, y, flags, param):
43      if event == cv2.EVENT_MOUSEMOVE:
44          if flags & cv2.EVENT_FLAG_LBUTTON:
45              cv2.circle(src, (x, y), 10, colors['black'], -1) #daw
46              cv2.imshow('image', src)
47          elif flags & cv2.EVENT_FLAG_RBUTTON:
48              cv2.circle(src, (x, y), 10, colors['white'], -1) # erase
49              cv2.imshow('image', src)
50
51 src  = np.full((512, 512, 3), colors['white'], dtype = np.uint8)
52 cv2.imshow('image', src)
53 cv2.setMouseCallback('image', onMouse)
```

```
54
55  font = cv2.FONT_HERSHEY_SIMPLEX
56  x_img = np.zeros(shape = (28, 28), dtype = np.uint8)
57
58  #5
59  while True:
60  #5-1
61      key = cv2.waitKey(25)
62      if   key == 27:                     # esc
63          break;
64      elif key == 32:                     # space
65          src[:,:] = colors['white']     # clear image
66          cv2.imshow('image', src)
67  #5-2
68      elif key == 13: # return
69          print("----classify....")
70          dst = src.copy()
71          gray = cv2.cvtColor(dst, cv2.COLOR_BGR2GRAY)
72          ret, th_img = cv2.threshold(gray, 125, 255,
73                                  cv2.THRESH_BINARY_INV)
74
75          contours, _ = cv2.findContours(th_img, cv2.RETR_EXTERNAL,
76                                  cv2.CHAIN_APPROX_SIMPLE)
77
78  #5-3:
79          for i, cnt in enumerate(contours):
80              x, y, width, height = cv2.boundingRect(cnt)
81
82              cv2.rectangle(dst, (x, y),
83                          (x + width, y + height), colors['red'], 2)
84
85              x_img[:, :] = 0              # black background
86
87              img = th_img[y:y + height, x:x + width]
88              img = makeSquareImage(img)
89
90              img = cv2.resize(img, dsize = (20, 20),
91                          interpolation = cv2.INTER_AREA)
92              x_img[4:24, 4:24] = img
93              x_img = cv2.dilate(x_img, None, 2)
94              x_img = cv2.erode(x_img,  None, 4)
95              cv2.imshow('x_img', x_img)
96
97  #5-4: predict
98              img_hog = hog.compute(x_img).reshape(1, -1)   # (1, 324)
99              ret, pred = model.predict(img_hog)
```

```
100
101              if model_type == HOG_ANN:
102                  pred = np.argmax(pred, axis = 1)
103
104          digit = pred[0]
105          print('digit=', digit)
106          cv2.putText(dst, str(digit), (x, y),
107                          font, 2, colors['blue'], 3)
108
109      cv2.imshow('image', dst)
110 cv2.destroyAllWindows()
```

프로그램 설명

1 MNIST 영상 x_train, x_test에서 HOG 특징을 추출한다. SVM, ANN_MLP 모델로 훈련된 모델('0314_HOG_SVM.train', '0317_HOG_ANN_RPROP.train')을 이용하여 숫자를 인식한다([예제 3.14], [예제 3.17] 참조). #1은 모델을 로드한다.

2 #2는 HOG 특징 디스크립터 hog를 생성한다. hog.getDescriptorSize() = 324이다.

3 #5의 반복문에서 스페이스바 key = 32를 누르면 src 영상을 흰색으로 초기화한다. 엔터키 key = 13를 누르면 마우스로 입력한 영상 src을 dst에 복사하고, 숫자 영역을 검출하여 크기를 조절하고, 모폴로지 연산하여 (28, 28) 크기의 x_img 영상을 생성한다([예제 3.18] 참조).

4 #5-4는 x_img에서 HOG 특징 벡터를 계산하고, img_hog.shape = (1, 324) 모양으로 변경한다. model.predict()로 img_hog를 모델에 입력하여 출력 pred을 계산한다. model_type이 HOG_SVM이면 pred에 분류 레이블이 있다. model_type이 HOG_ANN이면, pred에 np.argmax()를 적용하여 레이블을 찾는다. digit = pred[0]의 숫자 digit 레이블을 문자열로 출력한다.

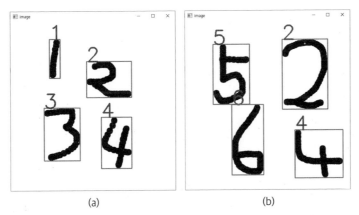

(a)   (b)

그림 3.11 ▷ HOG 특징 벡터를 이용한 숫자 인식(model_type = HOG_ANN)

⑤ [그림 3.11]은 model_type = HOG_ANN으로 MNIST 데이터에서 HOG 특징을 추출하여 ANN_ MLP.로 훈련된 모델을 이용하여 마우스로 쓴 숫자를 인식한 결과이다. 영상 데이터에서 특징을 추출하지 않고 훈련한 모델과 PCA를 사용한 모델 보다 HOG 특징을 이용한 훈련 모델이 정확도가 높다.

04 물체검출·얼굴 인식

OpenCV는 Viola와 Jones의 "Rapid Object Detection using a Boosted Cascade of Simple Features" 논문을 구현한 CascadeClassifier 분류기를 제공한다. CascadeClassifier 분류기는 Haar 특징, Adaboost 알고리즘을 순차적으로 적용하여 훈련하고 분류한다.

OpenCV의 Extra 모듈이 포함된 face 모듈은 EigenFaces, FisherFaces, Local Binary Patterns Histograms(LBPH)등의 얼굴 인식기를 제공한다.

01 CascadeClassifier 분류기

[그림 3.12]는 CascadeClassifier 분류기의 얼굴 검출과정이다. OpenCV 소스의 "/data/haarcascades" 폴더에 얼굴 face, 눈 eye, 번호판 licence_plate등 다양한 물체의 사전 훈련 결과를 XML 파일로 제공한다.

"haarcascade_frontalface_default.xml" 파일은 HAAR 특징의 24×24 크기의 검출윈도우를 사용한다. HAAR 특징, 24×24 크기의 검출 윈도우, 스텀프 Stump, 스텀프는 하나의 내부노드를 갖는 1-단계 결정트리 약-분류기, 이산 Adaboost에 의한 정면 얼굴 검출기이다. stageNum = 25의 단계를 사용한다. 1단계 maxWeakCount = 9개, 2단계 maxWeakCount = 16개, 3단계 maxWeakCount = 27개, … 전체 단계에서 최대 maxWeakCount = 211개의 약-분류기를 사용한다.

CascadeClassifier 분류기 훈련 응용프로그램 createsamples.exe, traincascade.exe은 OpenCV 4.x 버전에는 제거되었고, 3.4 버전에 포함된 응용프로그램을 사용해야 한다.

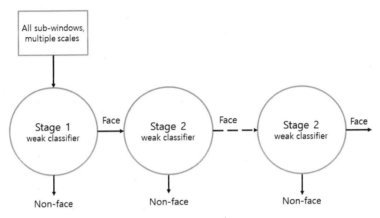

그림 3.12 ▷ CascadeClassifier 분류기

```
cv2.CascadeClassifier.detectMultiScale(
            image[, scaleFactor[, minNeighbors[, flags[,
        minSize[, maxSize]]]]]) -> objects
```

1 detectMultiScale()은 입력 영상 image의 서로 다른 (스케일) 크기에서 검출한 물체의 사각형 배열 objects을 반환한다.

2 scaleFactor는 이미지 피라미드 스케일 크기이다. 1/scaleFactor의 크기로 이미지 피라미드를 구축하여 다중 스케일에서 물체를 검출한다. 검출 윈도우 (예 24×24)를 확대하고, 적분영상으로 특징을 계산한다. scaleFactor = 1.1이 디폴트이다.

3 minNeighbors는 최소 이웃 사각형의 개수이다. minNeighbors에 의해 중복 검출되는 사각형을 그룹화하여 통합한다. minNeighbors = 0은 검출되는 후보 영역을 모두 반환한다. minNeighbors가 크면, 이웃에 많은 후보가 중복 검출된 위치를 최종물체로 검출한다.

4 minSize, maxSize는 물체의 최소크기, 최대크기의 (w, h)이다.

예제 3.20 얼굴 face 검출: cv2.CascadeClassifier(); 얼굴 후보 모두 검출 -> 그룹화

```python
01 # 0320.py
02 import cv2
03 import numpy as np
04
05 #1
06 src = cv2.imread('./data/lena.jpg')
07 #2-1
08 faceCascade = cv2.CascadeClassifier(
09            './haarcascades/haarcascade_frontalface_default.xml')
10
11 #2-2
12 faces = faceCascade.detectMultiScale(
13            src, scaleFactor = 1.1,          # scaleFactor = 2
14            minNeighbors = 0)
15 if len(faces):
16     print("faces.shape=", faces.shape)
17
18 #2-3
19 for (x, y, w, h) in faces:
20     cv2.rectangle(src, (x, y), (x + w, y + h), (255, 0, 0), 1)
21
22 #3
23 faces = faces.tolist()
24 #faces.append([54, 276, 57, 57])
25
26 faces2, weights = cv2.groupRectangles(
27                    faces, groupThreshold = 1)  # eps = 0.2
28 print("faces2=", faces2)
29 print("weights=", weights)
30 for (x, y, w, h) in faces2:
31     cv2.rectangle(src, (x, y), (x + w, y + h), (0, 0, 255), 2)
32 cv2.imshow('src', src)
33 cv2.waitKey()
34 cv2.destroyAllWindows()
```

실행 결과 1: detectMultiScale(src, scaleFactor = 1.1, minNeighbors = 0)

```
faces.shape= (74, 4)
faces2= [[219 203 169 169]]
weights= [69]
```

실행 결과 2: detectMultiScale(src, scaleFactor = 2, minNeighbors = 0)

```
faces.shape= (7, 4)
faces2= [[198 197 192 192]]
weights= [7]
```

프로그램 설명

1 cv2.CascadeClassifier()를 이용하여 얼굴을 검출한다. #1은 src 영상을 로드한다.

2 #2-1은 'haarcascade_frontalface_default.xml'을 사용하여 cv2.CascadeClassifier 클래스 객체 faceCascade를 생성한다.

3 #2-2는 faceCascade.detectMultiScale()로 src 영상에서 scaleFactor = 1.1, minNeighbors = 0으로 중복제거 grouping 없이 검출되는 모든 얼굴 영역을 faces에 검출한다. faces.shape= (74, 4)이다.

4 #2-3은 faces 배열의 사각형 영역 x, y, w, h을 src 영상에 파란색으로 표시한다.

5 #3은 중복 검출된 얼굴 영역을 cv2.groupRectangles()로 그룹화 하여 검출된 사각형을 통합한다. faces.tolist()는 faces 배열을 리스트로 변경한다.
cv2.groupRectangles(faces, groupThreshold = 1, eps = 0.2)에 의해 faces의 가까운 이웃 사각형을 그룹으로 통합한다. groupThreshold=0은 그룹을 적용하지 않는다. groupThreshold <= 1인 사각형은 제거한다. eps는 얼마나 가까운 사각형을 그룹으로 만들 것인가를 결정한다. eps = 0은 그룹을 만들지 않는다. eps가 클수록 먼 곳의 사각형을 같은 그룹으로 통합한다. 같은 그룹의 사각형은 평균 사각형을 계산하여 물체를 검출한다. 최종 그룹 사각형 faces2과 각 그룹에 통합된 사각형 개수 weights를 반환한다.

6 [그림 3.13]의 파란색 사각형은 detectMultiScale()에서 minNeighbors = 0로 검출한 모든 얼굴 후보 사각형이다. 빨간색 사각형은 cv2.groupRectangles(faces, groupThreshold = 1)로 가까운 사각형을 그룹으로 중복을 제거한 최종 얼굴 검출 사각형이다.

7 [그림 3.13](a)는 scaleFactor = 1.1로 faces.shape = (74, 4), faces2 = [[219 203 169 169]], weights = [69]이다. 74개의 사각형이 후보 검출되고, 4개의 사각형은 다른 사각형 내에 포함되어 제거되고 69개의 사각형이 통합되었다. 중복되지 않고 떨어져 검출된 1개의 사각형은 제거된다.

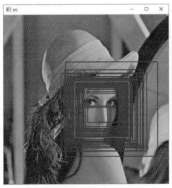 

(a) scaleFactor = 1.1   (b) scaleFactor = 2

그림 3.12 ▷ CascadeClassifier 분류기

8 [그림 3.13](b)는 scaleFactor = 2로 faces.shape = (7, 4), faces2 = [[198 197 192 192]], weights = [7]이다. scaleFactor = 2에서 7개의 사각형이 후보로 검출되고, 7개의 사각형이 하나로 통합되었다.

예제 3.21	얼굴 face과 눈 eye 검출: cv2.CascadeClassifier()

```python
01  # 0321.py
02  # ref:
03  #  https://docs.opencv.org/4.5.4/db/d28/tutorial_cascade_classifier.html
04  import cv2
05  import numpy as np
06
07  #1
08  src = cv2.imread('./data/lena.jpg')
09  faceCascade = cv2.CascadeClassifier(
10              './haarcascades/haarcascade_frontalface_default.xml')
11  eyeCascade = cv2.CascadeClassifier(
12              './haarcascades/haarcascade_eye.xml')
13
14  #2
15  #2-1
16  faces = faceCascade.detectMultiScale(src)
17          # scaleFactor = 1.1, minNeighbors = 3
18
19  #2-2
20  for (x, y, w, h) in faces:
21      cv2.rectangle(src, (x,y),(x + w, y + h), (255, 0, 0), 2)
22
23      roi = src[y:y + h, x:x + w]
24      eyes = eyeCascade.detectMultiScale(roi)
25      for (ex, ey, ew, eh) in eyes:
26          cv2.rectangle(roi, (ex,ey), (ex + ew, ey + eh),(0, 255, 0), 2)
27
28  cv2.imshow('src', src)
29  cv2.waitKey()
30  cv2.destroyAllWindows()
```

▼ **프로그램 설명**

1 cv2.CascadeClassifier()를 이용하여 얼굴과 눈을 검출한다. #1은 src 영상을 로드한다. 'haarcascade_frontalface_default.xml'을 사용하여 cv2.CascadeClassifier 클래스 객체 faceCascade를 생성하고 'haarcascade_eye.xml'을 사용하여 eyeCascade 객체를 생성한다.

2 #2-1은 faceCascade.detectMultiScale()로 src 영상에서 scaleFactor = 1.1, minNeighbors = 3 으로 얼굴 영역을 faces에 검출한다.

❸ #2-2는 faces 배열의 사각형 영역 x, y, w, h을 src 영상에 파랑색으로 표시한다. src에서 얼굴 영역을 관심영역 roi에 저장한다. eyeCascade.detectMultiScale()로 roi에서 눈 영역을 eyes에 검출하고, roi에 초록색 사각형으로 표시한다([그림 3.14]).

그림 3.14 ▷ 얼굴과 눈 검출 결과

얼굴 인식 Face Recognition 　02

cv2.face 모듈은 opencv-contrib-python에 포함되어 있다. EigenFaces, FisherFaces, Local Binary Patterns Histograms LBPH 등의 얼굴 인식기를 제공한다. EigenFaces 기반 얼굴 인식은 고유값, 고유벡터의 주성분 분석 PCA을 이용하는 Turk의 논문("Face Recognition Using Eigenfaces")을 구현한다.

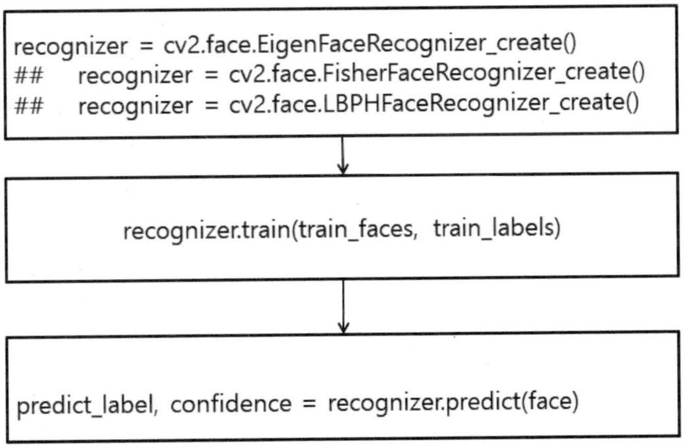

```
recognizer = cv2.face.EigenFaceRecognizer_create()
##    recognizer = cv2.face.FisherFaceRecognizer_create()
##    recognizer = cv2.face.LBPHFaceRecognizer_create()
```

```
recognizer.train(train_faces,  train_labels)
```

```
predict_label, confidence = recognizer.predict(face)
```

그림 3.15 ▷ cv2.face 얼굴 인식

얼굴 인식은 얼굴 영상을 이용하여 고유값, 고유벡터인 고유 얼굴 eigenface을 계산하고, 입력 영상을 고유 얼굴에 투영한다. 데이터를 투영과 가장 가까운 거리의 얼굴로 판단한다. 인식(예측)하려는 얼굴의 크기가 훈련 얼굴 training face의 크기와 같아야 한다. [그림 3.15]는 cv2.face 모듈의 얼굴 인식 과정이다.

```
cv2.face.EigenFaceRecognizer_create(([, num_components[,
                                threshold]]) -> recognizer
cv2.face.FisherFaceRecognizer_create(([, num_components[,
                                threshold]]) -> recognizer
cv2.face.LBPHFaceRecognizer_create([, radius[,
                          neighbors[, grid_x[, grid_y[,
                          threshold]]]]]) -> recognizer
```

① 고유 얼굴 EigenFace을 생성하여 얼굴을 인식하는 cv2.face_EigenFace Recognizer 클래스 객체를 생성한다. num_components는 PCA 요소 개수 이다.

② Fisher의 선형 분류 Linear Discriminant Analysis를 사용하여 개선한 FisherFace로 얼굴을 인식하는 cv2.face_FisherFaceRecognizer 클래스 객체를 생성한다.

③ 지역 이진 패턴 Local Binary Pattern에 의한 텍스쳐 디스크립터로 얼굴을 인식 하는 cv2.face_LBPHFaceRecognizer 클래스 객체를 생성한다. radius는 지역 이진 패턴을 생성하기 위한 반지름이다. neighbors는 이진 패턴을 생성 하기 위한 샘플 점의 개수로 8이면 적당하다. grid_x, grid_y는 수평, 수직 셀의 개수이다. 셀이 많을수록 특징이 많아진다.

④ threshold는 predict()에서 사용되는 거리 임계값이다. 임계값보다 큰 경우 예측을 -1로 반환한다.

```
recognizer.train(train_src, labels) -> None
recognizer.predict(test_src) -> label, confidence
```

① train_src는 훈련 영상, labels는 훈련 영상의 레이블이다.

② 테스트 영상 test_src의 인식(예측) 결과인 레이블 label과 신뢰도 confidence를 반환한다. 예측하는 방법이 최소 거리인 경우 정확할수록 작은 신뢰도 값을 갖는다.

예제 3.22	AT&T 얼굴 데이터베이스 얼굴 인식 1: EigenFaceRecognizer, FisherFaceRecognizer

```
01 # 0322.py
02 #pip install opencv-contrib-python
03 import cv2
04 import numpy as np
05
06 #1
07 WIDTH = 92
08 HEIGHT = 112
09 def load_face(filename = './data/faces.csv',
10               test_ratio = 0.2, shuffle = True):
11     file = open(filename, 'r')
12     lines = file.readlines()
13
14     N = len(lines)
15     faces = np.empty((N, WIDTH * HEIGHT), dtype = np.uint8 )
16     labels = np.empty(N, dtype = np.int32)
17     for i, line in enumerate(lines):
18         filename, label = line.strip().split(';')
19         labels[i] = int(label)
20         img = cv2.imread(filename, cv2.IMREAD_GRAYSCALE)
21         faces[i, :] = img.flatten()
22
23     if shuffle:
24         indices = list(range(N))
25         np.random.seed(111)
26         # same random sequences, so the same result
27         np.random.shuffle(indices)
28         faces = faces[indices]
29         labels = labels[indices]
30
31     # seperate train and test data
32     test_size = int(test_ratio * N)
33     test_faces = faces[:test_size]
34     test_labels = labels[:test_size]
35
36     train_faces = faces[test_size:]
37     train_labels = labels[test_size:]
38     return train_faces, train_labels, test_faces, test_labels
39
40 #2
41 train_faces, train_labels, test_faces, test_labels =
42             load_face(shuffle = False)        # test
43 #train_faces, train_labels, test_faces, test_labels =
44             load_face()              # shuffle = True for training
```

```python
45  ##print('train_faces.shape=',
46  #          train_faces.shape)          # train_faces.shape = (320, 10304)
47  ##print('train_labels.shape=',
48  ##         train_labels.shape)          # train_labels.shape = (320,)
49  ##print('test_faces.shape=',
50            test_faces.shape)           # test_faces.shape = (80, 10304)
51  ##print('test_labels.shape=',
52            test_labels.shape)          # test_labels.shape = (80, )
53
54  #3: select recognizer_type
55  EIGEN_FACE, FISHER_FACE = 0, 1
56  recognizer_type = EIGEN_FACE        # FISHER_FACE
57
58  #4: train recognizer
59  ###4-1
60  ##if recognizer_type == EIGEN_FACE:
61  ##      recognizer = cv2.face.EigenFaceRecognizer_create()
62  ##      recognizer.train(train_faces.reshape(-1, HEIGHT, WIDTH),
63  ##                      train_labels)
64  ##      recognizer.save('./data/eigen_face_train.yml')
65  ###4-2
66  ##else: #FISHER_FACE
67  ##      recognizer = cv2.face.FisherFaceRecognizer_create()
68  ##      recognizer.train(train_faces.reshape(-1, HEIGHT, WIDTH),
69  ##                      train_labels)
70  ##      recognizer.save('./data/Fisher_face_train.yml')
71
72  #5:
73  #5-1
74  if recognizer_type == EIGEN_FACE:
75      recognizer = cv2.face.EigenFaceRecognizer_create()
76      recognizer.read('./data/eigen_face_train.yml')
77  #5-2
78  else:
79      recognizer = cv2.face.FisherFaceRecognizer_create()
80      recognizer.read('./data/Fisher_face_train.yml')
81
82  #6: predict test_faces using recognizer
83  correct_count = 0
84  for i, face in enumerate(test_faces):
85      predict_label, confidence = recognizer.predict(face)
86      if test_labels[i] == predict_label:
87          correct_count += 1
88      #print('test_labels={}: predicted:{}, confidence={}'.format(
89      #                       test_labels[i], predict_label,confidence))
```

```
 90 accuracy = correct_count / len(test_faces)
 91 print('test_faces, accuracy=', accuracy)
 92
 93 #7: display eigen Face
 94 eigenFace = recognizer.getEigenVectors()
 95 eigenFace = eigenFace.T
 96 print('eigenFace.shape=', eigenFace.shape)
 97 if recognizer_type == EIGEN_FACE:
 98     nFace = 80
 99     dst = np.zeros((8 * HEIGHT, 10 * WIDTH), dtype = np.uint8)
100 else:                    # FISHER_FACE
101     nFace = 39
102     dst = np.zeros((4 * HEIGHT, 10 * WIDTH), dtype = np.uint8)
103
104 for i in range(nFace):
105     x = i % 10
106     y = i // 10
107     x1 = x * WIDTH
108     y1 = y * HEIGHT
109     x2 = x1 + WIDTH
110     y2 = y1 + HEIGHT
111
112     img = eigenFace[i].reshape(HEIGHT, WIDTH)
113     dst[y1:y2, x1:x2] = cv2.normalize(img, None , 0, 255,
114                                 cv2.NORM_MINMAX)
115 cv2.imshow('eigenFace', dst)
116
117 cv2.waitKey()
118 cv2.destroyAllWindows()
```

실행 결과 1: recognizer_type = EIGEN_FACE

```
test_faces, accuracy= 0.975
eigenFace.shape= (320, 10304)
```

실행 결과 2: recognizer_type = FISHER_FACE

```
test_faces, accuracy= 0.9375
eigenFace.shape= (39, 10304)
```

프로그램 설명

1 cv2.face 모듈은 opencv-contrib-python에 포함되어 있다. AT&T의 얼굴 데이터를 사용하여 얼굴 인식하는 과정을 설명한다. AT&T 얼굴 데이터는 40명의 얼굴이 40개의 폴더에 10개씩 저장된 전체 400개 얼굴 영상으로 구성된다. 92(가로) × 112(세로)의 그레이스케일 영상이 PGM 파일 형식으로 저장되어 있다.

2 #1의 load_face() 함수는 AT&T의 얼굴 데이터 파일명과 레이블 정보를 CSV 파일 형식으로 저장한 "faces.csv" 파일에서 얼굴 파일과 레이블 데이터를 읽는다. shuffle = True이면 랜덤하게 섞어서 train_faces, train_labels, test_faces, test_labels의 배열로 반환한다. test_ratio = 0.2이면 훈련 영상은 320개, 테스트 영상은 80개이다. #2는 load_face()에서 shuffle = True로 훈련 데이터 train_faces, train_labels, 테스트 데이터 test_faces, test_labels를 로드한다.

3 #3은 recognizer_type에 인식기 recognizer 종류 EIGEN_FACE, FISHER_FACE를 선택한다.

4 #4는 recognizer_type에 따라 recognizer를 생성하고, recognizer.train()로 훈련 데이터 train_faces, train_labels를 사용하여 인식기를 훈련시켜 고유 얼굴 EigenFace을 생성한다. recognizer.save()로 훈련된 모델 'eigen_face_train.yml', 'Fisher_face_train.yml'을 파일에 저장한다.

5 #5는 recognizer_type에 따라 recognizer를 생성하고, recognizer.read()로 훈련된 모델을 recognizer에 읽어온다.

6 #6은 테스트 얼굴 영상 test_faces의 각 얼굴 face에 대해 recognizer.predict()의 출력 predict_label과 가장 가까운 훈련 데이터 사이의 거리인 신뢰도 confidence를 계산한다. test_labels[i]와 predict_label이 같으면 올바르게 인식한 결과이다. 올바른 인식 횟수를 correct_count에 누적하여 accuracy를 계산한다. 테스트 데이터 test_faces, test_labels의 정확도는 EIGEN_FACE 이면 test_faces, accuracy = 0.975 , FISHER_FACE이면 test_faces, accuracy = 0.9375이다.

7 #7은 recognizer의 고유 얼굴을 eigenFace에 저장한다. eigenFace.T로 전치행렬을 수행한다. FISHER_FACE이면 eigenFace.shape = (39, 10304), nFace = 40이다. dst에 nFace 개의 고유 얼굴을 표시한다([그림 3.16]). EIGEN_FACE이면 eigenFace.shape = (320, 10304), nFace = 80이다([그림 3.17]).

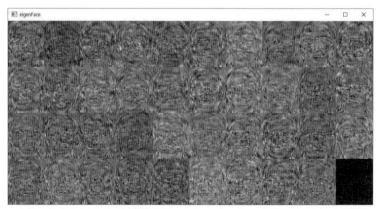

그림 3.16 ▷ FISHER_FACE의 고유 얼굴(eigenFace), nFace = 40

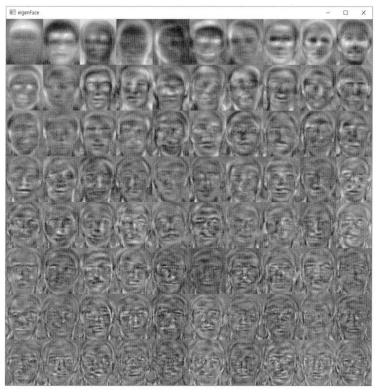

그림 3.17 ▷ EIGEN_FACE의 고유 얼굴(eigenFace), nFace = 80

| 예제 3.23 | AT&T 얼굴 데이터베이스를 이용한 얼굴 인식 2: LBPHFaceRecognizer |

```python
01 # 0323.py
02 #pip install opencv-contrib-python
03 import cv2
04 import numpy as np
05
06 #1
07 WIDTH = 92
08 HEIGHT = 112
09 def load_face(filename = './data/faces.csv',
10              test_ratio = 0.2, shuffle = True):
11     file = open(filename, 'r')
12     lines = file.readlines()
13
14     N = len(lines)
15     faces = np.empty((N, WIDTH * HEIGHT), dtype = np.uint8 )
16     labels = np.empty(N, dtype = np.int32)
```

```
17    for i, line in enumerate(lines):
18        filename, label = line.strip().split(';')
19        labels[i] = int(label)
20        img = cv2.imread(filename, cv2.IMREAD_GRAYSCALE)
21        faces[i, :] = img.flatten()
22
23    if shuffle:
24        indices = list(range(N))
25        np.random.seed(111)              # same random sequences,
26                                         # so the same result
27        np.random.shuffle(indices)
28        faces = faces[indices]
29        labels = labels[indices]
30
31    # seperate train and test data
32    test_size = int(test_ratio*N)
33    test_faces = faces[:test_size]
34    test_labels = labels[:test_size]
35
36    train_faces = faces[test_size:]
37    train_labels = labels[test_size:]
38    return train_faces, train_labels, test_faces, test_labels
39
40 train_faces, train_labels, test_faces, test_labels = load_face()
41 ##print('train_faces.shape=',  train_faces.shape)
42 ##print('train_labels.shape=', train_labels.shape)
43 ##print('test_faces.shape=',   test_faces.shape)
44 ##print('test_labels.shape=',  test_labels.shape)
45
46 #2
47 recognizer = cv2.face.LBPHFaceRecognizer_create()
48 ##recognizer.train(train_faces.reshape(-1, HEIGHT, WIDTH),
49                    train_labels)
50 ##recognizer.save('./data/LBPH_face_train.yml')
51
52 #3: predict test_faces using recognizer
53 recognizer.read('./data/LBPH_face_train.yml')
54 correct_count = 0
55 for i, face in enumerate(test_faces.reshape(-1, HEIGHT, WIDTH)):
56     predict_label, confidence = recognizer.predict(face)
57     if test_labels[i] == predict_label:
58         correct_count += 1
59     #print('test_labels={}: predicted:{}, confidence={}'.format(
60     #                       test_labels[i], predict_label,confidence))
61 accuracy = correct_count / len(test_faces)
62 print('accuracy=', accuracy)
```

실행 결과

test_faces, accuracy= 0.975

프로그램 설명

1 cv2.face 모듈은 opencv-contrib-python에 포함되어 있다. #1은 load_face()로 AT&T의 얼굴 데이터를 train_faces, train_labels, test_faces, test_labels에 로드한다.

2 #2는 지역 이진 패턴 히스토그램 Local Binary Patterns Histograms; LBPH에 의한 텍스쳐 디스크립터로 얼굴 인식을 위한 인식기 recognizer를 생성한다. recognizer.train()으로 훈련 데이터 train_faces, train_labels를 사용하여 인식기를 훈련한다. recognizer.save()로 훈련된 모델 'LBPH_face_train'을 파일에 저장한다.

3 #3은 recognizer.read()로 훈련된 모델 'LBPH_face_train'을 인식기에 로드한다. 테스트 영상 test_faces의 모양을 test_faces.reshape(-1, HEIGHT, WIDTH)로 변환하여, 각 얼굴 face에 대해 recognizer.predict()로 인식 레이블 predict_label과 신뢰도 confidence를 계산한다. LBPHFaceRecognizer를 사용한 테스트 데이터의 정확도는 accuracy = 0.975이다.

CHAPTER 04 딥러닝 프레임워크

최근 인공지능, 머신러닝 분야에서 가장 주목받는 분야가 딥러닝 Deep Learning이다. OpenCV의 DNN Deep Neural Networks 모듈(cv2.dnn)은 주요 딥러닝 프레임워크 Tensor Flow, Torch, Darknet로 훈련된 모델을 로드하고, 입력에 대해 순방향 forward)으로 추론, 예측할 수 있다([그림 4.1]).

여기서는 TensorFlow, PyTorch로 훈련된 모델(*.pb, *.onnx)을 생성하는 방법에 대해 설명한다. ONNX Open Neural Network Exchange는 서로 다른 머신러닝, 딥러닝 프레임 워크 사이의 모델변환과 실행환경을 지원하는 개방형 표준이다. ONNX는 연산 집합인 옵셋 opset 버전이 있다. 옵셋 버전에 따라 지원하는 연산이 다를 수 있다. PyTorch 1.10.1의 torch.onnx.export()의 디폴트 옵셋은 9이다. torch.onnx.symbolic_helper._onnx_main_opset = 14, torch.onnx.symbolic_helper._onnx_stable_opsets = [7, 8, 9, 10, 11, 12, 13]이다. opset < 12의 옵셋은 Dropout, BatchNorm 등을 정확히 익스포트 할 수 없다.

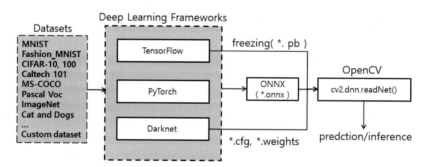

그림 4.1 ▷ Deep Learning Frameworks, ONNX, OpenCV

01 TensorFlow 모델 훈련: PB · ONNX

OpenCV의 DNN 모듈에서 사용할 수 있도록 TensorFlow 모델을 다음의 2가지 방법으로 저장한다. 프로토콜 버퍼 protocol buffers; protobuf는 구글(Google)의 데이터 교환 포맷 이다.

방법 1 모델을 동결하여 이진 프로토콜 버퍼 protocol buffers 파일(*.pb) 저장
방법 2 tf2onnx를 이용하여 ONNX 파일 변환

tf.keras를 이용하여 XOR 2-클래스, Iris 데이터, MNIST 데이터 분류를 훈련한 모델의 그래프 구조 GraphDef와 가중치를 동결 freezing하여 프로토콜 버퍼 파일(*.pb)에 저장한다. TensorFlow 분류 모델 훈련 예제는 "텐서플로 딥러닝 프로그래밍, 가메출판사, 2020"을 참조하여 작성하였다. ONNX Open Neural Network Exchange는 서로 다른 머신러닝, 딥러닝 프레임워크 사이의 모델변환과 실행환경을 지원하는 개방형 표준이다.

| 예제 4.1 | TensorFlow 1: XOR 훈련, 저장("XOR.pb", SavedModel, Checkpoint) |

```
01  # 0401.py
02  '''
03  ref: 텐서플로 딥러닝 프로그래밍, 가메출판사, 2020
04  '''
05  import tensorflow as tf
06  from tensorflow.keras.layers import  Input, Dense
07  import numpy as np
08
09  #1
10  x_train = np.array([[0, 0],
11                      [0, 1],
12                      [1, 0],
13                      [1, 1]], dtype = np.float32)
14
15  y_train = np.array([0,1,1,0], dtype = np.float32)      # XOR
16  y_train = tf.keras.utils.to_categorical(y_train)       # one-hot
17
18  #2
19  model = tf.keras.Sequential([
20          Input(shape = (2, )),
21          Dense(units = 4, activation = 'sigmoid', name = 'layer1'),
22          Dense(units = 2, activation = 'softmax', name = 'output')])
23  #model.summary()
24
25  #3
26  #3-1
27  opt = tf.keras.optimizers.Adam(learning_rate = 0.1)
28  model.compile(optimizer = opt, loss = 'mse', metrics = ['accuracy'])
29
30  #3-2
31  ret = model.fit(x_train, y_train, epochs = 100,
32              batch_size = 1, verbose = 2)
```

```
33
34  #3-3: Checkpoint, # to load in  0402.py
35  ##filepath = "./dnn/ckpt/0401-{epoch:04d}.ckpt"
36  ##cp_callback = tf.keras.callbacks.ModelCheckpoint(
37  ##                    filepath, verbose = 0,
38  ##                    save_weights_only = False, save_freq = 50)
39  ##ret = model.fit(x_train, y_train, epochs = 100,
40                    callbacks = [cp_callback], verbose = 0)
41  ##latest = tf.train.latest_checkpoint("./dnn/ckpt")
42             # save_weights_only = True
43  ##print('latest=', latest)
44
45  # 3-4: model save using Tensorflow SavedModel
46
47  model.save("./dnn/SAVED_MODEL")        # to load in 0402.py, 0403.py
48
49  #4: 모델 동결(freezing), pb 파일 생성, freeze_graph.py
50  from tensorflow.python.framework.convert_to_constants \
51      import convert_variables_to_constants_v2
52  def freeze_model(model, out_file):
53      # 모델을 ConcreteFunction으로 변환
54      full_model = tf.function(lambda x: model(x))
55      full_model = full_model.get_concrete_function(
56          tf.TensorSpec(model.inputs[0].shape, model.inputs[0].dtype))
57
58      # 동결함수 생성
59      frozen_func = convert_variables_to_constants_v2(full_model)
60
61      # 동결 그래프(frozen graph) 저장
62      tf.io.write_graph(graph_or_graph_def = frozen_func.graph,
63                        logdir = "./dnn",
64                        name = out_file,
65                        as_text = False)
66  freeze_model(model, "XOR.pb")
```

▼ 프로그램 설명

1 #1은 XOR 연산을 위한 훈련 데이터 x_train, y_train를 생성한다. y_train은 원-핫 인코딩한다. 2-클래스(0, 1) 분류이다. 출력층 뉴런의 개수는 units = 2이다.

2 #2는 Sequential()로 Input(shape = (2,)), Dense(units = 4), Dense(units = 2) 순서의 모델을 생성한다. model.summary()는 모델 구조를 요약하여 출력한다.

3 #3-1은 모델의 훈련환경 Adam(learning_rate = 0.1), loss = 'mse', metrics = ['accuracy'])을 설정한다.

4 #3-2는 model.fit()로 훈련 데이터 x_train, y_train를 이용하여 epochs = 100회 반복하여 모델을 훈련한다. 디폴트 batch_size = 32이다.

⑤ #3-3은 체크포인트 ^{Checkpoint}를 이용하여 훈련하는 중간에 모델을 저장한다. save_weights_
only = False이면 모델 전체(구조, 가중치)를 저장한다. save_weights_only = True이면
가중치만 저장하므로 로드하려면 모델 구조가 필요하다.

⑥ #3-4는 model.save()로 "./dnn/SAVED_MODEL" 폴더에 모델 전체(모델 구조, 가중치)를
저장한다.

⑦ #4의 freeze_model() 함수는 모델의 구조그래프와 가중치를 동결시켜 프로토콜 버퍼
파일("XOR.pb")에 저장한다. 동결된 파일은 OpenCV의 DNN 모듈로 로드할 수 있다. #4를
freeze_graph.py 파일에 저장하여 모델을 동결할 때 사용한다.

⑧ #3-3과 #3-4에 의해 생성된 폴더의 *.pb 파일은 모델 구조, 최적화 방법을 포함한 파일이다.
OpenCV의 cv2.dnn.readNet()로 로드할 수는 없다.

⑨ 데이터가 적고 모델이 단순하여 정확도가 낮을 수 있다. learning_rate를 변경하며 여러 번 실행
하여 accuracy = 1일 때의 모델을 저장한다. AND 연산의 y_train = np.array([0, 0, 0, 1],
dtype = np.float32)이고, OR 연산의 y_train = np.array([0, 1, 1, 1], dtype = np.float32)이다.

예제 4.2	TensorFlow 2: XOR 모델 로드

```
01 # 0402.py
02 import tensorflow as tf
03 import numpy as np
04
05 #1: load saved model in 0401.py
06
07 #1-1: SavedModel
08 model = tf.keras.models.load_model("./dnn/SAVED_MODEL")
09
10 #1-2: Checkpoint with save_weights_only = False
11 #model = tf.keras.models.load_model("./dnn/ckpt/0401-0100.ckpt")
12 #model.summary()
13
14 #2
15 X = np.array([[0, 0], [0, 1], [1, 0],  [1, 1]], dtype = np.float32)
16 outs = model(X)
17 pred = np.argmax(outs, axis = 1)
18 print('pred=', pred)
19
20 #3
21 import freeze_graph           # freeze_graph.py
22 freeze_graph.freeze_model(model, "XOR2.pb")
```

▼ 프로그램 설명

① #1-1은 [예제 4.1]의 #3-4에서 저장한 모델("./dnn/SAVED_MODEL")을 로드한다.

❷ #1-2는 [예제 4.1]의 #3-3에서 save_weights_only = False의 체크포인트 Checkpoint로 저장한 모델("./dnn/ckpt/0401-0100.ckpt")을 로드한다.

❸ #2는 model(X)로 출력 outs을 계산하고, np.argmax()로 분류 레이블 pred을 찾는다. XOR 연산 결과이므로 예측 값은 pred = [0 1 1 0]이다.

❹ #3은 'freeze_graph.py' 파일을 freeze_graph로 임포트하여, freeze_graph.freeze_model(model, "XOR2.pb")로 동결 파일을 생성한다.

예제 4.3	TensorFlow 3: ONNX 변환("XOR_tf.onnx"), 실행환경

```
01  # 0403.py
02  '''
03  pip install onnx
04  pip install tf2onnx
05  pip install onnxruntime
06  '''
07
08  import tensorflow as tf
09  import numpy as np
10
11  #1: load SavedModel
12  model = tf.keras.models.load_model("./dnn/SAVED_MODEL")
13                                      # saved in 0401.py
14  #model.summary()
15
16  #2
17  X = np.array([[0, 0], [0, 1], [1, 0],  [1, 1]], dtype = np.float32)
18  outs = model(X)
19  pred = np.argmax(outs, axis = 1)
20  print('pred=', pred)
21
22  #3:  model -> ONNX ( pip install tf2onnx )
23  #3-1
24  import tf2onnx
25  import onnx
26  onnx_model, _ = tf2onnx.convert.from_keras(model)
27  onnx.save(onnx_model, './dnn/XOR_tf.onnx')
28
29  #3-2
30  spec = (tf.TensorSpec((None, 2), tf.float32, name = 'input'), )
31  onnx_model, _ = tf2onnx.convert.from_keras(model,
32                                  input_signature = spec,
33                                  output_path = "./dnn/XOR_tf2.onnx")
34  output_names = [n.name for n in onnx_model.graph.output]
```

```
35
36  #3-3: cmd
37  #python -m tf2onnx.convert --saved-model \
38  #    ./SAVED_MODEL --output  XOR_tf3.onnx
39
40  #3-4: check model
41  onnx_model = onnx.load("./dnn/XOR_tf2.onnx")
42  onnx.checker.check_model(onnx_model)
43
44  #4: pip install onnxruntime
45  #ref:https://pytorch.org/tutorials/advanced/super_resolution_with_\
46  #onnxruntime.html
47
48  import onnxruntime as ort
49  ort_sess = ort.InferenceSession("./dnn/XOR_tf.onnx")
50
51  ort_inputs = {ort_sess.get_inputs()[0].name: X}
52  ort_outs = ort_sess.run(None, ort_inputs)[0]
53  ##ort_outs = ort_sess.run(output_names, {'input': X})[0]
54
55  ort_pred = np.argmax(ort_outs, axis = 1)
56  print('ort_pred=', ort_pred)
```

실행 결과

```
pred= [0 1 1 0]
WARNING:tensorflow:From ....
site-packages₩tf2onnx₩tf_loader.py:662: extract_sub_graph... is
deprecated and will be removed in a future version.
Instructions for updating:
Use `tf.compat.v1.graph_util.extract_sub_graph`

ort pred= [0 1 1 0]
```

프로그램 설명

1 ONNX 변환과 실행환경을 위해 tf2onnx, onnxruntime를 설치한다. #1은 [예제 4.1]에서 저장한 모델("./dnn/SAVED_MODEL")을 로드한다.

2 #2는 model(X)로 출력 ^{outs}을 계산하고, np.argmax()로 분류 레이블 ^{pred}을 찾는다. 저장된 모델이 XOR 연산 결과이므로 pred = [0 1 1 0]이다.

3 #3은 tf2onnx를 이용하여 tf.keras 모델을 3가지 방법으로 ONNX 파일로 변환한다.

#3-1은 tf2onnx.convert.from_keras()로 모델 ^{model}을 onnx_model로 변경한다. onnx. save()로 onnx_model를 ONNX 파일("XOR_tf.onnx")에 저장한다.

#3-2는 tf2onnx.convert.from_keras()에서 입력형식 $^{input\_signature}$ = spec, 출력 파일 $^{output\_path}$을 설정하여 파일("XOR_tf2.onnx")에 저장한다. spec = (tf.TensorSpec((None, 2), tf.float32, name = 'input'),)은 입력의 크기, 자료형, 이름이다.

#3-3은 명령 창 ^cmd^에서 tf2onnx.convert로 './SAVED_MODEL' 폴더를 'XOR_tf3.onnx'
파일로 변환한다. tf2onnx에서 그래프 추출을 위해 사용하는 'tf.compat.v1.graph_util.
extract_sub_graph'에서 경고가 발생하지만 잘 동작한다.

#3-4는 모델("XOR_tf2.onnx")을 로드하고, onnx.checker.check_model()로 모델의 유효성을
확인한다.

4️⃣ #4는 ONNX 실행환경 ^onnxruntime^으로 모델을 추론한다. ort.InferenceSession()로 ONNX
파일("XOR_tf.onnx")을 로드하여 ort_sess를 생성한다. 사전 ^dict^ 자료형 ort_inputs에
입력({ort_sess.get_inputs()[0].name: X})을 설정하고, ort_sess.run()으로 실행한다.
np.argmax()로 ort_outs에서 분류한 레이블은 ort_pred = [0 1 1 0]이다.

예제 4.4　TensorFlow 4: Iris 훈련 모델("IRIS.pb")

```
01  # 0404.py
02  import tensorflow as tf
03  from tensorflow.keras.layers import Input, Dense
04  import numpy as np
05  import matplotlib.pyplot as plt
06  #1
07  def load_Iris():
08      label = {'setosa':0, 'versicolor':1, 'virginica':2}
09      data = np.loadtxt("./data/iris.csv", skiprows = 1,
10                  delimiter = ',',
11                  converters = {4: lambda name: label[name.decode()]})
12      return np.float32(data)
13  iris_data = load_Iris()
14
15  np.random.seed(1)
16  def train_test_split(iris_data,
17                  ratio = 0.8,      # train: 0.8, test: 0.2
18                  shuffle = True):
19      if shuffle:
20          np.random.shuffle(iris_data)
21
22      n = int(iris_data.shape[0] * ratio)
23      x_train = iris_data[:n, :-1]
24      y_train = iris_data[:n, -1]
25
26      x_test = iris_data[n:, :-1]
27      y_test = iris_data[n:, -1]
28      return (x_train, y_train), (x_test, y_test)
29
```

```
30  (x_train, y_train), (x_test, y_test) = train_test_split(iris_data)
31
32  y_train = tf.keras.utils.to_categorical(y_train)
33                                  # y_train.shape = (120, 3)
34  y_test = tf.keras.utils.to_categorical(y_test)
35                                  # y_train.shape = (3, 3)
36
37  #2
38  model = tf.keras.Sequential([
39      Input(shape = (4, )),
40          Dense(units = 10, activation = 'sigmoid', name = 'layer1'),
41          Dense(units = 3, activation = 'softmax', name = 'output')
42      ])
43  #model.summary()
44
45  #3
46  opt = tf.keras.optimizers.Adam(learning_rate = 0.01)
47  model.compile(optimizer = opt, loss = 'categorical_crossentropy',
48              metrics = ['accuracy'])
49
50  ret = model.fit(x_train, y_train,
51                  epochs = 100, verbose = 0)        # batch_size = 32
52
53  train_loss, train_acc = model.evaluate(x_train, y_train, verbose = 2)
54  test_loss, test_acc = model.evaluate(x_test, y_test, verbose = 2)
55
56  #4 모델 동결(freezing)
57  import freeze_graph                # freeze_graph.py
58  freeze_graph.freeze_model(model, "IRIS.pb")
```

▼ **프로그램 설명**

1 #1은 Iris 데이터에서 훈련 데이터 x_{train}, y_{train}와 테스트 데이터 x_{test}, y_{test}를 로드한다. y_{train}, y_{test}는 원-핫 인코딩한다. 3-클래스(0, 1, 2) 데이터의 분류로 출력층 뉴런의 개수는 units = 3이다.

2 #2는 Sequential()로 Input(shape = (4,)), Dense(units = 10), Dense(units = 3) 순서의 모델을 생성한다. 출력층의 활성화 함수 'softmax'는 units = 3개의 출력의 합을 1로 정규화한다.

3 #3은 model.fit()로 훈련 데이터를 이용하여 Adam(learning_rate = 0.01), loss = 'categorical_crossentropy', batch_size = 32, epochs = 100회 반복하여 모델을 훈련한다. model.evaluate()로 훈련 데이터와 훈련 데이터를 평가한다.

4 #4는 모델을 동결시켜 프로토콜 버퍼 파일("IRIS.pb")에 저장한다. tf2onnx를 사용하여 모델을 ONNX 파일로 변환할 수 있다([예제 4.3] 참조).

| 예제 4.5 | TensorFlow 5: Dense MNIST 훈련 모델("MNIST_DENSE.pb") |

```
01 # 0405.py
02 import tensorflow as tf
03 from tensorflow.keras.layers import Input, Dense
04 import matplotlib.pyplot as plt
05
06 ###1-1
07 ##from tensorflow.keras.datasets import mnist
08 ##(x_train, y_train), (x_test, y_test) = mnist.load_data()
09 ##
10 ###flatten
11 ##x_train = x_train.reshape(-1, 784)
12 ##x_test  = x_test.reshape(-1, 784)
13 ##
14 ###normalize images
15 ##x_train = x_train.astype('float32')
16 ##x_test  = x_test.astype('float32')
17 ##x_train /= 255.0                    # [0.0, 1.0]
18 ##x_test  /= 255.0
19 ##
20 ###one-hot encoding
21 ##y_train = tf.keras.utils.to_categorical(y_train) # (60000, 10)
22 ##y_test = tf.keras.utils.to_categorical(y_test)   # (10000, 10)
23
24 #1-2
25 import mnist                          # mnist.py
26 (x_train, y_train), (x_test, y_test) =
27         mnist.load(flatten=True, one_hot = True, normalize = True)
28
29 #2:
30 model = tf.keras.Sequential([
31         Input(shape = (784, )),
32         Dense(units = 20, activation = 'sigmoid', name = 'layer1'),
33         Dense(units = 20, activation = 'sigmoid', name = 'layer2'),
34         Dense(units = 10, activation = 'softmax', name = 'output')
35     ])
36 #model.summary()
37
38 #3
39 opt = tf.keras.optimizers.Adam(learning_rate = 0.001)
40 model.compile(optimizer = opt, loss = 'categorical_crossentropy',
41             metrics = ['accuracy'])
42 ret = model.fit(x_train, y_train, epochs = 10,
43             batch_size = 64, verbose = 2)        # batch_size = 32
44
```

```
45 train_loss, train_acc = model.evaluate(x_train, y_train, verbose = 2)
46 test_loss, test_acc = model.evaluate(x_test, y_test, verbose = 2)
47 #print('train_acc=', train_acc )
48 #print('test_acc=', test_acc)
49
50 #4 모델 동결(freezing)
51 import freeze_graph                              # freeze_graph.py
52 freeze_graph.freeze_model(model, "MNIST_DENSE.pb")
```

프로그램 설명

1 #1-1은 tensorflow.keras.datasets.mnist()에서 훈련 데이터 x_train, y_train와 테스트 데이터 x_test, y_test를 로드한다. x_train.shape = (60000, 784), x_test.shape = (10000, 784)으로 변경하고, x_train, x_test의 값을 [0, 1]로 정규화하고, y_train, y_test를 원-핫 인코딩한다. y_train.shape = (60000, 10), y_test.shape = (10000, 10)이다.

2 #1-2는 mnist.py를 임포트하여, mnist.load(flatten = True, one_hot = True, normalize = True)로 훈련 데이터와 테스트 데이터를 로드한다.

3 #2는 Sequential()로 Input(shape = (784,)), 3개의 Dense 층 $units = 20, units = 20, units = 10$을 갖는 모델을 생성한다. 10-클래스(0, 1, 2, ..., 9) 데이터 분류로 출력층 뉴런의 개수는 units = 10이다. 출력층의 활성화 함수 'softmax'는 units = 10개의 출력의 합을 1로 정규화 한다.

예제 4.6 | TensorFlow 6: CNN MNIST 훈련 모델("MNIST_CNN.pb")

```
01 # 0406.py
02 import numpy as np
03 import tensorflow as tf
04 from tensorflow.keras.layers \
05     import Input, Conv2D, MaxPool2D, Dense
06 from tensorflow.keras.layers \
07     import BatchNormalization, Dropout, Flatten
08 from tensorflow.keras.optimizers import Adam
09
10 #1
11 import mnist                              # mnist.py
12 (x_train, y_train), (x_test, y_test) =
13         mnist.load(flatten = False, one_hot = True, normalize = True)
14
15 #: expand data with channel = 1
16 x_train = np.expand_dims(x_train, axis = 3)
17                               # (60000, 28, 28, 1)    # (N, H, W, C)
18 x_test  = np.expand_dims(x_test, axis = 3)
19                               # (10000, 28, 28, 1)
20
```

```
21 #2:
22 model = tf.keras.Sequential([
23             Input(x_train.shape[1:]),
24             Conv2D(filters = 16, kernel_size = (3,3),
25                 activation = 'relu'),
26             BatchNormalization(),
27             MaxPool2D(),
28             Conv2D(filters = 32, kernel_size = (3,3),
29                 activation = 'relu'),
30             MaxPool2D(),
31             Dropout(rate = 0.2),
32             Flatten(),
33             Dense(units=10, activation='softmax')
34         ])
35 model.summary()
36
37 #3
38 opt = Adam(learning_rate = 0.001)
39 model.compile(optimizer = opt, loss = 'categorical_crossentropy',
40                 metrics = ['accuracy'])
41 ret = model.fit(x_train, y_train, epochs = 10,
42                 batch_size = 64, verbose = 2)
43
44 train_loss, train_acc = model.evaluate(x_train, y_train, verbose = 2)
45 test_loss,  test_acc  = model.evaluate(x_test,  y_test, verbose = 2)
46
47 #4 모델 동결(freezing)
48 import freeze_graph # freeze_graph.py
49 freeze_graph.freeze_model(model, "MNIST_CNN.pb")
```

▼ 프로그램 설명

1 #1은 'mnist.py'를 임포트하여, mnist.load(flatten = False, one_hot = True, normalize = True)로 훈련 데이터와 테스트 데이터를 로드한다. np.expand_dims()로 TensorFlow의 디폴트 데이터형식인 NHWC 형식으로 변경한다. x_train.shape = (60000, 28, 28, 1), x_test. shape = (10000, 28, 28, 1)이다.

2 #2는 Sequential()로 합성곱 신경망(CNN) 모델을 생성한다. 입력층은 shape = (28, 28, 1)로 영상입력을 받는다. 출력층은 10개의 숫자 분류를 위해 Dense(units = 10, activation = 'softmax')이다. 출력층의 activation = 'softmax'에 의해 units = 10개의 출력의 합을 1로 정규화 한다.

3 #3의 model.fit()는 훈련 데이터를 이용하여 Adam(learning_rate = 0.001), loss = 'categorical_crossentropy', batch_size = 64, epochs = 10회 반복하여 모델을 훈련한다. model.evaluate()로 훈련 데이터와 테스트 데이터를 평가한다.

4 #4는 모델의 구조 그래프와 가중치를 동결시켜 프로토콜 버퍼 파일("MNIST_CNN.pb")에 저장한다.

예제 4.7　TensorFlow 7: Sequence를 이용한 데이터셋

```
01 # 0407.py
02 '''
03 ref: https://www.tensorflow.org/api_docs/python/tf/keras/utils/Sequence
04 '''
05 import numpy as np
06 import tensorflow as tf
07 from tensorflow.keras.utils import Sequence
08 from tensorflow.keras.layers import Input, Conv2D, MaxPool2D, Dense
09 from tensorflow.keras.layers \
10     import BatchNormalization, Dropout, Flatten
11 from tensorflow.keras.optimizers import Adam
12
13 #1
14 import mnist                              # mnist.py
15 (x_train, y_train), (x_test, y_test) =
16                     mnist.load(flatten = False, normalize = True)
17
18 #2
19 class Dataset(Sequence):
20     def __init__(self, X, y, batch_size,
21                 normalize = True, one_hot = True, shuffle = True):
22         X = np.expand_dims(X, axis = 3)  #( , 28, 28, 1):NHWC
23         if normalize:
24             X = X.astype('float32') / 255 #[0.0, 1.0]
25         if one_hot:
26             y = tf.keras.utils.to_categorical(y)
27         self.X = X
28         self.y = y
29         self.input_shape = X.shape[1:]    # (28, 28, 1)
30         self.batch_size = batch_size
31         self.shuffle = shuffle
32         self.indices = np.arange(len(self.X))
33
34     def __len__(self):
35         return int(np.ceil(len(self.X) / self.batch_size))
36
37     def __getitem__(self, i):
38         indices = self.indices[i *
39                         self.batch_size:(i + 1) *
40                         self.batch_size]
```

```
41          batch_X =  self.X[indices]
42          batch_y =  self.y[indices]
43          return batch_X, batch_y
44
45      def on_epoch_end(self):
46          if self.shuffle:
47              np.random.shuffle(self.indices)
48
49  #3: dataset
50  train_ds = Dataset(x_train, y_train, 64)
51  test_ds  = Dataset(x_test,  y_test, 64)
52
53  #4:
54  model = tf.keras.Sequential([
55          Input(train_ds.input_shape),         # (28, 28, 1)
56          Conv2D(filters = 16, kernel_size = (3,3),
57              padding = 'same', activation = 'relu'),
58          BatchNormalization(),
59          MaxPool2D(),
60          Conv2D(filters = 32, kernel_size = (3,3),
61              padding = 'same', activation = 'relu'),
62          MaxPool2D(),
63          Dropout( rate = 0.2),
64          Flatten(),
65          Dense(units = 10, activation = 'softmax')
66          ])
67  model.summary()
68
69  #5
70  opt = Adam(learning_rate = 0.001)
71  model.compile(optimizer = opt,
72              loss = 'categorical_crossentropy',      # 'mse'
73              metrics = ['accuracy'])
74
75  ret = model.fit(train_ds, epochs = 10, verbose = 2)
76  test_loss, test_acc = model.evaluate(test_ds, verbose = 2)
77
78  #6: freezing
79  import freeze_graph                            # freeze_graph.py
80  freeze_graph.freeze_model(model, "MNIST_CNN2.pb")
```

▼ **프로그램 설명**

1 #1은 [예제 3.11]에서 작성한 mnist.py를 임포트하여 mnist.load()로 훈련 데이터 x_train, y_train와 테스트 데이터 x_test, y_test를 로드한다. x_train.shape = (60000, 28, 28), y_train. shape = (60000,), x_test.shape = (10000, 28, 28), y_test.shape = (10000,)이다.

2️⃣ #2는 Sequence 클래스에서 상속받아 Dataset 클래스를 정의한다. Dataset은 영상 데이터 X와 레이블 y에서 배치 크기 $^{batch\_size}$의 데이터셋을 생성하는 클래스이다.

생성자 __init__()에서 np.expand_dims(X, axis = 3)로 영상 데이터 X에 채널을 추가한다. normalize = True이면 영상을 정규화하고, one_hot = True이면 tf.keras.utils.to_categorical(y)로 원-핫 인코딩한다.

__len__()은 배치 크기 $^{batch\_size}$의 데이터셋의 크기를 반환한다.

__getitem__()은 인덱스 i의 배치 데이터 $^{batch\_X, batch\_y}$를 반환한다.

on_epoch_end()는 각 에폭 끝에 호출되어 self.shuffle=True이면 self.indices를 무작위로 섞는다.

3️⃣ #3은 Dataset(x_train, y_train, 64)으로 훈련 데이터셋 $^{train\_ds}$을 생성하고, Dataset(x_test, y_test, 64)로 테스트 데이터셋 $^{test\_ds}$을 생성한다. len(train_ds) = 938, len(test_ds) = 157 이다.

4️⃣ #4는 Sequential()로 합성곱 신경망 ^{CNN} 모델을 생성한다. 입력층은 shape = train_ds.input_shape = (28, 28, 1)로 영상입력을 받는다. 출력층은 10개의 숫자분류를 위해 Dense(units = 10, activation = 'softmax')이다.

5️⃣ #5의 model.fit()는 훈련 데이터셋 $^{train\_ds}$을 이용하여 Adam(learning_rate = 0.001), loss = 'categorical_crossentropy', epochs = 10회 반복하여 모델을 훈련한다. model.evaluate()로 테스트 데이터셋 $^{train\_ds}$을 평가한다.

6️⃣ #6은 모델을 동결시켜 프로토콜 버퍼 파일("MNIST_CNN2.pb")에 저장한다.

예제 4.8 | TensorFlow 8: 폴더 영상(image_dataset_from_directory)

```
01  # 0408.py
02  '''
03  ref1: https://keras.io/examples/vision/image_classification_from_scratch/
04  ref2:
05  https://download.microsoft.com/download/3/E/1/3E1C3F21-ECDB-4869-8368-
06  6DEBA77B919F/kagglecatsanddogs_3367a.zip
07  '''
08  import tensorflow as tf
09  from tensorflow.keras.layers import Input, Conv2D, MaxPool2D, Dense
10  from tensorflow.keras.layers \
11      import BatchNormalization, Dropout, Flatten
12  from tensorflow.keras.layers \
13      import Rescaling, RandomFlip, RandomRotation
14  from tensorflow.keras.optimizers import Adam
15  from tensorflow.keras.preprocessing \
16      import image_dataset_from_directory
17
```

```
18  #1: remove corrupted images that do not have "JFIF"
19  #   in their header and size 0.
20  ##from PIL import Image
21  ##import os, glob
22  ##mode2bpp = {'1':1,      'L':8,       'P':8, 'RGB':24, 'RGBA':32,
23  ##              'CMYK':32, 'YCbCr':24, 'I':32, 'F':32}
24  ##files = glob.glob('./PetImages/Cat/*.jpg')
25  ##files.extend(glob.glob('./PetImages/Dog/*.jpg'))
26  ##for file in files:
27  ##     get_size = os.path.getsize(file)
28  ##     if get_size == 0:
29  ##         print(f'{file} : size={get_size}')
30  ##         os.remove(file)
31  ##     try:
32  ##         fobj = open(file, "rb")
33  ##         is_jfif = b'JFIF' in fobj.peek(10)
34  ##     finally:
35  ##         fobj.close()
36  ##
37  ##     if not is_jfif:
38  ##         print("not JFIF:", file)
39  ##         os.remove(file)
40  ##
41  ##     img = Image.open(file)
42  ##     bpp = mode2bpp[img.mode]
43  ##     if bpp != 24:
44  ##         img = img.convert(mode = "RGB")
45  ##         img.save(file)
46
47  #2
48  #2-1
49  H, W, C = 224, 224, 3
50  batch_size = 64
51  #DATA_PATH = './cats_and_dogs_filtered/train'
52  DATA_PATH = './PetImages'
53  train_ds = image_dataset_from_directory(
54               directory = DATA_PATH,
55               labels = 'inferred',
56               label_mode = 'categorical',      # 'int', 'binary'
57               color_mode = 'rgb',              # 'grayscale'
58               batch_size = batch_size,
59               image_size = (H, W),
60               #shuffle = True,
61               seed = 777,
62               validation_split = 0.2,
63               subset = "training")
```

```
64
65  #2-2
66  val_ds = image_dataset_from_directory(
67              directory = DATA_PATH,
68              labels = 'inferred',
69              label_mode = 'categorical',      # 'int', 'binary'
70              color_mode = 'rgb',              # 'grayscale'
71              batch_size = batch_size,
72              image_size = (H, W),
73              #shuffle = True,
74              seed = 777,
75              validation_split = 0.2,
76              subset = 'validation')
77
78  #2-3
79  train_ds = train_ds.prefetch(buffer_size = 64)
80  val_ds   = val_ds.prefetch(buffer_size = 64)
81
82  #3
83  ##import matplotlib.pyplot as plt
84  ##plt.figure(figsize = (10, 10))
85  ##for images, labels in train_ds.take(1):
86  ##     for i in range(16):
87  ##         ax = plt.subplot(4, 4, i + 1)
88  ##         plt.imshow(images[i].numpy().astype("uint8"))
89  ##         plt.title(labels[i].numpy().argmax())
90  ##         plt.axis("off")
91  ##plt.show()
92  ##normalize = Rescaling(scale = 1. / 127.5, offset = -1.0)  #[-1, 1]
93  ##train_ds  = train_ds.map(lambda x, y: (normalize(x), y))
94  ##val_ds    = val_ds.map(lambda x, y: (normalize(x), y))
95
96  #4:
97  #4-1
98  augmentation = tf.keras.Sequential([
99                              RandomFlip('horizontal'),
100                             RandomRotation(0.1)])
101
102 #4-2
103 def make_model(input_shape, num_classes):      # functional API
104     inputs = Input(shape = input_shape)
105     x = augmentation(inputs)
106     x = Rescaling(scale = 1. / 127.5, offset = -1.0)(x)
107     x = Conv2D(filters = 16, kernel_size = (3,3),
108                 activation = 'relu')(x)
109     x = BatchNormalization()(x)
```

```
110     x = MaxPool2D()(x)
111     x = Conv2D(filters = 32, kernel_size = (3, 3),
112               activation = 'relu')(x)
113     x = BatchNormalization()(x)
114     x = MaxPool2D()(x)
115     x = Dropout( rate = 0.2)(x)
116     x = Flatten()(x)
117     outputs = Dense(units = 2, activation = 'softmax')(x)
118     return tf.keras.Model(inputs, outputs)
119
120 model = make_model(input_shape = (H, W, C), num_classes = 2)
121 model.summary()
122
123 #5
124 opt = Adam(learning_rate = 0.001)
125 model.compile(optimizer = opt, loss = 'categorical_crossentropy',
126               metrics = ['accuracy'])
127 ret = model.fit(train_ds, epochs=30,
128               validation_data = val_ds, verbose = 2)
129
130 train_loss, train_acc = model.evaluate(train_ds, verbose = 2)
131 val_loss,   val_acc   = model.evaluate(val_ds, verbose = 2)
132
133 #6: freezing
134 import freeze_graph                     # freeze_graph.py
135 freeze_graph.freeze_model(model, "Petimages.pb")
```

▼ 프로그램 설명

1 ref1을 참조하여, re2의 'kagglecatsanddogs_3367a.zip' 데이터를 다운로드하고 압축을 풀면 'Petimages' 폴더 아래 ('Cat', 'Dog') 폴더에 영상파일이 있다. 여기서는 폴더에 있는 영상을 훈련하는 방법을 설명한다.

2 #1은 PIL을 사용하여 파일크기가 0이거나 b'JFIF' 헤더가 없는 영상파일을 삭제하고, 24비트가 아닌 영상은 img.convert(mode = "RGB")로 변환하여 저장한다.

3 #2는 image_dataset_from_directory()를 이용하여 DATA_PATH = './PetImages' 폴더의 데이터를 이용하여 데이터셋 train_ds, val_ds을 생성한다. labels = 'inferred'로 레이블은 폴더에 의해 유추한다. label_mode = 'categorical'로 원-핫 인코딩한다. color_mode, batch_size는 영상의 컬러 모드, 배치 크기이다. 폴더의 영상은 image_size의 크기로 변환하여 읽는다. seed 는 데이터를 섞을 난수에서 사용한다. #2-1은 validation_split = 0.2, subset = 'training'으로 train_ds를 생성한다. 'Petimages' 폴더에 24,998의 영상파일이 있고, 2 classes('Cat', 'Dog') 이다. 훈련 데이터로 24998 * 0.8 = 19999 파일을 사용한다. 19999 / batch_size의 배치 데이터가 있다. 즉, len(train_ds) = 313이다.

#2-2는 validation_split = 0.2, subset = 'validation'으로 검증 데이터셋 val_ds을 생성한다. 검증 데이터는 24998 - 19999 = 4999 파일이다. 검증 데이터셋의 크기는 4999 / batch_size = len(val_ds) = 79이다.

#2-3의 train_ds.prefetch(buffer_size = 64)는 버퍼를 사용하여 데이터 로드 속도를 향상한다.

4 #3-1은 train_ds.take(1)로 데이터셋에서 배치데이터를 읽어 matplotlib로 영상을 표시한다.

#3-2는 train_ds.map(), val_ds.map()로 Rescaling을 이용하여 영상을 [-1, 1]로 정규화한다.

5 #4-1의 augmentation은 수평 뒤집기와 랜덤 회전하여 데이터를 확장한다.

#4-2의 make_model() 함수는 함수형 API를 사용하여 모델을 생성한다. 입력 모양이 input_shape = (H, W, C)이고 출력이 num_classes = 2인 모델을 생성한다.

6 #5의 model.fit()는 훈련 데이터셋 train_ds, 검증 데이터셋 val_ds을 이용하여 Adam(learning_rate = 0.001), loss = 'categorical_crossentropy', epochs = 30회 반복하여 모델을 훈련한다.

7 #6은 모델을 동결시켜 프로토콜 버퍼 파일("Petimages.pb")에 저장한다.

PyTorch 모델 훈련: ONNX `02`

PyTorch 모델은 torch.onnx.export( )에 의해 ONNX(*.onnx) 파일로 저장하여 OpenCV의 DNN 모듈로 로드하고, 추론한다.

여기서는 PyTorch로 2-클래스(AND, OR, XOR) 분류, Iris 데이터 분류, MNIST 데이터 분류 모델을 훈련하고, ONNX(*.onnx) 파일저장에 대해 설명한다. PyTorch의 모델 구조를 출력하기 위해 torchsummary를 설치한다.

예제 4.9	PyTorch 1: AND, OR, XOR 훈련

```
01  # 0409.py
02  # pip install torchsummary
03  import torch
04  import torch.nn as nn
05  import numpy as np
06  import torch.nn.functional as F
07  from torchsummary import summary          # pip install torchsummary
```

```
08  import onnxruntime as ort                   # pip install onnxruntime
09  import onnx
10
11  #1
12  #1-1
13  x_train = np.array([[0, 0],
14                      [0, 1],
15                      [1, 0],
16                      [1, 1]], dtype = np.float32)
17
18  ##y_train = np.array([0, 0, 0, 1], dtype = np.int32)      # AND
19  ##y_train = np.array([0, 1, 1, 1], dtype = np.float32)    # OR
20  y_train = np.array([0, 1, 1, 0], dtype = np.float32)      # XOR
21
22  #1-2
23  DEVICE = 'cuda' if torch.cuda.is_available() else 'cpu'
24  x_train = torch.tensor(x_train).to(DEVICE)
25  y =        torch.tensor(y_train).to(DEVICE)  # category: 0, 1
26
27  y_train = torch.nn.functional.one_hot(y.long(),
28                                    num_classes = 2).float()
29                                    # one-hot
30
31  #2
32  model = nn.Sequential(nn.Linear(in_features = 2,
33                              out_features = 2, bias = True),
34                   nn.Sigmoid(),
35                   nn.Linear(2, 2),
36                   nn.Softmax(dim = 1)
37                   ).to(DEVICE)
38  from torchsummary import summary               # pip install torchsummary
39  summary(model, (4, 2), device = DEVICE)
40  #print('model = ', model)
41
42  #3-1
43  loss_fn  = torch.nn.MSELoss()
44  ##def loss_fn(output, target):
45  ##    loss = torch.mean((output - target) ** 2)      # MSELoss()
46  ##    return loss
47
48  #loss_fn  = torch.nn.CrossEntropyLoss()
49  ##def softmax(x):
50  ##    exp_x = torch.exp(x)
51  ##    sum_x = torch.sum(exp_x, dim = 1, keepdim = True)
52  ##    return exp_x / sum_x
53
```

```
54 ##def loss_fn(output, target):        # NLL(Negative Log Likelihood)
55 ##    y = torch.argmax(target, dim = 1)
56 ##    log_softmax = torch.nn.LogSoftmax(dim = 1)(output)
57 ##    return torch.nn.NLLLoss()(log_softmax, y)
58 ##    #return F.nll_loss(F.log_softmax(output, dim = 1), y)
59
60 optimizer = torch.optim.Adam(model.parameters(), lr = 0.1)
61
62 #3-2
63 #model.train()
64 for epoch in range(100):
65     optimizer.zero_grad()
66     out = model(x_train)
67
68     loss = loss_fn(out, y_train)
69     loss.backward()
70     optimizer.step()
71     #if epoch%10 == 0:
72     #    print(epoch, loss.item())
73 ##params = list(model.parameters())
74 ##print('params = ', params)
75
76 #3-3
77 model.eval()                              # model.train(mode=False)
78 with torch.no_grad():
79     out = model(x_train)
80     pred= torch.max(out.data, dim = 1)[1]
81
82     accuracy = (pred == y).float().mean()
83     accuracy = pred.eq(y.view_as(pred)).float().mean()
84     print("accuracy= ", accuracy.item())
85
86 #4
87 dummy_input = torch.randn(4, 2).to(DEVICE)        # x_train
88 ##torch.onnx.export(model, dummy_input, "./dnn/AND.onnx")
89 ##torch.onnx.export(model, dummy_input, "./dnn/OR.onnx")
90 torch.onnx.export(model, dummy_input, "./dnn/XOR.onnx")
91
92 #5: check model
93 onnx_model = onnx.load("./dnn/XOR.onnx")
94 onnx.checker.check_model(onnx_model)
95 print("model checked!")
96
97 #6
98 #https://pytorch.org/tutorials/advanced/super_resolution_with_onnxruntime.html
```

```
99  ort_sess = ort.InferenceSession("./dnn/XOR.onnx")
100
101 X = x_train.cpu().numpy()
102 ort_inputs = {ort_sess.get_inputs()[0].name: X}
103 ort_pred = np.argmax(ort_outs, axis = 1)
104 print('ort_pred=', ort_pred)
105
106 #7: save and load PyTorch model
107 torch.save(model, "./dnn/XOR.pt")
108 model = torch.load("./dnn/XOR.pt")
109 model.eval()
110 with torch.no_grad():
111     out = model(x_train)
112     pred= torch.max(out.data, dim = 1)[1]
113 print('pred=', pred.cpu().numpy())
```

실행 결과

```
----------------------------------------------------------------
        Layer (type)         Output Shape         Param #
================================================================
          Linear-1           [-1, 4, 4]              12
         Sigmoid-2           [-1, 4, 4]               0
          Linear-3           [-1, 4, 2]              10
         Softmax-4           [-1, 4, 2]               0
================================================================
Total params: 22
Trainable params: 22
Non-trainable params: 0
----------------------------------------------------------------
Input size (MB): 0.00
Forward/backward pass size (MB): 0.00
Params size (MB): 0.00
Estimated Total Size (MB): 0.00
----------------------------------------------------------------
accuracy= 1.0
ort_pred= [0 1 1 0]
pred= [0 1 1 0]
```

프로그램 설명

1. 모델 구조를 출력하는 torchsummary를 설치한다. #1은 AND, OR, XOR 연산을 위한 훈련 데이터 x_train, y_train를 생성한다. #1-2는 x_train을 텐서로 변경한다. y_train을 텐서로 변경하여 y에 저장하고 y를 원-핫 인코딩하여 y_train에 다시 저장한다. CUDA 사용 가능 여부에 따라 to(DEVICE)로 텐서를 CPU 또는 CUDA에서 생성한다.

② #2는 Sequential()로 모델을 생성한다. 2개의 nn.Linear()에 의한 완전 연결층으로 모델을 생성한다. [예제 4.1]과 모델 구조가 같다. torchsummary로 모델 구조를 출력한다. input_size = (4, 2)는 모델의 입력 모양이다.

③ #3-1은 loss_fn에 손실함수를 생성한다. torch.nn.MSELoss()는 평균제곱오차 손실이다. 크로스 엔트로피 손실 torch.nn.CrossEntropyLoss()는 torch.nn.LogSoftmax()와 torch.nn.NLLLoss()를 이용하여 구현할 수 있다. NLLLoss Negative Log Likelihood Loss이다. CrossEntropyLoss()를 사용하면, 모델의 마지막 nn.Softmax(dim = 1)는 필요 없다. optimizer에 Adam(model.parameters(), lr = 0.1) 최적화를 생성한다.

④ #3-2는 model.train()의 훈련 모드에서 100회 반복하며 모델을 훈련한다. model(x_train)로 모델출력 out을 계산하고, loss_fn(out, y_train)로 손실 오차 loss를 계산한다. loss. backward()는 손실 오차의 그래디언트 gradient를 역방향으로 자동 autograd으로 계산한다. optimizer.step()는 optimizer로 파라미터를 갱신한다. model.parameters()는 모델의 훈련 파라미터이다. list(model.parameters())는 훈련 결과를 리스트로 변환한다.

⑤ #3-3은 model.eval()의 평가 모드에서 훈련된 모델에 데이터를 입력하여 결과를 예측한다. torch.no_grad()로 자동 그래디언트 계산을 해제한다. x_train의 출력 out을 계산하고, torch. max()로 분류 레이블 pred을 찾는다. pred, y를 비교하여 정확도 accuracy를 계산한다.

⑥ #4는 torch.onnx.export()로 model을 파일("XOR.onnx")로 출력한다. dummy_input은 더미 모델 입력이다. dummy_input 대신 x_train을 사용할 수 있다.

⑦ #5는 모델("XOR.onnx")을 로드하여 유효성을 확인한다.

⑧ #6은 ONNX 실행환경 onnxruntime을 이용하여 모델을 추론한다. ort.InferenceSession()로 모델을 ort_sess에 로드한다. X = x_train.cpu().numpy()는 텐서 x_train에서 넘파일 배열 X에 저장한다. ort_inputs에 입력 {ort_sess.get_inputs()[0].name: X}을 설정한다. ort_sess.run()로 ort_inputs에 대한 출력 ort_outs을 계산한다. np.argmax()로 분류 레이블 ort_pred을 계산한다.

⑨ #7은 torch.save()로 PyTorch 모델 전체를 파일("XOR.pt")에 저장한다. torch.load("./dnn/ XOR.pt")는 저장된 모델을 로드한다. 평가 모드로 설정하고, 자동 그래디언트 계산을 해제 한다. x_train의 모델출력 out을 계산하고, 분류 레이블 pred을 찾는다. pred가 CUDA 텐서이면, pred.cpu()는 CPU 텐서이고, pred.cpu().numpy()는 넘파이 배열이다.

⑩ 데이터가 적고 모델이 단순하여 정확도가 낮을 수 있다. learning_rate, epoch을 변경하며 여러 번 실행하여 accuracy = 1일 때의 모델을 저장한다

예제 4.10	PyTorch 2: Iris 데이터 훈련, TensorDataset, DataLoader

```
01  # 0410.py
02  import torch
03  import torch.nn as nn
04  from torch.utils.data import TensorDataset, DataLoader
05  from torchsummary import summary          # pip install torchsummary
```

```python
06 import numpy as np
07
08 #1-1
09 def load_Iris():
10     label = {'setosa':0, 'versicolor':1, 'virginica':2}
11     data = np.loadtxt("./data/iris.csv",
12                     skiprows = 1, delimiter = ',',
13                     converters={4: lambda name: label[name.decode()]})
14     return np.float32(data)
15 iris_data = load_Iris()
16
17 np.random.seed(1)
18 def train_test_split(iris_data, ratio = 0.8, shuffle = True):
19                                 # train: 0.8, test: 0.2
20     if shuffle:
21         np.random.shuffle(iris_data)
22
23     n = int(iris_data.shape[0] * ratio)
24     x_train = iris_data[:n, :-1]
25     y_train = iris_data[:n, -1]
26
27     x_test = iris_data[n:, :-1]
28     y_test = iris_data[n:, -1]
29     return (x_train, y_train), (x_test, y_test)
30
31 (x_train, y_train), (x_test, y_test) = train_test_split(iris_data)
32
33 #1-2
34 DEVICE = 'cuda' if torch.cuda.is_available() else 'cpu'
35
36 x_train = torch.tensor(x_train, dtype = torch.float32).to(DEVICE)
37 y_train = torch.tensor(y_train, dtype = torch.float32).to(DEVICE)
38 y_train_1hot =
39     torch.nn.functional.one_hot(y_train.long(),
40                             num_classes = 3).float()
41
42 x_test = torch.tensor(x_test, dtype = torch.float32).to(DEVICE)
43 y_test = torch.tensor(y_test, dtype = torch.float32).to(DEVICE)
44
45 ds = TensorDataset(x_train, y_train_1hot)
46 loader = DataLoader(dataset = ds, batch_size = 32,  shuffle = True)
47
48 #2
49 class Net(nn.Module):
50     def __init__(self):
51         super(Net, self).__init__()
```

```
52          self.fc1 = nn.Linear(in_features = 4,
53                               out_features = 10, bias = True)
54          self.fc2 = nn.Linear(10, 3)
55
56      def forward(self, x):
57          x = self.fc1(x)
58          x = torch.sigmoid(x)
59          x = self.fc2(x)
60          #x = torch.sigmoid(x)            # with MSELoss()
61          return x
62
63  model = Net().to(DEVICE)
64  summary(model, x_train.shape, device = DEVICE)
65
66  #3-1
67  #loss_fn = torch.nn.MSELoss()
68  loss_fn  = torch.nn.CrossEntropyLoss()
69  optimizer = torch.optim.Adam(model.parameters(), lr = 0.01)
70
71  #3-2
72  loss_list = []
73  iter_per_epoch = int(np.ceil(x_train.shape[0] //
74                      loader.batch_size))            # 120 // 32 = 4
75
76  model.train()
77  for epoch in range(100):
78      batch_loss = 0.0
79      for X, y in loader:
80          optimizer.zero_grad()
81          y_pred = model(X)
82
83          loss = loss_fn(y_pred, y)
84          loss.backward()
85          optimizer.step()
86
87          batch_loss += loss.item() * X.size(0)        # mean -> sum
88
89      batch_loss /= x_train.shape[0]        # divide by train size
90      print("epoch=", epoch, "batch_loss=", batch_loss)
91      loss_list.append(batch_loss)
92
93  #3-3
94  #from matplotlib import pyplot as plt
95  #plt.plot(loss_list)
96  #plt.show()
97
```

```
 98  #3-4
 99  model.eval()
100  with torch.no_grad():
101      out = model(x_train)
102      pred = torch.max(out.data, 1)[1]
103      accuracy = (pred == y_train).float().mean()    # train accuracy
104      #accuracy = pred.eq(y_train.view_as(pred)).float().mean()
105      print("train accuracy= ", accuracy.item())
106
107      out = model(x_test)
108      pred = torch.max(out.data, 1)[1]
109      accuracy = (pred == y_test).float().mean()      # test accuracy
110      print("test accuracy= ", accuracy.item())
111
112  #4
113  dummy_input = torch.randn(120, 4).to(DEVICE)         # x_train
114  torch.onnx.export(model, dummy_input, "./dnn/IRIS.onnx")
```

실행 결과

```
----------------------------------------------------------------
        Layer (type)        Output Shape         Param #
================================================================
         Linear-1          [-1, 120, 10]            50
         Linear-2          [-1, 120, 3]             33
================================================================
Total params: 83
Trainable params: 83
Non-trainable params: 0
----------------------------------------------------------------
Input size (MB): 0.00
Forward/backward pass size (MB): 0.01
Params size (MB): 0.00
Estimated Total Size (MB): 0.01
----------------------------------------------------------------
train accuracy= 0.98333340883255
test accuracy= 0.9333333969116211
```

프로그램 설명

1 #1-1은 Iris 데이터를 로드한다. #1-2는 DEVICE를 이용하여 CPU 또는 CUDA 텐서로 변경한다. y_train_1hot은 y_train의 원-핫 인코딩이다. TensorDataset(x_train, y_train_1hot)으로 입력과 레이블을 결합하여 데이터셋 ^{ds}을 생성한다. DataLoader(dataset = ds, batch_size = 32, shuffle = True)로 로더 ^{loader}를 생성한다.

2 #2는 nn.Module에서 상속받아 Net 클래스를 정의한다. forward() 메서드를 재정의하여 전방향 계산과정을 정의한다. Net().to(DEVICE)로 모델 ^{model}을 생성한다. torchsummary로 모델 구조를 출력한다.

❸ #3-1은 손실함수를 loss_fn에 저장한다. optimizer에 Adam(model.parameters(), lr = 0.01) 최적화를 생성한다.

❹ #3-2는 loader를 이용하여 모델을 미니 배치로 100회 반복하며 훈련한다. iter_per_epoch = 4는 loader의 미니 배치 횟수이다. loader.batch_size = 32번씩 4회 반복하면 128개의 데이터로 모든 훈련 데이터에 대해 1 에폭 훈련한 것과 같다. model(X)로 출력 y_pred을 계산하고, loss_fn(y_pred, y)로 손실 오차 loss를 계산한다. loss.backward()는 손실 오차의 그래디언트를 역방향으로 자동 autograd으로 계산한다. optimizer.step()는 optimizer로 파라미터를 갱신한다.

loss.item()*X.size(0)는 배치 크기에 의한 손실 평균을 손실 합계로 변경한다. batch_loss /= x_train.shape[0]에 의해 전체 훈련 데이터에 대한 손실 평균을 계산한다.

❺ #3-3은 loss_list를 그래프로 표시한다.

❻ #3-4는 평가 모드에서 자동 그래디언트 계산을 해제하고, 훈련된 모델에서 훈련 데이터와 테스트 데이터의 정확도를 계산한다. 데이터 로더의 샘플링과 모델에서 파라미터를 초기화 할 때 사용한 난수에 의해 실행할 때 마다 결과가 달라질 수 있다.

❼ #4는 torch.onnx.export()로 model을 "./dnn/IRIS.onnx" 파일에 저장한다. dummy_input 대신 x_train을 사용할 수 있다.

예제 4.11   PyTorch 3: Dense MNIST 데이터 훈련, TensorDataset, DataLoader

```
01 # 0411.py
02 import gzip
03 import numpy as np
04 import torch
05 import torch.nn as nn
06 import torch.nn.functional as F
07 from torch.utils.data import TensorDataset, DataLoader
08 from torchsummary import summary          # pip install torchsummary
09
10 #1-1
11 import mnist                              # mnist.py
12 (x_train, y_train), (x_test, y_test) =
13                     mnist.load(flatten = True, normalize = True)
14
15 #1-2
16 DEVICE = 'cuda' if torch.cuda.is_available() else 'cpu'
17 x_train = torch.tensor(x_train, dtype = torch.float32).to(DEVICE)
18 y_train = torch.tensor(y_train, dtype = torch.float32).to(DEVICE)
19 y_train_1hot = F.one_hot(y_train.long(), num_classes = 10).float()
20
21 x_test = torch.tensor(x_test, dtype = torch.float32).to(DEVICE)
22 y_test = torch.tensor(y_test, dtype = torch.float32).to(DEVICE)
```

```
23
24  ds = TensorDataset(x_train, y_train_1hot)
25  loader = DataLoader(dataset = ds, batch_size = 64,  shuffle = True)
26
27  #2
28  class DenseNet(nn.Module):
29      def __init__(self):
30          super(DenseNet, self).__init__()
31          self.fc1 = nn.Linear(in_features = 784,
32                               out_features = 20, bias = True)
33          self.fc2 = nn.Linear(20, 20)
34          self.fc3 = nn.Linear(20, 10)
35
36      def forward(self, x):
37          x = self.fc1(x)
38          x = torch.sigmoid(x)
39          x = self.fc2(x)
40          x = torch.sigmoid(x)
41          x = self.fc3(x)
42          #x = torch.softmax(x, dim = 1) # x = F.softmax(x, dim = 1)
43          return x
44
45  model = DenseNet().to(DEVICE)
46  from torchsummary import summary  # pip install torchsummary
47  summary(model, x_train.shape, device=DEVICE)
48
49  #3-1
50  loss_fn  = torch.nn.CrossEntropyLoss()
51  ##def loss_fn(output, target):
52  ##      #output = torch.softmax(output, dim = 1)
53          #output = F.softmax(output, dim = 1)
54  ##      #return (target * -torch.log(output)).sum(dim = 1).mean()
55  ##      return F.cross_entropy(output, target)
56  optimizer = torch.optim.Adam(model.parameters(), lr = 0.01)
57
58  #3-2
59  loss_list = []
60  iter_per_epoch = int(np.ceil(x_train.shape[0] / loader.batch_size))
61                          # 60000 / 64 = 938
62
63  model.train()
64  for epoch in range(100):
65      batch_loss = 0.0
66      for X, y in loader:
67          optimizer.zero_grad()
68          y_pred = model(X)
```

```
69
70          loss = loss_fn(y_pred, y)
71          loss.backward()
72          optimizer.step()
73
74          batch_loss += loss.item() * X.size(0)      # mean -> sum
75      batch_loss /= x_train.shape[0]              # divide by train size
76      loss_list.append(batch_loss)
77      print("epoch=", epoch, "batch_loss=", batch_loss)
78
79  ##from matplotlib import pyplot as plt
80  ##plt.plot(loss_list)
81  ##plt.show()
82
83  #3-3
84
85  model.eval()
86  with torch.no_grad():
87      out = model(x_train)
88      pred = torch.max(out.data, 1)[1]
89      #accuracy = (pred == y_train).float().mean()    # train accuracy
90      accuracy = pred.eq(y_train.view_as(pred)).float().mean()
91      print("train accuracy= ", accuracy.item())
92
93      out = model(x_test)
94      pred = torch.max(out.data, 1)[1]
95      accuracy = pred.eq(
96                  y_test.view_as(pred)).float().mean() # test accuracy
97      print("test accuracy= ", accuracy.item())
98
99  #4
100 dummy_input = torch.randn(100, 784).to(DEVICE)          # x_train
101 torch.onnx.export(model, dummy_input, "./dnn/MNIST_DENSE.onnx")
```

실행 결과

```
----------------------------------------------------------------
    Layer (type)         Output Shape         Param #
================================================================
      Linear-1          [-1, 60000, 20]        15,700
      Linear-2          [-1, 60000, 20]          420
      Linear-3          [-1, 60000, 10]          210
================================================================
Total params: 16,330
Trainable params: 16,330
Non-trainable params: 0
```

```
------------------------------------------------------------
Input size (MB): 179.44
Forward/backward pass size (MB): 22.89
Params size (MB): 0.06
Estimated Total Size (MB): 202.39
------------------------------------------------------------
train accuracy=  0.9878
test accuracy=   0.9490
```

프로그램 설명

1 #1-1은 mnist.load()로 MNIST 데이터를 로드한다. flatten = True로 영상을 784 크기의 벡터로 로드한다. one_hot = True이면, y_train, y_test를 원-핫 인코딩하여 로드한다. #1-2는 DEVICE를 이용하여 CPU 또는 CUDA 텐서로 변경한다. y_train_1hot은 y_train의 원-핫 인코딩이다. TensorDataset(x_train, y_train_1hot)으로 데이터셋 ds을 생성한다. DataLoader(dataset = ds, batch_size = 64, shuffle = True)로 로더 loader를 생성한다.

2 #2는 nn.Module에서 상속받아 DenseNet 클래스를 정의한다. forward() 메서드에서 전방향 계산과정을 정의한다. DenseNet().to(DEVICE)로 모델 model을 생성한다. torchsummary로 모델 구조를 출력한다.

3 #3-1은 loss_fn에 torch.nn.CrossEntropyLoss() 손실함수를 저장한다. CrossEntropy Loss()에 소프트맥스가 포함되어 있어 DenseNet의 forward() 메서드의 마지막에서 소프트 맥스를 생략하였다. optimizer에 Adam(model.parameters(), lr = 0.01) 최적화를 생성한다.

4 #3-2는 loader를 이용하여 미니 배치로 100회 반복하며 모델을 훈련한다. iter_per_epoch = 938은 loader의 미니 배치 횟수이다. model(X)로 출력 y_pred을 계산하고, loss_fn(y_pred, y)로 손실 오차 loss를 계산한다. loss.backward()는 손실 오차의 그래디언트를 역방향으로 계산한다. optimizer.step()는 optimizer로 파라미터를 갱신한다.

loss.item() * X.size(0)는 배치 크기에 의한 손실 평균을 손실 합계로 변경한다. batch_loss /= x_train.shape[0]에 의해 전체 훈련 데이터에 대한 손실 평균을 계산한다.

5 #3-4는 평가 모드에서 자동 그래디언트 계산을 해제하고, 모델에서 훈련 데이터와 테스트 데이터의 정확도를 계산한다. 데이터 로더의 샘플링과 모델에서 파라미터를 초기화할 때 사용한 난수에 의해 실행할 때마다 결과가 달라질 수 있다.

6 #4는 torch.onnx.export()로 model을 "./dnn/MNIST_DENSE.onnx" 파일에 저장한다.

예제 4.12 | PyTorch 4: CNN MNIST 데이터 훈련 1, Dataset, DataLoader

```python
01 # 0412.py
02 import numpy as np
03 import torch
04 import torch.nn as nn
05 import torch.nn.functional as F
```

```
06 from torch.utils.data import Dataset, DataLoader
07 from torch.optim.lr_scheduler import StepLR
08 from torchsummary import summary
09
10 #1-1
11 import mnist                      # mnist.py
12 (x_train, y_train), (x_test, y_test) =
13                         mnist.load(flatten = False, one_hot = True,
14                         normalize = True)
15 print('x_train.shape= ', x_train.shape)   # (60000, 28, 28)
16 print('x_test.shape= ', x_test.shape)     # (10000, 28, 28)
17
18 #1-2
19 class MyDataset(Dataset):
20     def __init__(self, X, y):
21         self.X = np.expand_dims(X, axis=1)      #( , 1, 28, 28): NCHW
22         self.y = y
23
24     def __len__(self):
25         return len(self.X)
26
27     def __getitem__(self, i):
28         x =  self.X[i]
29         y =  self.y[i]
30         return x, y
31
32 train_ds = MyDataset(x_train, y_train)
33 test_ds  = MyDataset(x_test,  y_test)
34 train_size = len(train_ds)
35 test_size = len(test_ds)
36
37 print('train_ds.X.shape= ', train_ds.X.shape)    # (60000, 1, 28, 28)
38 print('test_ds.X.shape= ',  test_ds.X.shape)     # (10000, 1, 28, 28)
39 print('train_ds.y.shape= ', train_ds.y.shape)    # (60000, 10)
40 print('test_ds.y.shape= ',  test_ds.y.shape)     # (10000, 10)
41
42 #1-3
43 # if RuntimeError: CUDA out of memory, then reduce batch size
44 train_loader = DataLoader(train_ds, batch_size = 64, shuffle = True)
45 test_loader  = DataLoader(test_ds,  batch_size = 64, shuffle = False)
46 print('len(train_loader.dataset)=',
47         len(train_loader.dataset))               # 60000
48 print('len(test_loader.dataset)=',
49         len(test_loader.dataset))                # 10000
50
```

```python
51  #2
52  class ConvNet(nn.Module):
53      def __init__(self):
54          super(ConvNet, self).__init__()
55
56          self.layer1 = nn.Sequential(
57                          # (, 1, 28, 28) : # NCHW
58                          nn.Conv2d(in_channels = 1,
59                                    out_channels = 16,
60                                    kernel_size = 3,
61                                    stride = 1, padding = 1),
62                          # (, 16, 28, 28
63                          nn.ReLU(),
64                          nn.BatchNorm2d(16),
65                          nn.MaxPool2d(kernel_size = 2, stride = 2))
66                          #(, 16, 14, 14)
67
68          self.layer2 = nn.Sequential(
69                          nn.Conv2d(16, 32, kernel_size = 3,
70                                    stride = 1, padding = 1),
71                          nn.ReLU(),
72                          nn.MaxPool2d(kernel_size = 2,
73                                    stride = 2))
74                          #(, 32, 7, 7)
75
76          self.layer3 = nn.Sequential(
77                          nn.Dropout(0.2),
78                          nn.Flatten(),
79                          #(, 32 * 7 * 7)
80                          nn.Linear(32 * 7 * 7, 10),
81                          #nn.Softmax(dim = 1),
82                          )
83
84      def forward(self, x):
85          x = self.layer1(x)
86          x = self.layer2(x)
87          x = self.layer3(x)
88          return x
89
90  DEVICE = 'cuda' if torch.cuda.is_available() else 'cpu'
91  model = ConvNet().to(DEVICE)
92  summary(model, torch.Size([1, 28, 28]), device = DEVICE)
93
94  #3-1
95  loss_fn  = torch.nn.CrossEntropyLoss()
96  optimizer = torch.optim.Adam(model.parameters(), lr = 0.001)
```

```
 97  #scheduler = StepLR(optimizer, step_size = 5, gamma = 0.1)
 98
 99  #3-2
100  loss_list = []
101  iter_per_epoch = int(np.ceil(train_size/train_loader.batch_size))
102
103  print('training.....')
104  model.train()
105  for epoch in range(10):
106      correct = 0
107      batch_loss = 0.0
108      for i, (X, y) in enumerate(train_loader):
109          X, y = X.to(DEVICE), y.to(DEVICE)
110          optimizer.zero_grad()
111          out = model(X)
112
113          loss = loss_fn(out, y)
114          loss.backward()
115          optimizer.step()
116          #scheduler.step()
117
118          batch_loss += loss.item() * X.size(0)        # mean -> sum
119          y_pred = out.max(1)[1]
120          correct += y_pred.eq(y.max(1)[1]).sum().item()
121
122      batch_loss /= train_size
123      loss_list.append(batch_loss)
124      train_accuracy = correct / train_size
125      print("Epoch={}: batch_loss={}, train_accuracy={:.4f}".format(
126                              epoch, batch_loss, train_accuracy))
127
128  ##from matplotlib import pyplot as plt
129  ##plt.plot(loss_list)
130  ##plt.show()
131
132  #3-3
133  print('testing.....')
134
135  model.eval()
136  with torch.no_grad():
137      correct = 0
138      batch_loss = 0.0
139      for i, (X, y) in enumerate(test_loader):
140          optimizer.zero_grad()
141          X, y = X.to(DEVICE), y.to(DEVICE)
```

```
142          out = model(X)
143
144          loss = loss_fn(out, y)
145          batch_loss += loss.item() * X.size(0)          # mean -> sum
146
147          y_pred = out.max(1)[1]
148          correct += y_pred.eq(y.max(1)[1]).sum().item()
149
150     batch_loss /= test_size
151     test_accuracy = correct/test_size
152     print("test_set: batch_loss={}, test_accuracy={:.4f}".format(
153                               batch_loss, test_accuracy))
154
155 #4
156 dummy_input = torch.randn(1, 1, 28, 28).to(DEVICE)          # x_train
157 torch.onnx.export(model, dummy_input, "./dnn/MNIST_CNN.onnx")
```

프로그램 설명

1 #1-1은 mnist.load()로 MNIST 데이터를 로드한다. flatten = False로 영상을 로드한다. one_hot = True이면 y_train, y_test를 원-핫 인코딩하여 로드한다.
x_train.shape = (60000, 28, 28), x_test.shape = (10000, 28, 28)이다.

2 #1-2는 Dataset에서 상속받아 MyDataset 클래스를 정의한다. __init__()에서 영상 X를 NCHW 형식으로 채널을 확장하여 self.X에 저장한다. __len__(), __getitem__()를 구현한다. MyDataset(x_train, y_train)로 train_ds를 생성하고, MyDataset(x_test, y_test)로 test_ds를 생성한다.

3 #1-3은 DataLoader로 train_ds에서 batch_size = 64, shuffle = True의 train_loader를 생성한다. test_ds에서 batch_size = 64, shuffle = False의 test_loader를 생성한다.

4 #2는 nn.Module에서 상속받아 합성곱 신경망 ConvNet 클래스를 정의한다. forward() 메서드에서 전방향 계산과정을 정의한다. ConvNet().to(DEVICE)로 모델 model을 생성한다. torchsummary로 모델 구조를 출력한다. 모델의 입력 크기는 C = 1, H = 28, W = 28이다.

5 #3-1은 loss_fn, optimizer를 정의한다. #3-2는 model.train()의 훈련모드로 10 에폭 모델을 훈련한다. 각 에폭에서, train_loader.batch_size = 64일 때, train_loader에 의해 iter_per_epoch = 938회 반복하며 모델을 미니 배치 훈련한다. 영상은 X, 레이블은 y에 로드하고, to(DEVICE)로 CPU 또는 GPU 텐서로 변경한다. model(X)의 출력 out을 계산한다. loss_fn(out, y)로 손실 오차 loss를 계산한다. loss.backward()는 손실 오차의 그래디언트를 계산한다. optimizer.step()는 optimizer로 파라미터를 갱신한다. out.max(1)[1]로 예측한 정수 레이블 y_pred을 계산하고, 정답 레이블 y.max(1)[1]과 같은 횟수를 correct에 계산한다. 훈련 데이터의 정확도 train_accuracy와 손실 오차 batch_loss를 출력한다.

6 #3-3은 model.eval()의 평가 모드에서 자동 그래디언트 계산을 해제하고 테스트 데이터의 손실과 정확도를 계산한다.

7 #4는 torch.onnx.export()로 훈련된 모델 ^{model}을 "./dnn/MNIST_CNN.onnx" 파일에 저장한다.

8 데이터 로더의 샘플링과 모델에서 파라미터를 초기화할 때 사용한 난수에 의해 실행할 때마다 결과가 달라질 수 있다. batch_size, lr = 0.001, epoch 횟수에 따라 다른 결과 생성된다.

예제 4.13	PyTorch 5: CNN MNIST 데이터 훈련 2, Dataset, DataLoader

```
01  # 0413.py
02  import torch
03  import torch.nn as nn
04  import torch.nn.functional as F
05  from torch.utils.data import Dataset, DataLoader
06  from torchvision.datasets import MNIST
07  from torchvision import transforms
08  from torch.optim.lr_scheduler import StepLR
09  from torchsummary import summary
10  import numpy as np
11
12  #1-1
13  data_transform = transforms.Compose([
14                      transforms.ToTensor(),
15                      transforms.Lambda(lambda x: x / 255),  # [0, 1]
16                  ])
17
18  #1-2
19  num_class = 10
20  target_1hot = \
21      transforms.Lambda(
22          lambda y: torch.zeros(num_class,
23                              dtype = torch.float).scatter_(0,
24                              torch.tensor(y), value = 1))
25
26  #1-3
27  DATA_PATH = './dnn'
28  train_ds = MNIST(root = DATA_PATH, train = True, download = True,
29                  transform = data_transform,
30                  target_transform = target_1hot)
31
32  test_ds  = MNIST(root = DATA_PATH, train = False, download = True,
33                  transform = data_transform,
34                  target_transform = target_1hot)
35  train_size = train_ds.data.shape[0]
36  test_size = test_ds.data.shape[0]
37  print('train_ds.data.shape= ',
38          train_ds.data.shape)          # torch.Size([60000, 28, 28])
```

```python
39  print('test_set.data.shape= ',
40          test_ds.data.shape)                # torch.Size([10000, 28, 28])
41  print('train_ds.targets.shape= ',
42          train_ds.targets.shape)            # torch.Size([60000])
43  print('test_ds.targets.shape= ',
44          test_ds.targets.shape)             # torch.Size([10000])
45
46  ##for i in range(2):
47  ##      image, label = train_ds[i]
48  ##      image_arr = image.squeeze().numpy()
49  ##      print("image_arr.shape=", image_arr.shape)
50  ##      print("label=", label)
51
52  #1-4
53  # if RuntimeError: CUDA out of memory, then reduce batch size
54  train_loader = DataLoader(train_ds, batch_size = 64, shuffle = True)
55  test_loader  = DataLoader(test_ds, batch_size = 64, shuffle = False)
56  print('len(train_loader.dataset)=',
57          len(train_loader.dataset))         # 60000
58  print('len(test_loader.dataset)=',
59          len(test_loader.dataset))          # 10000
60
61  #2
62  class ConvNet(nn.Module):
63      def __init__(self):
64          super(ConvNet, self).__init__()
65
66          self.layer1 = nn.Sequential(
67              # (, 1, 28, 28) :      # NCHW
68              nn.Conv2d(in_channels = 1, out_channels = 16,
69                      kernel_size = 3, stride = 1, padding = 1),
70              # (, 16, 28, 28
71              nn.ReLU(),
72              nn.BatchNorm2d(16),
73              nn.MaxPool2d(kernel_size = 2, stride = 2))
74          #(, 16, 14, 14)
75
76          self.layer2 = nn.Sequential(
77              nn.Conv2d(16, 32, kernel_size = 3, stride = 1,
78                      padding = 1),
79              nn.ReLU(),
80              nn.MaxPool2d(kernel_size = 2, stride = 2))
81          #(, 32, 7, 7)
82
```

```
84              self.layer3 = nn.Sequential(
85                          nn.Dropout(0.2),
86                          nn.Flatten(),
87                          #(,   32 * 7 * 7)
88                          nn.Linear(32 * 7 * 7, 10),
89                          #nn.Softmax(dim = 1),
90                      )
91
92      def forward(self, x):
93          x = self.layer1(x)
94          x = self.layer2(x)
95          x = self.layer3(x)
96          return x
97
98  DEVICE = 'cuda' if torch.cuda.is_available() else 'cpu'
99  model = ConvNet().to(DEVICE)
100 summary(model, torch.Size([1, 28, 28]), device = DEVICE)
101
102 #3
103 #3-1
104 loss_fn  = torch.nn.CrossEntropyLoss()
105 optimizer = torch.optim.Adam(model.parameters(), lr = 0.001)
106 #scheduler = StepLR(optimizer, step_size = 5, gamma = 0.1)
107
108 #3-2
109 loss_list = []
110 iter_per_epoch = int(np.ceil(train_size / train_loader.batch_size))
111
112 print('training.....')
113 model.train()
114 for epoch in range(10):
115     correct = 0
116     batch_loss = 0.0
117     for i, (X, y) in enumerate(train_loader):
118         X, y = X.to(DEVICE), y.to(DEVICE)
119         optimizer.zero_grad()
120         out = model(X)
121
122         loss = loss_fn(out, y)
123         loss.backward()
124         optimizer.step()
125         #scheduler.step()
126
127         batch_loss += loss.item() * X.size(0)      # mean -> sum
128         y_pred = out.max(1)[1]
129         correct += y_pred.eq(y.max(1)[1]).sum().item()
```

```
130
131     batch_loss /= train_size
132     loss_list.append(batch_loss)
133     train_accuracy = correct / train_size
134     print("Epoch={}: batch_loss={}, train_accuracy={:.4f}".format(
135                             epoch, batch_loss, train_accuracy))
136 ##from matplotlib import pyplot as plt
137 ##plt.plot(loss_list)
138 ##plt.show()
139
140 #3-3
141 print('testing.....')
142 model.eval()
143 with torch.no_grad():
144     correct = 0
145     batch_loss = 0.0
146     for i, (X, y) in enumerate(test_loader):
147         optimizer.zero_grad()
148         X, y = X.to(DEVICE), y.to(DEVICE)
149         out = model(X)
150
151         loss = loss_fn(out, y)
152         batch_loss += loss.item() * X.size(0)     # mean -> sum
153
154         y_pred = out.max(1)[1]
155         correct += y_pred.eq(y.max(1)[1]).sum().item()
156
157     batch_loss /= test_size
158     test_accuracy = correct / test_size
159     print("test_set: batch_loss={}, test_accuracy={:.4f}".\
160         format(batch_loss, test_accuracy))
161
162 #4
163 dummy_input = torch.randn(1, 1, 28, 28).to(DEVICE)        # x_train
164 torch.onnx.export(model, dummy_input, "./dnn/MNIST_CNN.onnx")
```

▼ 프로그램 설명

1 torchvision.datasets에는 MNIST, Fashion-MNIST, Caltech101, Caltech256, CIFAR10, CocoCaptions, CocoDetection, ImageNet 등 다양한 데이터셋이 있다. 여기서는 MNIST를 이용하여 모델을 훈련한다.

2 #1-1의 data_transform은 텐서로 변환하고, 영상을 [0, 1]로 정규화 변환이다.
torchvision.transforms에는 다양한 영상변환이 있다. transforms.Compose를 사용하여 연속적으로 변환을 처리할 수 있다. PIL 영상변환 또는 텐서 변환만 가능한 일부 변환이 있다.

transforms.ToPILImage()는 (H, W, C)의 넘파이 배열 또는 (C, H, W)의 텐서를 PIL 영상으로 변환한다. transforms.ToTensor()는 [0, 255]의 (H, W, C)의 PIL 영상 또는 넘파이 배열을 [0.0, 1.0]의 (C, H, W)의 실수 텐서로 변환한다.

❸ #1-2의 target_1hot은 transforms.Lambda을 사용하여 정수 레이블 y를 num_class의 원-핫 엔코딩으로 변환한다.

❹ #1-3은 torchvision.datasets.MNIST()로 DATA_PATH에 데이터(train_ds, test_ds)를 다운로드한다. 처음 실행할 때 './dnn/raw'에 데이터를 다운로드하고, 이후는 폴더에서 데이터를 로드한다. transform = data_transform에 의해 영상을 텐서로 변환하고, [0, 1]로 정규화한다. target_transform = target_1hot에 의해 레이블을 원-핫 엔코딩한다.

❺ #1-4는 DataLoader로 데이터 train_ds, test_ds에서 데이터 로더 train_loader, test_loader를 생성한다. 메모리가 부족하면 batch_size를 줄여야한다.

❻ 모델을 생성하는 #2, 미니 배치 훈련과 테스트하는 #3, torch.onnx.export()의 #3은 [예제 4.12]와 같다.

예제 4.14	PyTorch 6: Petimages 훈련, datasets.ImageFolder

```
01 # 0414.py
02 import numpy as np
03 import torch
04 import torch.nn as nn
05 import torch.nn.functional as F
06 from torch.utils.data import DataLoader
07 from torchvision import transforms, datasets
08 from torch.optim.lr_scheduler import StepLR
09 from torchsummary import summary
10
11 #1-1
12 data_transform  = transforms.Compose([
13                 transforms.RandomHorizontalFlip(),
14                 transforms.RandomRotation(degrees = 5),
15
16                 transforms.Resize(256),
17                 transforms.CenterCrop(224),
18
19                 transforms.ToTensor(),
20                 transforms.Lambda(
21                     lambda x: x * 2.0 - 1.0)        #[ -1, 1]
22                 #transforms.Normalize(
23                     mean = (0.5, 0.5, 0.5),
24                     std=(0.5, 0.5, 0.5))
25                 ])
```

```
26 #1-2
27 num_class = 2
28 target_1hot = transforms.Lambda(
29                 lambda y: torch.zeros(num_class,
30                                 dtype = torch.float).scatter_(0,
31                                 torch.tensor(y), value = 1))
32
33 #1-3
34 TRAIN_PATH = './Petimages'
35 train_ds = datasets.ImageFolder(
36                 root = TRAIN_PATH, transform = data_transform,
37                 target_transform = target_1hot)
38
39 print("train_ds.class_to_idx = ", train_ds.class_to_idx)
40 print("train_ds.classes=", train_ds.classes)
41 ##for i in range(2):
42 ##     image, label = train_ds[i]
43 ##     image_arr = image.squeeze().numpy()
44
45 #1-4
46 # if RuntimeError: CUDA out of memory, then reduce batch size
47 train_loader = DataLoader(train_ds, batch_size = 64, shuffle = True)
48 test_loader  = DataLoader(train_ds, batch_size = 64, shuffle = False)
49
50 train_size = len(train_loader.dataset)
51 test_size = len(test_loader.dataset)
52 print('train_size=', train_size)          # 24998
53 print('test_size=', test_size)            # 24998
54
55 ##print("test_loader")
56 ##for i in range(len(test_loader.dataset.imgs)):
57 ##     print(i, test_loader.dataset.imgs[i])
58 ##
59 ##print("test_loader")
60 ##for i, (X, y) in enumerate(test_loader):
61 ##     print(i, X.shape, y.shape),
62
63 #2
64 class ConvNet(nn.Module):
65     def __init__(self):
66         super(ConvNet, self).__init__()
67
68         self.layer1 = nn.Sequential(
69                     # (, 3, 224, 224) :       # NCHW
70                     nn.Conv2d(in_channels = 3,
```

```
71                                       out_channels = 16,
72                                       kernel_size = 3),
73                                   nn.ReLU(),
74                                   nn.BatchNorm2d(16),
75                                   nn.MaxPool2d(kernel_size = 2,
76                                               stride = 2))
77                                   # (, 16, 111, 111)
78
79          self.layer2 = nn.Sequential(
80                               nn.Conv2d(16, 32, kernel_size = 3),
81                               nn.ReLU(),
82                               nn.BatchNorm2d(32),
83                               nn.MaxPool2d(kernel_size = 2, stride = 2))
84                               #(, 32, 54, 54)
85
86          self.layer3 = nn.Sequential(
87                               nn.Dropout(0.2),
88                               nn.Flatten(),
89                               nn.Linear(32 * 54 * 54, 2),
90                               #nn.Softmax(dim = 1),
91                                   )
92
93      def forward(self, x):
94          x = self.layer1(x)
95          x = self.layer2(x)
96          x = self.layer3(x)
97          return x               #F.log_softmax(x, dim = 1)
98
99  DEVICE = 'cuda' if torch.cuda.is_available() else 'cpu'
100 model = ConvNet().to(DEVICE)
101 summary(model, torch.Size([3, 224, 224]), device = DEVICE)
102
103 #3-1
104 loss_fn  = torch.nn.CrossEntropyLoss()        # torch.nn.MSELoss()
105 optimizer = torch.optim.Adam(model.parameters(), lr = 0.001)
106 #scheduler = StepLR(optimizer, step_size = 5, gamma = 0.1)
107
108 #3-2
109 ##iter_per_epoch = int(np.ceil(train_size /
110                         train_loader.batch_size))
111 ##print(" iter_per_epoch=", iter_per_epoch)
112
113 loss_list = []
114 print('training.....')
115
```

```
116  model.train()
117  for epoch in range(10):
118      correct = 0
119      batch_loss = 0.0
120      for i, (X, y) in enumerate(train_loader):
121          X, y = X.to(DEVICE), y.to(DEVICE)
122          optimizer.zero_grad()
123          out = model(X)
124
125          loss = loss_fn(out, y)
126          loss.backward()
127          optimizer.step()
128          #scheduler.step()
129
130          batch_loss += loss.item() * X.size(0)        # mean -> sum
131          y_pred = out.max(1)[1]
132          correct += y_pred.eq(y.max(1)[1]).sum().item()
133
134      batch_loss /= train_size
135
136      loss_list.append(batch_loss)
137      train_accuracy = correct / train_size
138      print("Epoch={}: batch_loss={}, train_accuracy={:.4f}".format(
139                          epoch, batch_loss, train_accuracy))
140
141  #3-3
142  print('testing.....')
143  model.eval()
144  with torch.no_grad():
145      correct = 0
146      batch_loss = 0.0
147      for i, (X, y) in enumerate(test_loader):
148          X, y = X.to(DEVICE), y.to(DEVICE)
149          out = model(X)
150          loss = loss_fn(out, y)
151
152          b_loss = loss.item() * X.size(0)              # mean -> sum
153          batch_loss += b_loss
154
155          y_pred = out.max(1)[1]
156          correct += y_pred.eq(y.max(1)[1]).sum().item()
157
158      batch_loss /= test_size
159      test_accuracy = correct / test_size
160      print("test_set: batch_loss={}, test_accuracy={:.4f}".\
161          format(batch_loss, test_accuracy))
```

```
162
163  #4
164  dummy_input = torch.randn(1, 3, 224, 224).to(DEVICE)  # x_train
165  torch.onnx.export(model, dummy_input, "./dnn/Petimages.onnx")
```

실행 결과

```
train_ds.class_to_idx = {'Cat': 0, 'Dog': 1}
train_ds.classes= ['Cat', 'Dog']
train_size= 24998
test_size= 24998
training.....
Epoch=0: batch_loss=4.409118432714058, train_accuracy=0.6206
...
Epoch=9: batch_loss=0.48715647611821, train_accuracy=0.7892
testing.....
test_set: batch_loss=0.4100498377690268, test_accuracy=0.8197
```

프로그램 설명

1 torchvision.datasets.ImageFolder()를 이용하여 './Petimages' 폴더 아래 ('Cat', 'Dog') 폴더영상을 이용하여 모델을 훈련하는 방법을 설명한다.

2 #1-1의 data_transform은 transforms.Compose()를 사용하여 영상을 랜덤 수평 뒤집기, 랜덤 회전, 영상의 (H, W)에서 작은 쪽 크기를 256 크기로 조정, 중앙에서 224×224 크기로 자르기, 텐서변환, [-1, 1]로 화소 값을 정규화 변환한다.

3 #1-2의 target_1hot은 transforms.Lambda()로 레이블을 num_class = 2의 원-핫 엔코딩으로 변환한다.

4 #1-3은 datasets.ImageFolder()로 TRAIN_PATH에서 훈련 데이터셋(train_ds)을 생성한다. 영상은 transform = data_transform에 의해 변환되고, 레이블은 target_transform = target_1hot에 의해 원-핫 엔코딩 된다.
train_ds.class_to_idx = {'Cat': 0, 'Dog': 1}, train_ds.classes = ['Cat', 'Dog']이다.

5 #1-4는 DataLoader()로 train_ds에서 batch_size = 64, shuffle = True로 훈련 데이터 로더 train_loader를 생성한다. shuffle = False로 테스트 데이터 로더 test_loader를 생성한다. train_size = 24998, test_size = 249980이다.

6 #2는 nn.Module에서 상속받아 합성곱 신경망 ConvNet 클래스를 정의한다. forward() 메서드를 재정의하여 모델의 전방향 계산과정을 정의한다. ConvNet().to(DEVICE)로 DEVICE에서 모델 model을 생성한다. torchsummary로 모델 구조를 출력한다. 모델의 입력 크기는 C = 3, H = 224, W = 224이다.

7 #3-1은 loss_fn, optimizer를 정의한다. #3-2는 model.train()의 훈련모드로 10 에폭 모델을 훈련한다. 각 에폭에서 train_loader.batch_size = 64일 때, train_loader에 의해 iter_per_epoch = 938회 반복하며 모델을 미니 배치 훈련한다. 영상은 X, 레이블은 y에 로드

하고, to(DEVICE)로 CPU 또는 GPU 텐서로 변경한다. model(X)의 출력(out)을 계산한다. loss_fn(out, y)로 손실 오차 loss를 계산한다. loss.backward()는 손실 오차의 그래디언트를 계산한다. optimizer.step()는 optimizer로 파라미터를 갱신한다. out.max(1)[1]로 예측한 정수 레이블 y_pred을 계산하고, 정답 레이블(y.max(1)[1])과 같은 횟수를 correct에 계산한다. 훈련 데이터의 정확도 train_accuracy와 손실 오차 batch_loss를 출력한다.

8️⃣ #3-3은 model.eval()의 평가 모드에서 자동 그래디언트 계산을 해제하고, 테스트 데이터의 손실과 정확도를 계산한다.

9️⃣ #4는 torch.onnx.export()로 훈련된 모델 model을 "./dnn/Petimages.onnx" 파일에 저장한다.

🔟 폴더를 접근하여 영상을 읽기 때문에 실행속도가 매우 느리다.

CHAPTER `05` OpenCV DNN 모듈

최근 인공지능, 머신러닝 분야에서 가장 주목받는 분야가 딥러닝 Deep Learning이다. OpenCV의 DNN Deep Neural Networks 모듈(cv2.dnn)은 Caffe, Darknet, ONNX, TensorFlow, Torch 등의 주요 딥러닝 프레임워크로 훈련된 모델을 로드하여, 입력 영상에 대한 순방향 forward 출력을 계산한다([그림 5.1]).

5장에서는 TensorFlow, PyTorch 등으로 훈련된 모듈(*.pb, *.onnx)을 OpenCV에서 로드하여 영상을 분류하는 방법을 설명한다. 6장에서는 YOLO의 물체검출을 설명하고, 7장에서는 R-CNN, SSD 등으로 훈련된 모델을 이용한 물체를 검출 방법을 설명한다.

ONNX Open Neural Network Exchange는 서로 다른 머신러닝, 딥러닝 프레임워크 사이의 모델 변환과 실행환경을 지원하는 개방형 표준이다. DNN 모델로 로드할 수 없는 ONNX opset 버전은 onnxruntime을 이용하여 실행한다.

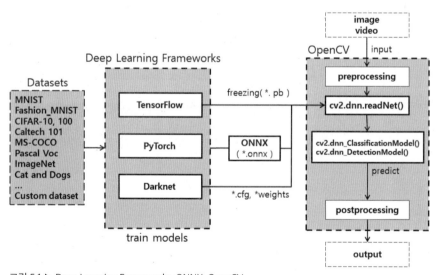

그림 5.1 ▷ Deep Learning Frameworks, ONNX, OpenCV

DNN Deep Neural Networks 모듈 `01`

딥러닝 모델 가져오기 `01`

cv2.dnn.readNet()는 TensorFlow, Torch, Darknet 등의 딥러닝 프레임워크로 훈련된 모듈을 OpenCV의 DNN 모듈의 객체(dnn_Net)에 로드한다. 딥러닝 프레임워크 별로 제공되는 함수를 사용할 수 있다.

TensorFlow 모델은 동결하거나, ONNX로 변환한다. PyTorch 모델은 ONNX 형식으로 저장한다. Darknet은 YOLO 개발자로 유명한 Joseph Redmon에 의해 C언어로 구현된 딥러닝 프레임워크이다. Darknet 모델 구조와 가중치를 OpenCV의 DNN 모듈로 로드한다.

```
cv2.dnn.readNet( model[, config[, framework]]) -> net
cv2.dnn.readNetFromTensorflow( model[, config]) -> net
cv.dnn.readNetFromONNX(onnxFile) -> net
cv2.dnn.readNetFromDarknet( cfgFile[, darknetModel] ) -> net
```

1. readNet()는 DNN 모듈이 지원하는 모든 딥러닝 프레임워크를 로드할 수 있다. model은 훈련된 가중치를 포함하는 이진파일이다. TensorFlow(*.pb), ONNX(*.onnx), Darknet(*.weights) 파일이다. config는 네트워크 구조를 포함하는 텍스트 파일이다. TensorFlow(*.pbtxt), Darknet(*.cfg) 파일이다.

2. readNetFromONNX(), readNetFromDarknet()는 각각 TensorFlow, ONNX, Darknet 모델을 로드한다.

3. 반환값 net은 dnn_Net 객체이다.

4차원 텐서 벡터 blob 생성 `02`

DNN(cv2.dnn) 모듈은 디폴트로 NCHW(batchs, channels, height, width) 형식의 4차원 텐서를 사용한다. Numpy 또는 cv2.dnn.blobFromImage()를 이용하여 입력 배열의 모양을 변경한다.

np.expand_dims(x, axis)는 축을 추가하여 차원을 확장한다.

np.squeeze(x, axis = None)는 길이 1인 축을 제거한다.

np.transpose(x, axes = None)는 축의 순서를 변경한다.

np.swapaxes(x, axis1, axis2)는 두 축을 교환한다. np.reshape()은 모양을 변경한다.

```
>>> import numpy as np
>>> x = np.ones((100, 200, 3))
>>> x = np.expand_dims(x,axis = 0)
>>> x.shape
(1, 100, 200, 3)
>>> x = np.transpose(x, (0, 3, 1, 2)) # x = x.transpose((0, 3, 1, 2))
>>> x.shape
(1, 3, 100, 200)
>>> x = np.swapaxes(x, 2, 3)          # x = x.swapaxes(2, 3)
>>> x.shape
(1, 3, 200, 100)
>>> x = np.squeeze(x)                 # x = x.squeeze()
>>> x.shape
(3, 200, 100)
>>> x = np.reshape(x, (3, -1))        # x = x.reshape((3, -1))
>>> x.shape
(3, 20000)
```

cv2.dnn.blobFromImage()는 영상 image을 전처리하고, NCHW 형식의 4-차원 텐서 blob를 반환한다.

```
cv2.dnn.blobFromImage((image[, scalefactor[, size[, mean[,
                  swapRB[, crop]]]]) -> blob
cv2.dnn.blobFromImages(images[, scalefactor[, size[, mean[,
                  swapRB[, crop[, ddepth]]]]]]) -> retval
```

1 blobFromImage()는 입력 영상 image을 네트워크 입력을 위한 4차원 텐서로 변환한다. image는 1, 3, 4 채널의 영상이다.

2 blobFromImages()는 입력 영상 시퀀스 images를 텐서플로 입력을 위한 4차원 텐서로 변환한다.

3 blob(n, c, y, x) = scalefactor * (resize(frame(y, x, c)) - mean(c))로 계산한다. 즉, 변환순서는 크기 size, 평균 mean 뺄셈, 스케일 scalefactor, 채널

변경 swapRB 순서이다. scalefactor는 영상 화소를 스케일 한다. size는 출력
영상 크기이다. mean은 영상의 평균을 이동시킨다. swapRB = True이면
RB 채널을 교환한다. crop = True이면 먼저 영상의 한쪽 면을 size에 일치
시켜 변경하고, 중앙에서 size 크기로 잘라낸다. 가로세로가 같은 영상은 crop에
의한 영향이 없다.

dnn_Net 객체 메서드 03

cv2.dnn.readNet() 등으로 딥러닝 프레임워크를 로드한 dnn_Net 객체 net의 메서드를
이용하여 네트워크 층의 정보를 얻고, 입력을 설정하고, 출력을 계산한다. net.setInput()는
네트워크의 입력을 설정한다. net.forward()는 입력에 대해 순방향 forward으로 출력을
계산한다.

```
# get name, id of layers
net.getLayerNames() -> ret
net.getLayerId(layer_name) -> ret       # layer name  -> layer id
net.getLayerTypes() -> layersTypes
net.getUnconnectedOutLayers()-> ret    #  indexes of layers
net.getUnconnectedOutLayersNames() -> ret # names of layers
net.getLayer(layerId) -> ret              # pointer to layer
net.getLayersShapes(netInputShapes)
        -> layersIds, inLayersShapes, outLayersShapes
# set input, forward pass to compute output of layer
net.setInput(blob[, name[, scalefactor[, mean]]])
        -> None                           # Sets the new input value
net.forward([, outputName]) -> ret
net.forward([, outputBlobs[, outputName]]) -> outputBlobs
```

1 getLayerNames()는 층 이름을 리스트로 반환한다.

2 getLayerId()은 층 이름 layer_name에 대한 층 식별번호 id를 반환한다.

3 net.getLayerTypes()는 층 종류를 리스트로 반환한다.

4 net.getUnconnectedOutLayers()는 연결되지 않은 출력층의 식별번호를
배열로 반환한다.

⑤ getUnconnectedOutLayersNames()는 연결되지 않은 출력층의 이름을 배열로 반환한다.

⑥ net.getLayer()는 layerId 층의 포인터 dnn_Layer를 반환한다. ret.blobs로 파라미터를 알 수 있다.

⑦ net.getLayersShapes()는 모델의 모든 층에 대한 입출력 모양을 반환한다.

⑧ setInput()는 blob를 네트워크의 입력으로 설정한다. scalefactor, mean은 다음과 같이 입력을 변환한다.

$$input(n, c, h, w) = scalefactor \times (blob(n, c, h, w) - mean)$$

⑨ forward()는 전체 네트워크에 대해 순방향 forward으로 입력에 대한 출력을 계산하고 결과를 반환한다.

04 cv2.dnn_ClassificationModel()

DNN 모듈의 고수준 API인 Model 클래스에서 상속받은 ClassificationModel는 분류 모델 클래스이다.

```
cv2.dnn_ClassificationModel(model[, config])
        -> <dnn_ClassificationModel object>
cv2.dnn_ClassificationModel(network)
        -> <dnn_ClassificationModel object>
cv2.dnn_ClassificationModel.classify(frame)
        -> classId, conf
cv2.dnn_Model.predict(frame[, outs]) -> outs
cv2.dnn_Model.setInputParams([, scale[, size[, mean[,
        swapRB[, crop]]]]]) -> None
```

① model은 훈련된 가중치를 포함한 이진파일이고, config는 네트워크 구성 텍스트 파일이다.

② network은 cv2.dnn.readNet()으로 생성한 모델이다.

③ classify()는 영상 frame을 분류하여 classId, conf를 반환한다.

④ predict()는 frame 영상의 출력 outs을 반환한다.

5 cv2.dnn_Model.setInputParams()는 영상에 대한 전처리를 설정한다. 파라
미터는 cv2.dnn.blobFromImage()와 같은 의미이다([예제 5.1] 참조).

예제 5.1	blobFromImage(): (1, C, H, W)

```python
01  # 0501.py
02  '''
03  ref: OpenCV(source) : dnn.cpp
04  '''
05  import cv2
06  import numpy as np
07
08  #1
09  src = cv2.imread('./data/elephant.jpg')          # BGR
10  print("src.shape=", src.shape)                   # (533, 800, 3)
11
12  #2
13  def blobFromImage(src, scalefactor = 1.0, size = None,
14                    mean = None, swapRB = False, crop = False):
15  #2-1
16      size_w, size_h = size
17      src_h,  src_w  = src.shape[:2]
18
19  #2-2
20      if crop:
21          resizeFactor = max(size_w / src_w, size_h / src_h)
22          # interpolation = cv2.INTER_LINEAR)
23          resize_img = cv2.resize(src, None, fx = resizeFactor,
24                                  fy = resizeFactor)
25          #print("resize_img.shape=", resize_img.shape)
26          #cv2.imshow("resize_img", resize_img)
27
28          x = round((resize_img.shape[1] - size_w) / 2)
29          y = round((resize_img.shape[0] - size_h) / 2)
30
31          img = resize_img[y:y + size_h, x:x + size_w]
32      else:
33          img = cv2.resize(src, size)
34
35  #2-3
36      if swapRB:
37          mean = mean.tolist()                     # list(mean)
38          mean[2], mean[0] = mean[0], mean[2]
39
```

```
40  #2-4
41      if mean:
42          img = img - mean
43
44  #2-5
45      img = img * scalefactor
46
47  #2-6
48      if swapRB:
49          img = img[:, :, ::-1]
50
51  #2-7
52      img = img.transpose([2, 0, 1])              # CHW
53      img = np.expand_dims(img, axis = 0)         # NCHW
54      return np.float32(img)
55
56  #3
57  #3-1
58  blob = blobFromImage(src, size = (300, 224), crop = True)
59
60  #3-2
61  blob2 = cv2.dnn.blobFromImage(src, size = (300, 224), crop = True)
62
63  print("blob.shape=", blob.shape)               # (1, 3, 224, 300)
64  print("blob2.shape=", blob2.shape)             # (1, 3, 224, 300)
65  print("np.allclose(blob, blob2)=",
66          np.allclose(blob, blob2))              # np.sum(blob == blob2)
67
68  #4
69  #4-1
70  blob= blob.squeeze()                           # CHW
71  blob = blob.transpose([1, 2, 0])               # HWC
72  blob = np.uint8(blob)
73  cv2.imshow("blob", blob)
74
75  #4-2
76  blob2 = blob2.squeeze()                         # CHW
77  blob2 = blob2.transpose([1, 2, 0])             # HWC
78  blob2 = np.uint8(blob2)
79  cv2.imshow("blob2", blob2)
80
81  cv2.waitKey()
82  cv2.destroyAllWindows()
```

프로그램 설명

1 cv2.dnn.blobFromImage()를 이해하기 위하여, OpenCV 소스('dnn.cpp')를 참고하여 blobFromImage() 함수를 구현한다. #1은 영상을 src에 로드한다.

2 #2는 cv2.dnn.blobFromImage() 같이 동작하는 blobFromImage() 함수를 정의한다. #2-1은 원본 영상의 크기 src_h, src_w와 출력 영상 크기 $size\_w$, $size\_h$를 저장한다. size = (width, height)의 순서이다.

3 #2-2는 영상 크기를 변경한다. crop = True이면, size_w / src_w, size_h / src_h 비율 중 큰 값을 resizeFactor로 하여 cv2.resize()에서 같은 비율로 size의 한쪽 크기를 같게 한 영상 $resize\_img$을 생성하고, 중앙에서 size 크기로 자르기하여 img에 저장한다.

crop = False이면 cv2.resize(src, size)로 크기를 img에 변경한다.

4 #2-3은 swapRB = True이면 mean[0], mean[2]를 교환한다.

5 #2-4는 영상 img의 각 화소에서 평균 $mean$을 뺄셈한다. #2-5는 scale을 곱한다.

6 #2-6은 swapRB = True이면, 채널 순서를 변경한다.

7 #2-7에서 img = img.transpose([2, 0, 1])는 CHW 순서로 축을 변경하고, img = np.expand_dims(img, axis = 0)는 NCHW 형식으로 변경한다. np.float32(img)로 반환한다.

8 #3-1은 blobFromImage()로 영상 src을 size = (300, 224), crop = True로 변환하여 blob를 생성한다. blob.shape = (1, 3, 224, 300)이다.

#3-2는 cv2.dnn.blobFromImage()로 영상 src을 size = (300, 224), crop = True로 변환하여 blob2를 생성한다. blob와 같다.

9 #4-1은 blob를 영상으로 표시한다. #4-2는 blob2를 영상으로 표시한다. [그림 5.2]는 blobFromImage()의 결과이다. [그림 5.2](a)는 crop = False의 결과로 전체 영상을 size로 크기 변환한 영상이다. [그림 5.2](b)는 crop = True의 결과로 세로 크기를 224로 일치시켜 (224, 336) 크기로 변환한 다음에 중앙에서 자르기한 영상이다.

(a) crop = False

(b) crop = True

그림 5.2 ▷ blobFromImage(src, size = (300, 224), crop)

예제 5.2 cv2.dnn.blobFromImages(): (N, C, H, W)

```
01 # 0502.py
02 import cv2
03 import numpy as np

04
05 #1
06 src1 = cv2.imread('./data/elephant.jpg')      # (533, 800, 3), BGR
07 src2 = cv2.imread('./data/eagle.jpg')         # (512, 773, 3), BGR
08 print("src1.shape=", src1.shape)
09 print("src2.shape=", src2.shape)

10
11 #2
12 blobs = cv2.dnn.blobFromImages([src1, src2],
13                                 size = (300, 224), crop = True)
14 print("blobs.shape=", blobs.shape)

15
16 #3
17 for i in range(blobs.shape[0]):
18     img = blobs[i].transpose([1, 2, 0])
19     img = np.uint8(img)                        # img.astype(np.uint8)
20     cv2.imshow("blobs[%d]"%i, img)
21     cv2.waitKey()
22 cv2.destroyAllWindows()
```

▷ **프로그램 설명**

1 cv2.dnn.blobFromImages()는 여러 장의 영상을 NCHW 형식으로 변환한다. #1은 src1, src2에 영상을 로드한다.

2 #2는 cv2.dnn.blobFromImages()로 영상 리스트([src1, src2])를 size = (300, 224), crop = True로 변환하여 blobs를 생성한다. blobs.shape = (2, 3, 224, 300)이다.

3 #3은 blobs의 각 영상을 cv2.imshow()로 표시한다. img = blobs[i].transpose([1, 2, 0])는 blobs[i]를 HWC 형식으로 변환하여 img.shape = (224, 300, 3)이다. img = np.uint8(img)은 img 형식을 8비트 데이터로 변경한다.

02 DNN을 이용한 모델 분류

DNN(cv2.dnn) 모듈을 이용하여 TensorFlow, ONNX 형식의 훈련 모델을 로드하고,

XOR 2-클래스 분류, Iris 데이터 분류, MNIST 데이터 분류를 설명한다. 여기서 사용한
훈련 모델은 4장에서 TensorFlow(*.pb)와 PyTorch(*.onnx)로 훈련된 파일이다.

예제 5.3	DNN 1: XOR 분류

```
01 # 0503.py
02 import cv2
03 import numpy as np
04 import matplotlib.pyplot as plt
05
06 #1: load model
07
08 TENSORFLOW, ONNX = 1, 2
09
10 net_type = TENSORFLOW                              # net_type = ONNX
11 if net_type == TENSORFLOW:
12     net = cv2.dnn.readNet('./dnn/XOR.pb')
13 else: # ONNX
14     net = cv2.dnn.readNet('./dnn/XOR.onnx')
15     #net = cv2.dnn.readNet('./dnn/XOR2.onnx')
16     # by tf2onnx with SavedModel
17     #net = cv2.dnn.readNet('./dnn/XOR3.onnx')
18
19 #2
20 ##net.setPreferableBackend(cv2.dnn.DNN_BACKEND_CUDA)
21 ##net.setPreferableTarget( cv2.dnn.DNN_TARGET_CUDA)
22
23 ##layersIds, inLayersShapes, outLayersShapes =
24 #               net.getLayersShapes((4, 1, 1, 2))
25 print('net.getLayerNames() =', net.getLayerNames())
26 print('net.getUnconnectedOutLayersNames()=',
27                 net.getUnconnectedOutLayersNames())
28
29 #3: classify X
30 X = np.array([[0, 0],
31              [0, 1],
32              [1, 0],
33              [1, 1]], dtype = np.float32)
34 y = np.array([0, 1, 1, 0],
35              dtype = np.float32)               # XOR, set y for display
36
37 blob = X.reshape(-1, 1, 1, 2)
38 net.setInput(blob)
39 y_out = net.forward()
40 y_pred = np.argmax(y_out, axis = 1)
```

```
41  print('y_pred =', y_pred)
42
43  #4
44  h = 0.01
45  xx, yy = np.meshgrid(np.arange(0 - 2 * h, 1 + 2 * h, h),
46                       np.arange(0 - 2 * h, 1 + 2 * h, h))
47
48  sample = np.c_[xx.ravel(), yy.ravel()]
49
50  sample = sample.reshape((-1, 1, 1, 2))
51  net.setInput(sample)
52  out = net.forward()
53
54  pred = np.argmax(out, axis = 1)
55  pred = pred.reshape(xx.shape)
56
57  #5
58  ax = plt.gca()
59  ax.set_aspect('equal')
60
61  plt.contourf(xx, yy, pred, cmap = plt.cm.gray)
62  plt.contour(xx, yy, pred, colors = 'red', linewidths = 1)
63
64  class_colors = ['blue', 'red']
65  for label in range(2):      # 2 class
66      plt.scatter(X[y == label, 0], X[y == label, 1], 50,
67                  class_colors[label], 'o')
68  plt.show()
```

프로그램 설명

1 #1은 net_type에 따라 훈련 모델('XOR.pb', 'XOR.onnx')을 net에 로드한다.

2 CUDA를 포함하여 빌드한 OpenCV는 #2와 같이 cv2.dnn.DNN_BACKEND_CUDA, cv2.dnn.DNN_TARGET_CUDA를 설정하여 NVIDIA GPU에서 DNN을 사용할 수 있다(기본 설치는 OpenCV에서 CPU 버전이다). net.getLayerNames()는 net의 계층이름을 반환한다. net.getUnconnectedOutLayersNames()는 출력층의 이름을 반환한다.

3 #3은 테스트 데이터 X를 net에 입력하여 분류한다. y는 #5에서 데이터(X)를 구분하여 표시하기 위해 사용한다. X의 각 행에 있는 데이터를 네트워크에 입력하기 위해 X를 blob.shape = (4, 1, 1, 2)의 blob로 변경한다. 4개의 2차원 데이터가 NCHW 형식에서 W에 위치한다. (4, 1, 2, 1), (4, 2, 1, 1) 모양도 가능하다. net.setInput(blob)는 네트워크의 입력 blob을 설정한다. net.forward()는 입력 blob에 대해 출력 y_out을 계산한다. np.argmax()로 y_out에서 큰 값의 인덱스를 찾아 y_pred로 분류한다.

4 #4는 h = 0.01, 가로세로 [-2h, 1 + 2h]의 범위의 그리드로 sample 데이터를 생성한다.

sample = sample.reshape((-1, 1, 1, 2))로 모양을 변경하고, net.setInput() 입력 ^{sample}을 설정한다. net.forward()로 sample의 출력 ^{out}을 계산한다. np.argmax()로 분류 레이블 ^{pred}을 찾는다.

⑤ #5는 plt.contourf()로 pred의 분류 경계를 colors = 'red' 컬러로 표시한다. plt.scatter()로 x_train을 레이블에 따라 'blue', 'red'로 구분하여, marker = 'o'로 표시한다.

⑥ [그림 5.3]은 XOR 모델을 로드하여 분류한 결과이다. [그림 5.3](a)은 TensorFlow로 훈련된 모델('XOR.pb')을 로드하여 분류한 결과이다. [그림 5.3](b)은 PyTorch 모델을 ONNX로 변환한 모델('XOR.onnx')로 분류한 결과이다.

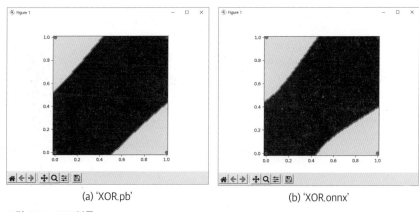

(a) 'XOR.pb' (b) 'XOR.onnx'

그림 5.3 ▷ XOR 분류

예제 5.4 | DNN 2: Iris 데이터 분류

```
01 # 0504.py
02 import cv2
03 import numpy as np
04 import matplotlib.pyplot as plt
05
06 #1:
07 TENSORFLOW, ONNX = 1, 2
08 net_type =  TENSORFLOW                # ONNX
09 if net_type == TENSORFLOW:
10     net = cv2.dnn.readNet('./dnn/IRIS.pb')
11     ##net = cv2.dnn.readNetFromTensorflow('./dnn/IRIS.pb')
12 else:
13     net = cv2.dnn.readNet('./dnn/IRIS.onnx')
14     #net = cv2.dnn.readNetFromONNX('./dnn/IRIS.onnx')
15
```

```python
16 #2: load data
17 def load_Iris():
18     label = {'setosa':0, 'versicolor':1, 'virginica':2}
19     data = np.loadtxt("./data/iris.csv", skiprows = 1,
20                 delimiter = ',',
21                 converters = {4: lambda name: label[name.decode()]})
22     return np.float32(data)
23 iris_data = load_Iris()
24
25 np.random.seed(1)
26 def train_test_split(iris_data, ratio = 0.8, shuffle = True):
27                             # train: 0.8, test: 0.2
28     if shuffle:
29         np.random.shuffle(iris_data)
30
31     n = int(iris_data.shape[0] * ratio)
32     x_train = iris_data[:n, :-1]
33     y_train = iris_data[:n, -1]
34
35     x_test = iris_data[n:, :-1]
36     y_test = iris_data[n:, -1]
37     return (x_train, y_train), (x_test, y_test)
38
39 (x_train, y_train), (x_test, y_test) = train_test_split(iris_data)
40
41 #3: classify and accuracy
42 #3-1
43 def calcAccuracy(y_true, y_pred, percent = True):
44     N = y_true.shape[0]         # number of data
45     accuracy = np.sum(y_pred == y_true) / N
46     if percent:
47         accuracy *= 100
48     return accuracy
49
50 #3-2: classify x_train
51 blob = x_train.reshape(-1, 1, 1, 4)     # blob.shape= (120, 1, 1, 4)
52 net.setInput(blob)
53 y_out = net.forward()
54 y_pred = np.argmax(y_out, axis = 1)
55 train_accuracy = calcAccuracy(y_train, y_pred)
56 print('train_accuracy ={:.2f}%'.format(train_accuracy))
57
58 #3-3: classify x_test
59 blob = x_test.reshape(-1, 1, 1, 4)      # blob.shape= (30, 1, 1, 4)
60 net.setInput(blob)
```

```
61  y_out = net.forward()
62  y_pred = np.argmax(y_out, axis = 1)
63  test_accuracy = calcAccuracy(y_test, y_pred)
64  print('test_accuracy ={:.2f}%'.format(test_accuracy))
```

> **실행 결과 1: net_type = TENSORFLOW**

    train_accuracy =99.17%
    test_accuracy =90.00%

> **실행 결과 2: net_type = ONNX**

    train_accuracy =99.17%
    test_accuracy =96.67%

> **프로그램 설명**

1 #1은 net_type에 따라 훈련 모델('IRIS.pb', 'IRIS.onnx')을 net에 로드한다.

2 #2는 붓꽃 데이터를 훈련 데이터 x_train, y_train와 테스트 데이터 x_test, y_test에 로드한다.

3 #3-1의 calcAccuracy()는 y_true, y_pred를 비교하여 정확도를 계산한다.

4 #3-2는 x_train을 blob로 변경하고 모델에 입력하여 분류한다. x_train을 blob.shape = (120, 1, 1, 4)의 blob로 변경한다. 120개의 4차원 데이터가 NCHW 형식에서 W에 위치한다. net. setInput()로 네트워크의 입력 $blob$을 설정한다. net.forward()는 입력 $blob$에 대해 출력 y_out을 계산한다. np.argmax()로 y_out에서 분류 레이블 y_pred을 찾는다. calcAccuracy(y_train, y_pred)는 훈련 데이터 정확도 $train\_accuracy$를 계산한다.

5 #3-3은 x_test을 blob로 변경하고 모델에 입력하여 분류한다. x_test를 blob.shape = (30, 1, 1, 4)의 blob로 변경한다. net.setInput()로 네트워크의 입력 $blob$을 설정한다. net.forward()는 입력 $blob$에 대해 출력 y_out을 계산한다. np.argmax()로 분류 레이블 y_pred을 찾는다. calcAccuracy(y_test, y_pred)는 테스트 데이터 정확도 $test\_accuracy$를 계산한다. 정확도는 로드한 훈련 모델에 따라 달라진다.

> **예제 5.5 | DNN 3: MNIST 데이터 분류 1(Dense)**

```
01  # 0505.py
02  import gzip
03  import cv2
04  import numpy as np
05  import matplotlib.pyplot as plt
06
07  #1:
08  TENSORFLOW, ONNX = 1, 2
09  net_type =  TENSORFLOW                    # ONNX
10  if net_type == TENSORFLOW:
11      net = cv2.dnn.readNet('./dnn/MNIST_DENSE.pb')
12      ##net = cv2.dnn.readNetFromTensorflow('./dnn/MNIST_DENSE.pb')
```

```python
13  else:
14      net = cv2.dnn.readNet('./dnn/MNIST_DENSE.onnx')
15      #net = cv2.dnn.readNetFromONNX('./dnn/MNIST_DENSE.onnx')
16
17  #2
18  import mnist                    # mnist.py
19  (x_train, y_train), (x_test, y_test) =
20              mnist.load(flatten = True, normalize = True)
21
22  #3: classify and accuracy
23  #3-1
24  def calcAccuracy(y_true, y_pred, percent = True):
25      N = y_true.shape[0]        # number of data
26      accuracy = np.sum(y_pred == y_true) / N
27      if percent:
28          accuracy *= 100
29      return accuracy
30
31  #3-2: classify x_train
32  n = x_train.shape[1]           # 784
33  blob = x_train.reshape(-1, 1, 1, n) # blob.shape = (60000, 1, 1, 784)
34  net.setInput(blob)
35  y_out = net.forward()
36  y_pred = np.argmax(y_out, axis = 1)
37  train_accuracy = calcAccuracy(y_train, y_pred)
38  print('train_accuracy ={:.2f}%'.format(train_accuracy))
39
40  #3-3: classify x_test
41  n = x_test.shape[1]            # 784
42  blob = x_test.reshape(-1, 1, 1, n)  # blob.shape= (10000, 1, 1, 784)
43  net.setInput(blob)
44  y_out = net.forward()
45  y_pred = np.argmax(y_out, axis = 1)
46  test_accuracy = calcAccuracy(y_test, y_pred)
47  print('test_accuracy ={:.2f}%'.format(test_accuracy))
```

실행 결과 1: net_type = TENSORFLOW

```
train_accuracy =99.00%
test_accuracy =95.27%
```

실행 결과 2: net_type = ONNX

```
train_accuracy =98.78%
test_accuracy =94.91%
```

프로그램 설명

1 #1은 훈련 모델('MNIST_DENSE.pb', 'MNIST_DENSE.onnx')을 net에 로드한다.

2 #2는 mnist.py를 임포트하여, mnist.load(flatten = True, normalize = True)로 훈련 데이터 x_{train}, y_{train}와 테스트 데이터 x_{test}, y_{test}를 로드한다.

3 #3-1의 calcAccuracy()는 y_true, y_pred를 비교하여 정확도를 계산한다.

4 #3-2는 x_train을 blob로 변경하고 모델에 입력하여 분류한다. x_train을 blob.shape = (60000, 1, 1, 784)의 blob에 저장한다. net.setInput()로 네트워크의 입력 $blob$을 설정한다. net.forward()는 입력 $blob$에 대해 출력 y_{out}을 계산한다. np.argmax()로 y_out에서 분류 레이블 y_{pred}을 찾는다. calcAccuracy(y_train, y_pred)는 훈련 데이터 정확도 $train_{accuracy}$를 계산한다.

5 #3-3은 x_test을 blob로 변경하고 모델에 입력하여 분류한다. x_test를 blob.shape = (10000, 1, 1, 784)의 blob에 저장한다. net.setInput()로 네트워크의 입력 $blob$을 설정한다. net.forward()는 입력 $blob$에 대해 출력 y_{out}을 계산한다. np.argmax()로 분류 레이블 y_{pred}을 찾는다. calcAccuracy(y_test, y_pred)는 테스트 데이터 정확도 $test_{accuracy}$를 계산한다. 정확도는 로드한 훈련 모델에 따라 달라진다.

예제 5.6	DNN 4: MNIST 데이터 분류 2(CNN)

```
01  # 0506.py
02  import gzip
03  import cv2
04  import numpy as np
05  import matplotlib.pyplot as plt
06
07  #1:
08  TENSORFLOW, ONNX = 1, 2
09  net_type = TENSORFLOW                    # ONNX
10  if net_type == TENSORFLOW:
11      net = cv2.dnn.readNet('./dnn/MNIST_CNN.pb')
12  else:
13      net = cv2.dnn.readNet('./dnn/MNIST_CNN.onnx')
14
15  #2
16  import mnist                             # mnist.py
17  (x_train, y_train), (x_test, y_test) =
18          mnist.load(flatten = False, normalize = True)
19
20  #3: classify and accuracy
21  #3-1
22  def calcAccuracy(y_true, y_pred, percent = True):
```

```
23      N = y_true.shape[0]              # number of data
24      accuracy = np.sum(y_pred == y_true) / N
25      if percent:
26          accuracy *= 100
27      return accuracy
28
29  #3-2: classify x_train
30  blob = np.expand_dims(x_train, axis = 1)
31                      # blob.shape = (60000, 1, 28, 28): HCHW
32  ##blob = cv2.dnn.blobFromImages(x_train)
33
34  net.setInput(blob)
35  y_out = net.forward()
36  y_pred = np.argmax(y_out, axis = 1)
37  train_accuracy = calcAccuracy(y_train, y_pred)
38  print('train_accuracy ={:.2f}%'.format(train_accuracy))
39
40  #3-3: classify x_test
41  #blob = np.expand_dims(x_test, axis = 1)
42          # blob.shape = (10000, 1, 28, 28)
43  blob = cv2.dnn.blobFromImages(x_test)
44
45  net.setInput(blob)
46  y_out = net.forward()
47  y_pred = np.argmax(y_out, axis = 1)
48  test_accuracy = calcAccuracy(y_test, y_pred)
49  print('test_accuracy ={:.2f}%'.format(test_accuracy))
```

> **실행 결과 1: net_type = TENSORFLOW**

train_accuracy =99.64%
test_accuracy =99.01%

> **실행 결과 2: net_type = ONNX**

train_accuracy =99.79%
test_accuracy =98.90%

> **프로그램 설명**

1 #1은 훈련 모델('MNIST_CNN.pb', 'MNIST_CNN.onnx')을 net에 로드한다.

2 #2는 mnist.py를 임포트하여, mnist.load(flatten = False, normalize = True)로 훈련 데이터 x_train, y_train와 테스트 데이터 x_test, y_test를 로드한다. x_train.shape = (60000, 28, 28), x_test.shape = (10000, 28, 28)의 영상이다.

3 #3-1의 calcAccuracy()는 y_true, y_pred를 비교하여 정확도를 계산한다.

4 #3-2는 x_train을 blob로 변경하고 모델에 입력하여 분류한다. x_train을 x_train을 blob.

shape = (60000, 1, 28, 28)의 blob에 저장한다. NCHW 형식(N = 60000, C = 1, H = 28, W = 28)이다. np.expand_dims(x_train,axis = 1)로 변경할 수 있다. net.setInput()로 네트워크의 입력을 설정한다. net.forward()는 입력 ^{blob}에 대해 출력 y_out을 계산한다. np.argmax()로 y_out에서 분류 레이블 y_pred을 찾는다. calcAccuracy(y_train, y_pred)는 훈련 데이터의 정확도 $train\_accuracy$를 계산한다.

5 #3-3은 x_test을 blob로 변경하고 모델에 입력하여 분류한다. x_test를 blob.shape = (10000, 1, 28, 28)의 blob에 저장한다. net.setInput()로 네트워크의 입력을 설정한다. net.forward()는 입력 ^{blob}에 대해 출력 y_out을 계산한다. np.argmax()로 분류 레이블 y_pred을 찾는다.

예제 5.7 MNIST의 CNN 모델을 이용한 숫자 인식(cv2.dnn_ClassificationModel)

```python
01  # 0507.py
02  import cv2
03  import numpy as np
04
05  #1
06  TENSORFLOW, ONNX = 1, 2
07  net_type =  TENSORFLOW                    # ONNX
08  if net_type == TENSORFLOW:
09      net = cv2.dnn.readNet('./dnn/MNIST_CNN.pb')
10  else:
11      net = cv2.dnn.readNet('./dnn/MNIST_CNN.onnx')
12
13  #2: high-level API
14  #model = cv2.dnn_ClassificationModel('./dnn/MNIST_CNN.pb')
15  #model = cv2.dnn_ClassificationModel('./dnn/MNIST_CNN.onnx')
16  model = cv2.dnn_ClassificationModel(net)
17  model.setInputParams(scale = 1 / 255, size = (28, 28))
18
19  #3:
20  def makeSquareImage(img):
21      height, width = img.shape[:2]
22      if width > height:
23          y0 = (width-height) // 2
24          resImg = np.zeros(shape = (width, width), dtype = np.uint8)
25          resImg[y0:y0+height, :] = img
26
27      elif width < height:
28          x0 = (height-width) // 2
29          resImg = np.zeros(shape = (height, height), dtype = np.uint8)
30          resImg[:, x0:x0+width] = img
31      else:
32          resImg = img
33      return resImg
```

```python
34
35 #4
36 colors = {'black':(0, 0, 0),      'white': (255, 255, 255),
37          'blue': (255, 0, 0) , 'red':   (0, 0, 255)}
38
39 def onMouse(event, x, y, flags, param):
40     if event == cv2.EVENT_MOUSEMOVE:
41         if flags & cv2.EVENT_FLAG_LBUTTON:
42             cv2.circle(src, (x, y), 10, colors['black'], -1) # draw
43             cv2.imshow('image', src)
44         elif flags & cv2.EVENT_FLAG_RBUTTON:
45             cv2.circle(src, (x, y), 10, colors['white'], -1) # erase
46             cv2.imshow('image', src)
47
48 src  = np.full((600, 600, 3), colors['white'], dtype = np.uint8)
49 cv2.imshow('image', src)
50 cv2.setMouseCallback('image', onMouse)
51
52 font = cv2.FONT_HERSHEY_SIMPLEX
53 x_img = np.zeros(shape = (28, 28), dtype = np.uint8)
54 kernel = np.ones((7, 7), np.uint8)
55
56 #5
57 while True:
58 #5-1
59     key = cv2.waitKey(25)
60     if   key == 27:                        # esc
61         break;
62     elif key == 32:                        # space
63         src[:, :] = colors['white']        # clear image
64         cv2.imshow('image',src)
65 #5-2
66     elif key == 13:                        # return
67         print("----classify....")
68         dst = src.copy()
69         gray = cv2.cvtColor(dst, cv2.COLOR_BGR2GRAY)
70         ret, th_img = cv2.threshold(gray, 125, 255,
71                                 cv2.THRESH_BINARY_INV)
72         th_img = cv2.dilate(th_img, kernel, 30)
73         contours, _=cv2.findContours(th_img, cv2.RETR_EXTERNAL,
74                                 cv2.CHAIN_APPROX_SIMPLE)
75 #5-3:
76         for i, cnt in enumerate(contours):
77             x, y, width, height = cv2.boundingRect(cnt)
78             area = width * height
```

```
79              if area < 1000: continue        # too small
80              cv2.rectangle(dst, (x, y),
81                            (x + width, y + height),
82                            colors['red'], 2)
83
84              x_img[:,:] = 0                   # black background
85              img = th_img[y:y + height, x:x + width]
86              img = makeSquareImage(img)
87
88              img = cv2.resize(img, dsize = (20, 20),
89                               interpolation = cv2.INTER_AREA)
90              x_img[4:24, 4:24] = img
91
92 #5-4: predict by net.forward()
93              #x_img = np.float32((x_img / 255))
94              #blob = cv2.dnn.blobFromImage(x_img)
95                      # blob.shape = (1, 1, 28, 28):NCHW
96          blob = cv2.dnn.blobFromImage(x_img,
97                                  scalefactor = 1 / 255)
98          net.setInput(blob)
99          y_out = net.forward()
100         digit = np.argmax(y_out, axis = 1)[0]
101         print('#4-4: digit=', digit)
102
103 #5-5: predict by model.classify(x_img)
104         digit, prob = model.classify(x_img)
105         print('#4-5: digit={}, prob={:.2f}'.format(digit, prob))
106         cv2.putText(dst, str(digit), (x, y),
107                     font, 2, colors['blue'], 3)
108
109     cv2.imshow('image', dst)
110 cv2.destroyAllWindows()
```

프로그램 설명

1 CNN을 이용한 필기체 숫자를 net.forward()와 model.classify(x_img)로 분류한다.

2 #1은 훈련 모델('MNIST_CNN.pb', 'MNIST_CNN.onnx')을 net에 로드한다. 마우스로 입력한 필기체 숫자를 훈련 모델로 인식한다([예제 5.6] 참조).

3 #2는 고수준 API를 사용하여 cv2.dnn_ClassificationModel(net)로 분류 모델 model을 생성한다. cv2.dnn_ClassificationModel('./dnn/MNIST_CNN.pb')와 같이 훈련 모델을 이용하여 직접 분류 모델을 생성할 수 있다.

4 #5의 반복문에서 스페이스 바 key = 32를 누르면 영상 src을 흰색으로 초기화한다. #5-2는 엔터 키 key = 13를 누르면 마우스로 입력한 영상 src을 dst에 복사하고, 이진영상 th_img을 계산하고, cv2.dilate()로 연결하고, cv2.findContours()로 숫자 영역을 검출한다.

5️⃣ #5-3은 윤곽선 ^{contours}에서 바운딩 사각형을 추출하고, 작은 크기는 제거한다. th_img에서 사각 영역을 잘라내어 img에 저장한다. makeSquareImage()로 영상 ^{img}의 가로 세로를 같게 하고, (20, 20) 크기로 변환한다. img를 x_img의 영상의 중심에 복사한다.

6️⃣ #5-4는 cv2.dnn.blobFromImage()로 x_img를 scalefactor = 1 / 255로 스케일하여 blob에 저장한다. blob.shape은 NCHW 형식으로 (1, 1, 28, 28)이다. net.setInput()로 net의 입력을 설정한다. net.forward()는 입력 ^{blob}에 대해 출력 ^{y_out}을 계산한다. np.argmax()로 숫자 ^{digit} 레이블을 찾아 문자열로 출력한다.

7️⃣ #5-5는 #2의 분류 모델 ^{model}을 사용하여 model.classify()로 입력 영상 ^{x_img}의 분류 결과 digit, prob를 계산한다. digit는 #5-4의 digit와 같다. prob는 y_out[0, digit]와 같다.

8️⃣ [그림 5.4]는 MNIST 데이터를 CNN으로 훈련된 모델을 이용하여 마우스로 쓴 숫자를 인식한 결과이다. Dense 모델로 훈련한 결과보다 인식률이 좋다.

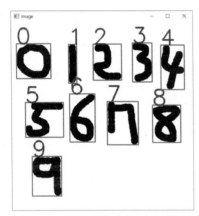

그림 5.4 ▷ CNN 모델을 이용한 숫자 인식

03 사전 훈련 모델 Pre-Trained Model

TensorFlow, PyTorch 같은 딥러닝 프레임워크는 다양한 사전 훈련 모델을 제공한다. VGG 모델은 옥스퍼드 대학의 Visual Geometry Group이 제안한 합성신경망 ^{CNN} 모델이다. VGG16은 16개의 층(CNN, Dense), VGG19는 19개의 층으로 구성된다. 1,000개의 클래스를 갖는 ImageNet으로 훈련하였다. ResNet은 마이크로소프트의 Kaiming He가 제안한 합성곱 신경망으로 18, 34, 50, 101, 152층 등으로 구성한다.

TensorFlow는 tf.keras.applications 모듈에 ImageNet 데이터로 훈련된 VGG16, VGG19, ResNet 등의 사전 훈련 모델이 있다. PyTorch는 torchvision.models에 사전 훈련 모델이 있다.

ONNX는 https://github.com/onnx/models에 ONNX 파일로 사전 훈련 모델을 제공한다.

사전 훈련 모델은 모델을 훈련할 때 사용한 전처리 ^{preprocessing}와 같이 입력을 전처리 해야한다. 전처리를 다르게 하면 다른 결과가 나올 수 있다. 대부분의 사전 훈련 모델은 ImageNet 데이터를 이용하여 훈련하였다. ImageNet 영상의 전체 평균, 표준편차를 이용하여 정규화 한다.

DNN 모듈에서 영상 분류는 다음의 2가지 방법으로 할 수 있다. cv2.dnn.readNet()으로 dnn_Net 객체를 생성하는 방법과 cv2.dnn_ClassificationModel()의 고수준 API를 사용하는 방법이 있다.

> **방법 1** cv2.dnn.readNet()으로 dnn_Net 객체(net)를 생성하고, net.setInput()으로 입력을 설정한다. net.forward()로 입력에 대해 출력을 계산한다.
>
> **방법 2** 고수준 API인 cv2.dnn_ClassificationModel()로 모델을 생성하고, model.classify()로 분류한다.

ONNX 모델　01

여기서는 ONNX 형식의 VGG 모델('vgg16-7.onnx', 'vgg19-7.onnx')과 ResNet('resnet 152-v2-7.onnx')을 사용한 영상 분류에 대해 설명한다.

예제 5.8　VGG 영상 분류 1: cv2.dnn_ClassificationModel

```
01 # 0508.py
02 '''
03 ref1:
04 https://github.com/onnx/models/tree/master/vision/classification/vgg
05 ref2: https://gist.github.com/yrevar/942d3a0ac09ec9e5eb3a
06 '''
07
08 import cv2
09 import numpy as np
```

```python
10 #1
11 net = cv2.dnn.readNet('./dnn/PreTrained/vgg16-7.onnx')
12                         # 'vgg19-7.onnx'
13 model = cv2.dnn_ClassificationModel(net)
14
15 #2
16 image_name = ['./data/elephant.jpg',
17               './data/eagle.jpg',
18               './data/dog.jpg']
19 src = cv2.imread(image_name[0])
20
21 #3
22 model.setInputParams(scale = 1 / 255,
23                      size = (224, 224),
24                      mean = (103.53, 116.28, 123.675),
25                      # ImageNet mean: BGR
26                      swapRB = True)          # RGB
27
28 #4
29 label, score = model.classify(src)
30 print("label={}, score={}".format(label, score))
31
32 #5: Imagenet labels
33 #5-1
34 ##imagenet_labels = []
35 ##file_name = './dnn/PreTrained/imagenet1000_clsidx_to_labels.txt'
36 ##with open(file_name, 'r') as f:
37 ##     for line in f.readlines():
38 ##          line = line.replace("'", "")
39 ##          key, value = line.split(':')
40 ##          value = value.strip('}')
41 ##          imagenet_labels.append(value.strip()[:-1])
42                    # exclude last comma
43 ##import json
44 ##with open('./dnn/PreTrained/imagenet_labels.json', 'w') as f:
45 ##     json.dump(imagenet_labels, f)
46
47 #5-2
48 import json
49 with open('./dnn/PreTrained/imagenet_labels.json', 'r') as f:
50     imagenet_labels = json.load(f)
51
52 #5-3
53 print('prediction:', imagenet_labels[label])
54 cv2.imshow(imagenet_labels[label], src)
```

```
55
56 cv2.waitKey()
57 cv2.destroyAllWindows()
```

실행 결과 1: image_name[0]: 'elephant.jpg'

label=385, score=20.428422927856445
prediction: Indian elephant, Elephas maximus

실행 결과 2: image_name[1]: 'eagle.jpg'

label=22, score=16.028034210205078
prediction: bald eagle, American eagle, Haliaeetus leucocephalus

실행 결과 3: image_name[2]: 'dog.jpg'

label=249, score=9.477036476135254
prediction: malamute, malemute, Alaskan malamute

프로그램 설명

1 ref1에 설명을 참고하여 모델의 입력(blob)을 생성한다. ref1에 의하면 ONNX의 VGG 모델은 (N x 3 x H x W) 모양의 RGB영상을 이용하여 훈련하였다. 영상의 각 채널의 화소 값은 [0, 1] 범위이고, mean = [0.485, 0.456, 0.406], std = [0.229, 0.224, 0.225]로 정규화 한다. mean, std는 ImageNet의 평균과 표준편차이다.

2 #1은 VGG 모델('vgg16-7.onnx', 'vgg19-7.onnx')을 net에 로드한다. 고수준 API인 cv2.dnn_ClassificationModel(net)로 분류 모델 model을 생성한다.

3 #2에서 cv2.imread()는 영상 src을 BGR 채널 순서로 로드한다.

4 #3의 model.setInputParams()는 ref1의 설명과 같이 정확하게 전처리 하지 못한다.
여기서는 size = (224, 224)로 크기를 변경하고, mean = (103.53, 116.28, 123.675) 만큼 이동하고, scale = 1 / 255로 화소 값을 [0, 1] 범위로 스케일 한다. swapRB = True로 RGB 채널 순서로 변환한다.
[0, 255]의 BGR에서 mean = (103.53, 116.28, 123.675)은 [0, 1]의 RGB에서 [0.485, 0.456, 0.406]과 같다. 모델의 입력 blob을 생성은 [예제 5.1]을 참고한다.

5 #4의 model.classify()는 src를 레이블 label로 분류한다. 네트워크의 출력 score은 1,000 개의 출력 중에서 제일 큰 값이다. 정규화 되어 있지 않다.

6 #5-1에서 'imagenet1000_clsidx_to_labels.txt' 파일은 ImageNet의 1,000개 레이블의 이름을 갖는다(ref2 참고). 레이블 이름을 순서대로 imagenet_labels 리스트에 저장한다. json으로 'imagenet_labels.json' 파일에 저장하여 사용한다. #5-2는 Imagenet 레이블을 imagenet_labels에 로드한다.

7 #5-3은 imagenet_labels[label]을 윈도우의 타이틀에 영상 src을 표시하고, 출력한다. [그림 5.5]는 ONNX 모델('vgg16-7.onnx')을 사용하여 영상 분류한 결과이다.

(a) image_name[0]: 'elephant.jpg'

(b) image_name[2]: 'dog.jpg'

그림 5.5 ▷ VGG('vgg16-7.onnx') 영상 분류

예제 5.9	VGG 영상 분류 2

```
01  # 0509.py
02  '''
03  ref1:
04  https://github.com/onnx/models/tree/master/vision/classification/vgg
05  ref2: https://gist.github.com/yrevar/942d3a0ac09ec9e5eb3a
06  '''
07  import cv2
08  import numpy as np
09  import onnx
10  import onnxruntime as ort
11
12  #1
13  OPENCV, ONNX = 1, 2
14  net_type =  OPENCV                              # ONNX
15  if net_type == OPENCV:
16      net = cv2.dnn.readNet('./dnn/PreTrained/vgg16-7.onnx')
17                          # 'vgg19-7.onnx'
18  else:
19      net = ort.InferenceSession('./dnn/PreTrained/vgg16-7.onnx')
20                          # 'vgg19-7.onnx'
21
22  #2
23  image_name = ['./data/elephant.jpg',
24               './data/eagle.jpg',
25               './data/dog.jpg']
26  src = cv2.imread(image_name[0])                  # BGR
27
28  def preprocess(img):              # "torch" mode in preprocess_input
29      X = img.copy()
```

```
30      X = cv2.resize(X, dsize = (224, 224))     # (224, 224, 3)
31      X = cv2.cvtColor(X, cv2.COLOR_BGR2RGB)    # BRG to RGB
32      #X = X[..., -1]
33      X = X / 255                                # [0, 1]
34      mean = [0.485, 0.456, 0.406]
35      std = [0.229, 0.224, 0.225]
36      X = (X - mean) / std
37      return np.float32(X)
38
39  img = preprocess(src)                # img.shape = (224, 224, 3), RGB
40
41  #img  = np.transpose(img, [2, 0, 1])     # (3, 224, 224)
42  #blob = np.expand_dims(img, axis=0)      # (1, 3, 224, 224)
43  blob = cv2.dnn.blobFromImage(img)       # (1, 3, 224, 224) : NCHW
44
45  #3
46  if net_type == OPENCV:
47      net.setInput(blob)
48      out = net.forward()              # out.shape = (1, 1000)
49  else:
50      ort_inputs = {net.get_inputs()[0].name: blob}
51      out = net.run(None, ort_inputs)[0]  # out.shape = (1, 1000)
52
53  out = out.flatten()                  # out.shape = (1000, )
54  top5 = out.argsort()[-5:][::-1]
55  top1 = top5[0]                       # np.argmax(out)
56  print('top1=', top1)
57  print('top5=', top5)
58
59  #4: Imagenet labels
60  #4-1
61  import json
62  with open('./dnn/PreTrained/imagenet_labels.json', 'r') as f:
63      imagenet_labels = json.load(f)
64
65  #4-2:
66  print('Top-1 prediction=', imagenet_labels[top1], out[top1])
67  print('Top-5 prediction=', [imagenet_labels[i] for i in top5])
```

실행 결과 1: image_name[0]: 'elephant.jpg'

```
top1= 385
top5= [385 101 386 354 345]
Top-1 prediction= Indian elephant, Elephas maximus 17.537218
Top-5 prediction= ['Indian elephant, Elephas maximus', 'tusker', 'African
elephant, Loxodonta africana', 'Arabian camel, dromedary, Camelus
dromedarius', 'ox']
```

실행 결과 2: image_name[1]: 'eagle.jpg'

```
top1= 22
top5= [22 21 23 24 83]
Top-1 prediction= bald eagle, American eagle, Haliaeetus leucocephalus
17.513004
Top-5 prediction= ['bald eagle, American eagle, Haliaeetus leucocephalus',
'kite', 'vulture', 'great grey owl, great gray owl, Strix nebulosa', 'prairie
chicken, prairie grouse, prairie fowl']
```

실행 결과 3: image_name[2]: 'dog.jpg'

```
top1= 249
top5= [249 261 250 248 537]
Top-1 prediction= malamute, malemute, Alaskan malamute 12.708979
Top-5 prediction= ['malamute, malemute, Alaskan malamute', 'keeshond',
'Siberian husky', 'Eskimo dog, husky', 'dogsled, dog sled, dog sleigh']
```

프로그램 설명

1 #1은 VGG 모델('vgg16-7.onnx', 'vgg19-7.onnx')을 net에 로드한다. net_type = OPENCV이면 cv2.dnn.readNet()로 모델을 net에 로드한다. net_type = ONNX이면 ort. InferenceSession()으로 모델을 이용하여 실행환경 net을 생성한다.

2 #2에서 cv2.imread()로 영상 src을 BGR 채널 순서로 로드한다. ref1에 설명을 참고하여 preprocess() 전처리 함수를 정의한다. img = preprocess(src)는 src를 전처리하여 img. shape = (224, 224, 3), RGB 채널 순서이다. 화소 값은 [0, 1] 범위로 스케일하고, mean, std에 의해 정규화 한다. img.shape = (224, 224, 3)이다. cv2.dnn.blobFromImage()로 영상 img에서 blob로 변환한다. blob는 NCHW 형식으로 blob.shape = (1, 3, 224, 224)이다.

3 #3은 net에 blob를 입력하여 출력 out을 계산한다.

net_type = OPENCV이면 net.setInput()로 입력 blob을 설정하고, net.forward()로 출력 out을 계산한다. net_type = ONNX이면, ort_inputs에 입력 {net.get_inputs()[0].name: blob}을 설정하고, net.run(None, ort_inputs)[0]로 출력 out을 계산한다. out.shape = (1, 1000)이다. out.flatten()으로 out.shape = (1000,)로 변경한다. out.argsort()[-5:][::-1]로 out에서 가장 큰 출력 5개의 인덱스를 top5에 저장하고 top5[0]을 top1에 저장한다.

4 #4-1은 Imagenet 레이블을 imagenet_labels에 로드한다. #4-2는 top1, top5의 레이블의 이름을 출력한다. 각 영상에 대해 분류한 top1 레이블은 [예제 5.8]의 결과와 같다. 입력 영상의 전처리 방식의 차이로 out[top1]은 같지 않다.

예제 5.10 | ResNet152 영상 분류

```
01  # 0510.py
02  # https://github.com/onnx/models/tree/master/vision/classification/resnet
```

```
03  import cv2
04  import numpy as np
05
06  #1
07  net = cv2.dnn.readNet('./dnn/PreTrained/resnet152-v2-7.onnx')
08
09  #2
10  image_name = ['./data/elephant.jpg',
11                './data/eagle.jpg',
12                './data/dog.jpg']
13  src = cv2.imread(image_name[0])                # 1, 2
14
15  def preprocess(img):
16      X = img.copy()
17      X = cv2.resize(X, dsize = (224, 224))     # (224, 224, 3)
18      X = cv2.cvtColor(X, cv2.COLOR_BGR2RGB)
19
20      X = X / 255                               # [0, 1]
21
22      mean =[0.485, 0.456, 0.406]
23      std = [0.229, 0.224, 0.225]
24      X = (X - mean) / std
25      return np.float32(X)
26
27  img = preprocess(src)                # img.shape = (224, 224, 3), RGB
28
29  #3
30  blob = cv2.dnn.blobFromImage(img)    # (1, 3, 224, 224): NCHW
31  net.setInput(blob)
32  out = net.forward()
33
34  out = out.flatten()                  # out.shape = (1000, )
35  top5 = out.argsort()[-5:][::-1]
36  top1 = top5[0]                       # np.argmax(out)
37
38  #4:
39  #4-1
40  import json
41  with open('./dnn/PreTrained/imagenet_labels.json', 'r') as f:
42      imagenet_labels = json.load(f)
43
44  #4-2
45  print('Top-1 prediction=', imagenet_labels[top1], out[top1])
46  print('Top-5 prediction:', [imagenet_labels[i] for i in top5])
```

실행 결과 1: image_name[0]: 'elephant.jpg'

top1= 385
top5= [385 101 386 346 354]
Top-1 prediction= Indian elephant, Elephas maximus 21.5604
Top-5 prediction: ['Indian elephant, Elephas maximus', 'tusker', 'African elephant, Loxodonta africana', 'water buffalo, water ox, Asiatic buffalo, Bubalus bubalis', 'Arabian camel, dromedary, Camelus dromedarius']

실행 결과 2: image_name[1]: 'eagle.jpg'

top1= 22
top5= [22 21 23 24 8]
Top-1 prediction= bald eagle, American eagle, Haliaeetus leucocephalus 14.418867
Top-5 prediction: ['bald eagle, American eagle, Haliaeetus leucocephalus', 'kite', 'vulture', 'great grey owl, great gray owl, Strix nebulosa', 'hen']

실행 결과 3: image_name[2]: 'dog.jpg"

top1= 249
top5= [249 248 250 244 235]
Top-1 prediction= malamute, malemute, Alaskan malamute 10.496116
Top-5 prediction: ['malamute, malemute, Alaskan malamute', 'Eskimo dog, husky', 'Siberian husky', 'Tibetan mastiff', 'German shepherd, German shepherd dog, German police dog, alsatian']

프로그램 설명

1 #1은 cv2.dnn.readNet()로 ResNet152 모델('resnet152-v2-7.onnx')을 net에 로드한다.

2 #2는 cv2.imread()는 영상 src을 BGR 채널 순서로 로드한다. img = preprocess(src)는 src를 전처리하여 img.shape = (224, 224, 3), RGB 채널 순서이다. 화소값은 [0, 1] 범위로 스케일 하고, mean, std에 의해 정규화 한다. img.shape = (224, 224, 3)이다.

3 #3은 cv2.dnn.blobFromImage()로 영상(img)으로부터 blob에 생성한다. blob는 NCHW 형식으로 blob.shape = (1, 3, 224, 224)이다.

net.setInput()로 입력 blob을 설정하고, net.forward()로 출력 out을 계산한다. out.shape = (1, 1000)이다. out.flatten()으로 out.shape = (1000,)로 변경한다. out에서 top5와 top1을 계산한다.

4 #4-1은 Imagenet 레이블을 imagenet_labels에 로드한다. #4-2는 top1, top5의 레이블의 이름을 출력한다. [예제 5.9]의 결과와 비교하면, top1은 같고, top5는 약간 다른 결과를 갖는다.

TensorFlow 사전 훈련 모델　02

TensorFlow는 tensorflow.keras.applications에 다양한 사전 훈련 ^{pre-trained} 모델을 제공한다. tensorflow_datasets는 데이터셋을 제공한다.

여기서는 TensorFlow 사전 훈련 모델(VGG16)을 사용하여 영상을 분류한다([예제 5.11]). VGG16 모델로 'cats_vs_dogs' 데이터셋을 전이 학습 ^{transfer learning}하여 2-클래스로 분류한다([예제 5.12]). 훈련된 모델을 동결하여 *.pb 파일에 저장하고, tf2onnx를 사용하여 ONNX 파일에 저장한다. 훈련된 모델을 OpenCV의 DNN 모듈에서 로드하여 분류한다([예제 5.13]).

예제 5.11	TensorFlow 1: VGG 영상 분류

```python
01  # 0511.py
02  '''
03  ref: 텐서플로 딥러닝 프로그래밍, 가메출판사, 김동근, 2020
04  '''
05  import tensorflow as tf
06  from tensorflow.keras.applications import VGG16
07  from tensorflow.keras.applications.vgg16 \
08      import preprocess_input, decode_predictions
09  from tensorflow.keras.preprocessing import image        # Pillow
10
11  import cv2
12  import numpy as np
13  import tf2onnx                                # pip install tf2onnx
14
15  image_name = ['./data/elephant.jpg',
16                './data/eagle.jpg', './data/dog.jpg']
17
18  #1: OpenCV
19  src = cv2.imread(image_name[0])              # BGR
20
21  def preprocess(img): #  "caffe" mode in preprocess_input, BGR
22      X = img.copy()
23      X = cv2.resize(X, dsize = (224, 224),
24                  interpolation = cv2.INTER_NEAREST_EXACT)
25
26      mean = [103.939, 116.779, 123.68]
27      X = X - mean
28      return np.float32(X)
```

```
29
30  img    = preprocess(src)
31  blob = np.expand_dims(img, axis = 0)
32  # blob.shape = (1, 224, 224, 3), NHWC, BGR
33
34  #2: TensorFlow: vgg16.preprocess_input
35  # color_mode = 'rgb', interpolation = 'nearest'
36  src2 = image.load_img(image_name[0], target_size = (224, 224))
37  src2 = image.img_to_array(src2)
38  img2 = np.expand_dims(src2, axis = 0)
39  blob2 = preprocess_input(img2)
40  # blob2.shape = (1, 224, 224, 3), NHWC, BGR
41
42  #3
43  #3-1
44  model  = VGG16(weights = 'imagenet')
45  #include_top = True, input_shape = (224, 224, 3))
46  out = model.predict(blob)                # blob2
47  # (class_name, class_description, score)
48  print('decode_predictions(top=5):', decode_predictions(out, top = 5))
49
50  #3-2: decode using out
51  import json
52  with open('./dnn/PreTrained/imagenet_labels.json', 'r') as f:
53      imagenet_labels = json.load(f)
54  out = out.flatten()                     # out.shape = (1000, )
55  #top_5 = out.argsort()[-5:][::-1]
56  #print('Top-5(imagenet_labels):',
57  #       [(imagenet_labels[i], out[i]) for i in top_5])
58
59  top5 = tf.math.top_k(out, k = 5)
60  # top5.values.numpy(), top5.indices.numpy()
61  print('Top-5(imagenet_labels):',
62         [(imagenet_labels[i], out[i])
63            for i in top5.indices.numpy()])
64
65  #3-3
66  # https://github.com/raghakot/keras-vis
67  with open('./dnn/PreTrained/imagenet_class_index.json', 'r') as f:
68      imagenet_class = json.load(f)
69
70  print('Top-5(imagenet_class):')
71  for i in top5.indices.numpy():          # top_5
72      value = imagenet_class[str(i)]
73      print("({}, {}, {:.4f})".format(value[0], value[1], out[i]))
```

```
74
75  #4:
76  print("freezing pb....")
77  full_model = tf.function(lambda x: model(x))
78  full_model = full_model.get_concrete_function(
79                      tf.TensorSpec(model.inputs[0].shape,
80                      model.inputs[0].dtype))
81
82  from tensorflow.python.framework.convert_to_constants \
83      import convert_variables_to_constants_v2
84
85  frozen_func = convert_variables_to_constants_v2(full_model)
86
87  tf.io.write_graph(graph_or_graph_def = frozen_func.graph,
88                      logdir = "./dnn", name = "vgg16.pb",
89                      as_text = False)
90
91  #5:
92  ##print("convert onnx ....")
93  ##spec = (tf.TensorSpec((None, 224, 224, 3),
94  ##                      tf.float32, name = "input"), )
95  ##onnx_model, _ = tf2onnx.convert.from_keras(model,
96  ##                          input_signature=spec,
97  ##                          output_path = "./dnn/vgg16.onnx")
```

실행 결과 #3-1: image_name[0]: 'elephant.jpg'

decode_predictions(top=5): [[('n02504013', 'Indian_elephant', 0.92946184), ('n02437312', 'Arabian_camel', 0.04908944), ('n01871265', 'tusker', 0.011839155), ('n02504458', 'African_elephant', 0.009555127), ('n02408429', 'water_buffalo', 1.7904527e-05)]]

실행 결과 #3-2

Top-5(imagenet_labels): [('Indian elephant, Elephas maximus', 0.92946184), ('Arabian camel, dromedary, Camelus dromedarius', 0.04908944), ('tusker', 0.011839155), ('African elephant, Loxodonta africana', 0.009555127), ('water buffalo, water ox, Asiatic buffalo, Bubalus bubalis', 1.7904527e-05)]

실행 결과 #3-3

Top-5(imagenet_class):
(n02504013, Indian_elephant, 0.9295)
(n02437312, Arabian_camel, 0.0491)
(n01871265, tusker, 0.0118)
(n02504458, African_elephant, 0.0096)
(n02408429, water_buffalo, 0.0000)

프로그램 설명

1 tensorflow.keras.applications의 VGG16 모델을 이용하여 영상을 분류한다. 모델 동결 파일 ("vgg16.pb")과 ONNX("vgg16.onnx") 파일을 생성한다.

2 tf.keras.applications.vgg16.preprocess_input은 RGB 영상을 BGR로 변경하고, ImageNet의 평균으로 이동한다.

3 #1은 OpenCV로 영상을 로드하고, preprocessing()을 이용하여 영상 ^{src}을 전처리한다. 전처리된 영상은 img.shape = (224, 224, 3)이고, BGR 채널 순서이다. 화소 값은 ImageNet의 평균 mean = [103.939, 116.779, 123.68]을 중심으로 이동시킨다. np.expand_dims()으로 0-축을 확장하여 NHWC 형식이 blob를 생성한다. blob.shape = (1, 224, 224, 3)이다.

4 #2는 image.load_img()로 영상을 target_size = (224, 224) 크기로 로드한다. tensorflow. keras.preprocessing.image는 PIL/Pillow를 사용한다. 디폴트 컬러모드가 color_mode = 'rgb'이다. vgg16.preprocess_input()은 평균을 이용하여 정규화하며, blob.shape = (1, 224, 224, 3) 모양으로 반환한다. 영상의 채널 순서는 BGR 순서로 변경한다. blob2와 blob는 오차 범위 내에서 같다. np.allclose(blob, blob2, atol = 0.1)는 True이다.

5 #3-1은 VGG16(weights = 'imagenet')로 모델을 생성한다. ImageNet을 이용하여 훈련한 가중치를 포함한다. 디폴트로 include_top = True에 의해 완전 연결층 ^{Dense}에 의한 분류기를 포함한다. 입력 모양은 input_shape = (224, 224, 3)이다.
model.predict()로 blob의 모델출력 ^{out}을 계산한다. out.shape = (1, 1000)이다. decode_predictions()로 out에서 top = 5의 (class_name, class_description, score)를 출력한다.

6 #3-2는 json으로 imagenet_labels를 로드한다. tf.math.top_k(out, k = 5)로 top5를 계산한다. top5.values.numpy()는 출력값을 갖고, top5.indices.numpy()는 top_5와 같은 인덱스이다.

7 #3-3은 json으로 imagenet_class를 로드하고 top5를 출력한다.

8 #4는 훈련된 모델을 동결시켜 "vgg16.pb" 파일에 저장한다.

9 #5는 훈련된 모델을 "vgg16.onnx"파일에 저장한다. tf2onnx를 이용한 ONNX 파일 변환은 시간이 오래 걸린다.

예제 5.12 | TensorFlow 2: VGG 전이학습('cats_vs_dogs')

```
01  # 0512.py
02  '''
03  ref: 텐서플로 딥러닝 프로그래밍, 가메출판사, 김동근, 2020
04  '''
05  import tensorflow as tf
06  from tensorflow.keras.models import Sequential
07  from tensorflow.keras.layers import Dense, Flatten, Dropout
08  from tensorflow.keras.applications import VGG16
```

```
09  import tensorflow_datasets as tfds    # pip install tensorflow-datasets
10  import tf2onnx
11
12  #1:
13  #1-1:
14  vgg16.trainable = False
15  (train_dataset, valid_dataset), info =
16                  tfds.load(name = 'cats_vs_dogs',
17                            split = ('train[:90%]', 'train[-10%:]'),
18                            with_info = True)
19
20  print("len(list(train_dataset))=",
21          len(list(train_dataset)))        # 20936
22  print("len(list(valid_dataset))=",
23          len(list(valid_dataset)))        # 2326
24
25  #1-2:
26  def preprocess(ds):
27      X = tf.image.resize(ds['image'], size = (224, 224))
28      X =X[..., ::-1]                      # RGB -> BGR
29      X   = tf.cast(X, tf.float32) / 255.0 # [0, 1]
30
31      mean =[0.485, 0.456, 0.406]          # ImageNet
32      std = [0.229, 0.224, 0.225]
33      X = (X - mean) / std
34
35      X = tf.transpose(X, [2, 0, 1])       # HWC-> CHW
36      label = tf.one_hot(ds['label'], depth = 2)
37
38      return X, label
39
40  BATCH_SIZE = 32
41  train_ds = train_dataset.map(preprocess).batch(BATCH_SIZE)
42  valid_ds = valid_dataset.map(preprocess).batch(BATCH_SIZE)
43
44  #1-3
45  for images, labels in train_ds.take(1):
46      for i in range(2):
47          print("i={}, images[i].shape={}, label[i]={}".format(
48                                    i, images[i].shape, labels[i]))
49
50  #2: transfer learning using VGG16
51  #2-1
52  tf.keras.backend.set_image_data_format('channels_first')    # NCHW
53  print("tf.keras.backend.image_data_format()=",
54          tf.keras.backend.image_data_format())
```

```
55
56  vgg16 = VGG16(weights = 'imagenet',
57                include_top = False,
58                input_shape = (3, 224, 224))
59  vgg16.trainable = False
60
61  #2-2
62  num_classes = 2
63  model = Sequential([
64          vgg16,
65          Flatten(),
66          Dense(100, activation = 'relu'),
67          Dropout(0.2),
68          Dense(100, activation = 'relu'),
69          Dense(num_classes, activation = 'softmax')
70          ])                              # output layer
71  #model.summary()
72
73  #2-3
74  opt = tf.keras.optimizers.Adam(learning_rate = 0.001)
75  model.compile(optimizer = opt,
76                loss = 'binary_crossentropy',
77                # 'categorical_crossentropy'
78                metrics = ['accuracy'])
79
80  #2-4
81  ret = model.fit(train_ds, batch_size = BATCH_SIZE,
82                  validation_data = valid_ds,
83                  epochs = 10, verbose = 2)
84  loss = ret.history['loss']
85
86  #3:
87  print("freezing pb....")
88  full_model = tf.function(lambda x: model(x))
89  full_model = full_model.get_concrete_function(
90          tf.TensorSpec(model.inputs[0].shape, model.inputs[0].dtype))
91
92  from tensorflow.python.framework.convert_to_constants \
93      import convert_variables_to_constants_v2
94  frozen_func = convert_variables_to_constants_v2(full_model)
95
96  tf.io.write_graph(graph_or_graph_def = frozen_func.graph,
97                    logdir = "./dnn",  name = "cats_vs_dogs.pb",
98                    as_text = False)
99
```

```
100 #4:
101 ##print("convert onnx ....")
102 ##spec = (tf.TensorSpec((None, 3, 224, 224),
103            tf.float32, name = "input"), )
104 ##onnx_model, _ =
105 ##         tf2onnx.convert.from_keras(model,
106 ##                          input_signature=spec,
107 ##                          output_path = "./dnn/cats_vs_dogs.onnx")
```

▐ 실행 결과

```
len(list(train_dataset))= 20936
len(list(valid_dataset))= 2326
tf.keras.backend.image_data_format()= channels_first  # NCHW
i=0, images[i].shape=(3, 224, 224), label[i]=[0. 1.]
i=1, images[i].shape=(3, 224, 224), label[i]=[0. 1.]
Epoch 1/10
655/655 - 29s - loss: 0.0998 - accuracy: 0.9626 - val_loss: 0.0502 - val_
accuracy: 0.9798
...
Epoch 10/10
655/655 - 24s - loss: 0.0096 - accuracy: 0.9968 - val_loss: 0.1037 - val_
accuracy: 0.9798
freezing pb....
```

▐ 프로그램 설명

1 VGG16 모델에서 ImageNet으로 훈련된 가중치 weights = 'imagenet'는 변경하지 않는다. 새로 추가한 간단한 완전 연결 신경망 Dense의 가중치를 훈련하여 2-클래스('cat', 'dog')를 분류한다. NCHW 데이터 형식으로 전이 학습하고, 훈련된 모델을 동결한 파일과 ONNX 파일에 저장한다. tensorflow_datasets는 다양한 데이터셋을 제공한다.

2 #1-1은 tfds.load()로 'cats_vs_dogs' 데이터셋에서 train_dataset, valid_dataset을 90%, 10%로 분할하여 로드한다. 데이터는 HWC('channels_first')로 읽는다. 영상 채널은 RGB 형식이다.

3 #1-2는 preprocess() 함수로 데이터를 전처리하여, BATCH_SIZE = 32인 train_ds, valid_ds를 생성한다. X = X[..., ::-1]는 영상의 채널 순서를 BGR로 변경한다. tf.one_hot()은 레이블을 원-핫 인코딩한다. tf.transpose(X, [2, 0, 1])은 영상을 HWC('channels_last')에서 CHW('channels_first')로 변경한다. #1-3은 훈련 데이터 train_data에서 샘플 영상의 모양과 레이블을 출력한다.

4 #2는 VGG16을 사용하여 전이 학습을 한다. TensorFlow에서 디폴트 데이터 포맷은 NHWC('channels_last')이다.

5 #2-1에서 tf.keras.backend.set_image_data_format('channels_first')는 NCHW로 변경한다. VGG16()에서 weights = 'imagenet'로 훈련된 가중치를 포함한다. include_top =

False는 VGG16의 완전 연결 분류기를 포함하지 않는다. 입력 크기를 input_shape = (3, 224, 224)의 NCHW로 설정한다(배치 크기 N은 설정하지 않는다). vgg16.trainable = False는 model.fit()로 훈련하는 동안 model에 포함된 vgg16의 가중치를 변경하지 않는 전이 학습 transfer learning을 한다. vgg16.trainable = True이면, 사전 훈련된 가중치를 미세조정 fine-tuning하여 모델을 훈련한다.

6 #2-2는 Sequential() 모델을 사용하여, vgg16, Flatten(), Dense(100), Dropout(0.2), Dense(100), Dense(2) 층이 차례로 나열된 모델을 생성한다.

7 #2-3은 Adam 최적화, loss = 'binary_crossentropy', metrics=['accuracy']로 모델의 훈련 환경을 설정한다.

8 #2-4는 model.fit()로 훈련 데이터 train_ds를 검증 데이터 valid_ds, 배치 크기 BATCH_SIZE, 반복 횟수 epochs = 10로 모델을 훈련한다. 훈련하는 동안 Dense 층의 가중치만 변경한다. ret.history['loss']는 훈련하는 동안의 손실 오차이다.

9 #3은 훈련된 모델을 동결시켜 "cats_vs_dogs.pb" 파일에 저장힌다.

10 #4는 훈련된 모델을 spec의 입력을 설정하여 "cats_vs_dogs.onnx" 파일에 저장한다. tf2onnx를 이용한 ONNX 파일 변환은 시간이 오래 걸린다.

| 예제 5.13 | TensorFlow 3: 2-클래스('cat', 'dog') 분류 |

```
01  # 0513.py
02  import cv2
03  import numpy as np
04
05  #1
06  TENSORFLOW, ONNX = 1, 2
07  net_type =  TENSORFLOW                              # ONNX
08
09  if net_type == TENSORFLOW:
10      net = cv2.dnn.readNet('./dnn/cats_vs_dogs.pb')
11  else:
12      net = cv2.dnn.readNet('./dnn/cats_vs_dogs.onnx')
13
14  #2
15  image_name = ['./data/cat.jpg', './data/dog.jpg', './data/dog2.jpg']
16  src = cv2.imread(image_name[0])            # BGR
17
18  def preprocess(img):
19      X = img.copy()
20      X = cv2.resize(X, dsize = (224, 224))   # (224, 224, 3)
21
22      X = X / 255                             # [0, 1]
23
```

```
24    mean =[0.485, 0.456, 0.406]
25    std = [0.229, 0.224, 0.225]
26    X = (X - mean) / std
27
28    return np.float32(X)
29
30 img = preprocess(src)              # img.shape = (224, 224, 3), BGR
31
32 #3
33 blob = cv2.dnn.blobFromImage(img)  # (1, 3, 224, 224) # NCHW
34
35 net.setInput(blob)
36 out = net.forward()               # out.shape = (1, 2)
37 pred = np.argmax(out, axis = 1)[0]
38
39 #4:
40 labels = ['cat', 'dog']
41 print('prediction:', labels[pred])
42 cv2.imshow(labels[pred], src)
43 cv2.waitKey()
44 cv2.destroyAllWindows()
```

프로그램 설명

1 #1은 [예제 5.12]에서 훈련된 모델('cats_vs_dogs.pb', 'cats_vs_dogs.onnx')을 로드한다.

2 #2는 cv2.imread()로 영상 image_name[0]을 src에 로드한다. src의 영상 채널 순서는 BGR 이다. preprocess()로 영상 ^{src}을 전처리하여 img에 저장한다. 전처리된 영상 ^{img}은 img. shape = (224, 224, 3)이고 화소값은 정규화된다.

3 #3은 cv2.dnn.blobFromImage()로 img를 blob로 변경한다. blob는 NCHW 형식으로 blob. shape = (1, 3, 224, 224)이다. net.setInput()로 입력 ^{blob}을 설정하고, net.forward()로 출력 ^{out}을 계산한다. out.shape = (1, 2)이다. np.argmax()로 분류 레이블 ^{pred}을 찾는다. cv2.dnn. blobFromImages()를 사용하면 여러 장의 영상을 NCHW 형식으로 변환할 수 있다.

(a) image_name[0]: 'cat.jpg'   (b) image_name[2]: 'dog2.jpg'

그림 5.6 ▷ VGG 전이학습 모델을 이용한 2-클래스 분류 ('cat', 'dog')

▲ #4는 분류 레이블의 문자열 labels[pred]를 출력하고, cv2.imshow(labels[pred], src)로
영상을 표시한다([그림 5.6]).

03 Pytorch 사전 훈련 모델

Pytorch는 torchvision에서 데이셋과 영상 분류를 위한 사전 훈련 모델을 제공한다.
여기서는 VGG16 모델을 사용하여 영상을 분류한다. VGG16 모델을 사용하여 'cifar10'
데이터셋으로 전이학습 transfer learning하여 10-클래스로 분류한다. 모델을 ONNX 파일로
저장하고, 저장된 모델을 OpenCV의 DNN 모듈에서 로드하여 분류한다. torchvision은
PIL/Pillow 기반의 torchvision.transforms를 이용하여 영상을 변환한다.

| 예제 5.14 | PyTorch(torchvision) 1: VGG 영상 분류(torchvision.transforms) |

```
01 # 0514.py
02 '''
03 https://pytorch.org/vision/stable/models.html
04 # pip install torchvision
05 # pip install torchsummary
06 # pip install pillow  # PIL
07 '''
08 import torch
09 from torchvision import transforms
10 from torchvision import models
11 from torchsummary import summary
12 from PIL import Image
13
14 #print("dir(models)=", dir(models))
15
16 #1:
17 image_name = ['./data/elephant.jpg', './data/eagle.jpg',
18               './data/dog.jpg']
19 src = Image.open(image_name[0])          # mode = RGB
20
21 #2:
22 transform = transforms.Compose([
23     transforms.Resize(226), # transforms.InterpolationMode.BILINEAR
24     transforms.CenterCrop(224),
25     transforms.ToTensor(),
26     transforms.Normalize(mean = [0.485, 0.456, 0.406],
27                          std = [0.229, 0.224, 0.225])
28     ])
```

```
29
30  img = transform(src)
31  # img.shape = torch.Size([3, 224, 224])
32  img = torch.unsqueeze(img, dim = 0)
33  # img.shape = torch.Size([1, 3, 224, 224])
34
35  DEVICE = 'cuda' if torch.cuda.is_available() else 'cpu'
36  img = img.to(DEVICE)
37
38  #3:
39  vgg16 = models.vgg16(pretrained = True).to(DEVICE)
40  ##summary(vgg16, img.shape[1:], device = DEVICE)
41  # img.shape[1:] = [3, 224, 224]
42
43  #4:
44  dummy_input = torch.randn(1, 3, 224, 224).to(DEVICE)
45  torch.onnx.export(vgg16, dummy_input, "./dnn/vgg_0514.onnx")
46
47  #5
48  vgg16.eval()
49  out = vgg16(img)
50  prob = torch.nn.functional.softmax(out, dim = 1)[0]
51
52  top5_values, top5_indices = torch.topk(prob, k = 5)    # prob.topk(5)
53  top5_values  = top5_values.cpu().detach().numpy()
54  top5_indices = top5_indices.cpu().detach().numpy()
55  print("top5_indices=", top5_indices)
56  print("top5_values=", top5_values)
57
58  #6:
59  import json
60  with open('./dnn/PreTrained/imagenet_class_index.json', 'r') as f:
61      imagenet_class = json.load(f)
62
63  # top-5
64  for i, k in enumerate(top5_indices):
65      label = imagenet_class[str(k)]
66      print("top[{}]: ({}, {}, {:.4f})".format(i, label[0], label[1],
67                                      top5_values[i]))
68
69  top1 = imagenet_class[str(top5_indices[0])]
70  top1_name_value = top1[1] + " : " + str(top5_values[0])
71
72  #7
73  #7-1
74  import matplotlib.pyplot as plt
```

```
75  plt.gcf().canvas.manager.set_window_title(top1_name_value)
76  plt.title(top1_name_value)
77  plt.axis('off')
78  plt.imshow(src)
79  plt.tight_layout()
80  plt.show()
81
82  #7-2
83  numpy_rgb = np.asarray(src)
84  src_bgr = numpy_rgb[..., ::-1]              # BGR
85
86  import cv2
87  cv2.imshow(top1_name_value, src_bgr)
88  cv2.waitKey()
89  cv2.destroyAllWindows()
```

▷ **실행 결과: image_name[0]: 'elephant.jpg'**

top5_indices= [385 386 101 51 346]
top5_values= [9.1179770e-01 6.6361934e-02 2.1816952e-02 1.8448412e-05
2.5418231e-06]
top[0]: (n02504013, Indian_elephant, 0.9118)
top[1]: (n02504458, African_elephant, 0.0664)
top[2]: (n01871265, tusker, 0.0218)
top[3]: (n01704323, triceratops, 0.0000)
top[4]: (n02408429, water_buffalo, 0.0000)

▷ **프로그램 설명**

1 torchvision.models.vgg16 모델을 이용하여 영상을 분류하고, ONNX 파일을 생성한다. #1은 PIL.Image.Open()으로 영상을 로드한다. src는 RGB 채널 순서이다.

2 #2의 transform은 입력 영상 src을 전처리하고 텐서로 변환한다. torchvision.transforms는 내부에서 Pillow/PIL을 사용한다. PIL은 크기를 축소할 때 안티 에일리어싱 anti-aliasing을 사용한다. 일부는 torch 텐서에서만 동작한다. torchvision.transformstransforms.Compose()는 리스트 안의 변환을 차례로 수행한다. Resize(226)는 영상의 가로, 세로 중에서 작은 크기를 226으로 변경한다. CenterCrop(224)는 영상의 중앙을 기준으로 (224, 224) 크기로 자른다. ToTensor()는 텐서로 변경한다. Normalize()는 torch 텐서에 대해서만 동작하며 mean, std를 이용하여 정규화 한다. mean, std는 ImageNet의 평균과 표준편차이다. torch.unsqueeze(img, dim = 0)는 NCHW 형식인 img.shape = torch.Size([1, 3, 224, 224])로 변경한다. img.to(DEVICE)는 DEVICE에 따라 CPU, GPU 텐서로 변경한다.

3 #3은 models.vgg16()에서 pretrained = True로 미리 훈련된 가중치를 포함한다. 모델에 to(DEVICE)를 적용하여 모델 vgg16을 생성한다. torchsummary로 모델 구조를 출력한다.

4 #4는 torch.onnx.export()로 모델 vgg16을 "vgg_0514.onnx" 파일에 저장한다. [예제 5.8] 에서 ONNX 파일로 ImageNet의 1000 클래스로 분류할 수 있다.

5 #5는 vgg16.eval()로 평가 모드로 변경하고, vgg16(img)로 영상 img의 출력 out을 계산한다. torch.nn.functional.softmax()로 출력의 합을 1인 확률 $prob$로 정규화 한다. torch.topk(prob, k = 5)는 prob에서 가장 큰 5개 $k = 5$의 값 $top5\_values$과 인덱스 $top5\_indices$를 찾는다. top5_values.cpu().detach().numpy()는 넘파이 배열로 변경한다. top1_name_value는 top5_indices[0], top5_values[0]의 이름과 출력을 포함한 문자열이다.

6 #6은 json으로 imagenet_class를 로드하여 top5_indices, top5_values를 출력한다. top5_values[i]와 prob[k]는 같다.

7 #7-1은 matplotlib로 영상 src과 분류 정보 $top1\_name\_value$를 표시한다. #7-2는 src를 src_bgr로 변환하여 OpenCV로 영상과 분류 확률을 표시한다. [그림 5.7](a)은 0.91의 확률로 코끼리('Indian_elephant')로 분류한다. [그림 5.7](b)은 0.44의 확률로 에스키모 개('malamute')로 분류한다.

(a) image_name[0]: 'elephant.jpg' (b) image_name[2]: 'dog.jpg'

그림 5.7 ▷ PyTorch(torchvision) VGG16 영상 분류

예제 5.15 PyTorch(torchvision) 2: VGG 영상 분류(opencv_transforms)

```
01  # 0515.py
02  '''
03  ref:
04  https://github.com/jbohnslav/opencv_transforms/tree/master/opencv_
05  transforms
06  # pip install opencv_transforms
07  '''
08  import torch
09  from    torchvision import models
10  from    torchsummary import summary
11  from    opencv_transforms import transforms
12  import numpy as np
13  import cv2
```

```python
14 #1
15 image_name = ['./data/elephant.jpg', './data/eagle.jpg',
16                 './data/dog.jpg']
17 src = cv2.imread(image_name[0])          # BGR
18 src_rgb = cv2.cvtColor(src, cv2.COLOR_BGR2RGB)
19 # src[..., ::-1] : RGB
20
21 #2:
22 transform = transforms.Compose([
23                 transforms.Resize(226, cv2.INTER_AREA),
24                 transforms.CenterCrop(224),
25                 transforms.ToTensor(),
26                 transforms.Normalize(
27                     mean = [0.485, 0.456, 0.406],
28                     std = [0.229, 0.224, 0.225])])
29
30 img = transform(src_rgb)
31 img = torch.unsqueeze(img, dim = 0)
32 # img.shape = torch.Size([1, 3, 224, 224])
33
34 DEVICE = 'cuda' if torch.cuda.is_available() else 'cpu'
35 img = img.to(DEVICE)
36
37 #3:
38 vgg16 = models.vgg16(pretrained = True).to(DEVICE)
39 #summary(vgg16, img.shape[1:], device = DEVICE)
40 #img.shape[1:] = [3, 224, 224]
41
42 vgg16.eval()
43 out = vgg16(img)
44 prob = torch.nn.functional.softmax(out, dim = 1)[0]
45
46 top5_values, top5_indices = torch.topk(prob, k = 5) # prob.topk(5)
47 top5_values  = top5_values.cpu().detach().numpy()
48 top5_indices = top5_indices.cpu().detach().numpy()
49 print("top5_indices=", top5_indices)
50 print("top5_values=", top5_values)
51
52 #4:
53 import json
54 with open('./dnn/PreTrained/imagenet_class_index.json', 'r') as f:
55     imagenet_class = json.load(f)
56
57 # top-5
58 for i, k in enumerate(top5_indices):
59     label = imagenet_class[str(k)]
```

```
60    print("top[{}]: ({}, {}, {:.4f})".format(
61                                    i, label[0], label[1],
62                                    top5_values[i])) # prob[k]
63
64    top1 = imagenet_class[str(top5_indices[0])]
65    top1_name_value = top1[1]+" : "+ str(top5_values[0])
66    cv2.imshow(top1_name_value, src)
67
68    cv2.waitKey()
69    cv2.destroyAllWindows()
```

실행 결과: image_name[0]: 'elephant.jpg'

```
top5_indices= [385 386 101  51 346]
top5_values= [8.75831962e-01 1.03978604e-01 2.01828722e-02
5.16647378e-06 7.01200861e-07]
top[0]: (n02504013, Indian_elephant, 0.8758)
top[1]: (n02504458, African_elephant, 0.1040)
top[2]: (n01871265, tusker, 0.0202)
top[3]: (n01704323, triceratops, 0.0000)
top[4]: (n02408429, water_buffalo, 0.0000)
```

프로그램 설명

1 opencv_transforms는 torchvision.transforms 부분을 OpenCV로 작성한 패키지이다. 여기서는 [예제 5.14]를 opencv_transforms로 영상을 전처리한다. Resize()의 차이로 결과에서 약간의 차이가 있다.

2 #1은 cv2.imread()로 영상을 로드한다. src는 BGR 채널 순서이다. cv2.cvtColor()로 RGB 영상 src_rgb을 생성한다.

3 #2는 transform()으로 RGB영상 src_rgb을 전처리하고 텐서로 변환한다. Resize()에서 interpolation = cv2.INTER_AREA이 torchvision.transforms.Resize()의 기본 보간 BILINEAR과 가장 유사하다.

4 #3, #4는 [예제 5.14]와 같다. image_name[0] = 'elephant.jpg'에 대해 top5_indices = [385 386 101 51 346]으로 [예제 5.14]와 같다. 그러나 top5_values는 약간 차이가 있다. Resize()에서 사용한 보간법과 안티에일리어싱 anti-aliasing 때문이다.

예제 5.16 | PyTorch(torchvision) 3: VGG16 전이 학습(CIFAR-10)

```
01  # 0516.py
02  '''
03  https://github.com/pytorch/vision/blob/master/torchvision/models/vgg.py
04  https://github.com/kuangliu/pytorch-cifar/blob/master/main.py
05  '''
06  import torch
07  import torch.nn as nn
08  from torchvision import transforms
```

```
09 from torchvision import models
10 from torchvision.datasets import CIFAR10
11 from torch.utils.data import  DataLoader
12 from torchsummary import summary
13
14 #1:
15 data_transform = transforms.Compose([
16     transforms.Resize(224),
17     transforms.ToTensor(),
18     transforms.Normalize(mean = (0.485, 0.456, 0.406),
19                          std = (0.229, 0.224, 0.225))])
20
21 root_path = './dnn/cifar10'
22 train_ds = CIFAR10(root = root_path, train = True, download = True,
23                   transform = data_transform)
24 test_ds  = CIFAR10(root = root_path, train = False, download = True,
25                   transform = data_transform)
26
27 train_size = train_ds.data.shape[0]
28 test_size = test_ds.data.shape[0]
29
30 print('train_ds.data.shape= ', train_ds.data.shape)
31 # (50000, 32, 32, 3)
32 print('test_ds.data.shape= ', test_ds.data.shape)
33 # (10000, 32, 32, 3)
34
35 # if RuntimeError: CUDA out of memory, then reduce batch size
36 train_loader = DataLoader(train_ds, batch_size = 128, shuffle = True)
37 test_loader  = DataLoader(test_ds,  batch_size = 128, shuffle = True)
38 print('len(train_loader.dataset)=', len(train_loader.dataset))
39 print('len(test_loader.dataset)=', len(test_loader.dataset))
40
41 #2:
42 class TransferVgg16(nn.Module):
43
44     def __init__(self, freeze=True):
45         super(TransferVgg16, self).__init__()
46
47         vgg16 = models.vgg16(pretrained = True)
48         self.features = vgg16.features
49         if freeze:
50             for param in self.features.parameters():
51                 # freeze the layers
52                 param.requires_grad = False
53         self.avgpool = nn.AdaptiveAvgPool2d(output_size = (7, 7))
```

```
54          self.classifier = nn.Sequential(
55                              #nn.Flatten(),
56                              nn.Linear(in_features = 512 * 7 * 7,
57                              out_features = 100),
58                              nn.ReLU(),
59                              nn.Dropout(0.2),
60                              nn.Linear(100, 100),
61                              nn.Dropout(0.2),
62                              nn.Linear(100, 10), # 10-classes
63                              nn.Softmax(dim=1)
64                          )
65
66      def forward(self, x):
67          x = self.features(x)
68          x = self.avgpool(x)
69          x = x.view(x.size(0), -1)       # nn.Flatten(),
70          x = self.classifier(x)
71          return x
72
73  DEVICE = 'cuda' if torch.cuda.is_available() else 'cpu'
74  model = TransferVgg16(freeze = True).to(DEVICE)
75  #summary(model, torch.Size([3, 224, 224]), device = DEVICE)
76
77  #3
78  #3-1
79  loss_fn = nn.CrossEntropyLoss()          # int label
80  optimizer = torch.optim.Adam(model.parameters(), lr = 0.001)
81  #optimizer = torch.optim.SGD(model.parameters(),
82                          lr = 0.001, momentum = 0.9)
83
84  loss_list = []
85  EPOCHS = 20
86  print("training.....")
87  model.train()
88  for epoch in range(EPOCHS):
89
90      #total = 0
91      correct = 0
92      batch_loss = 0.0
93      for i, (X, y) in enumerate(train_loader):
94          # train_ds_size // train_loader.batch_size
95          optimizer.zero_grad()
96          X = X.to(DEVICE)
97          y = y.to(DEVICE)
98          out = model(X)
```

```
 99            loss = loss_fn(out, y)
100            loss.backward()
101            optimizer.step()
102
103            _, pred = out.max(1)
104            correct += pred.eq(y).sum().item()
105            #total += y.size(0)
106            batch_loss += loss.item()
107        train_loss = batch_loss / train_size
108        train_accuracy = correct / train_size
109        loss_list.append(train_loss)
110        print("epoch={}, train_loss={}, train_accuracy={:.4f}".format(
111                            epoch, train_loss, train_accuracy))
112
113 #3-2
114 print("evaluating.....")
115 model.eval()
116 with torch.no_grad():
117     correct = 0
118     batch_loss = 0.0
119     for i, (X, y) in enumerate(test_loader):
120         optimizer.zero_grad()
121         X = X.to(DEVICE)
122         y = y.to(DEVICE)
123         out = model(X)
124
125         loss = loss_fn(out, y)
126         batch_loss += loss.item()
127
128         _, pred = out.max(1)
129         correct += pred.eq(y).sum().item()
130     test_loss = batch_loss / test_size
131     test_accuracy = correct / test_size
132     print("test_loss={}, test_accuracy={:.4f}".format(
133                                test_loss, test_accuracy))
134
135 #4
136 dummy_input = torch.randn(1, 3, 224, 224).to(DEVICE)
137 torch.onnx.export(model, dummy_input, "./dnn/cifar10.onnx")
138 # cifar10-sgd-20.onnx
139
140 #5
141 from matplotlib import pyplot as plt
142 plt.plot(loss_list)
143 plt.show()
```

실행 결과 1: Adam(model.parameters(), lr = 0.001)

training.....
epoch=0, train_loss=1.667066633853766, train_accuracy=0.7988
...
epoch=19, train_loss=1.543862118745399, train_accuracy=0.9171
evaluating.....
test_loss=1.609243552896041, test_accuracy=0.8505

실행 결과 2: SGD(model.parameters(), lr = 0.001, momentum = 0.9)

training.....
epoch=0, train_loss=2.1921266445418452, train_accuracy=0.3438
...
epoch=19, train_loss=1.5482056293341204, train_accuracy=0.9277
evaluating.....
test_loss=1.5940528685533548, test_accuracy=0.8776

프로그램 설명

1 CIFAR10은 10가지 영상 분류 데이터셋이다. 훈련 데이터는 50,000개, 테스트 데이터는 10,000개이다. 각 영상은 32×32 크기의 RGB 컬러 영상이다.

train_ds.data.shape = (50000, 32, 32, 3)이고, test_ds.data.shape = (10000, 32, 32, 3) 이다.

2 #1은 torchvision.datasets에서 CIFAR10 데이터셋을 root_path에 다운로드하여 train_ds, test_ds를 생성한다. transform = data_transform은 VGG16 모델의 입력을 위해 영상 크기를 224×224 크기로 확대하고, mean, std에 의해 정규화 한다.

DataLoader()를 이용하여 train_loader, test_loader를 생성한다. 배치 크기는 batch_size = 128이고, shuffle = True이다.

3 #2는 TransferVgg16 모델을 생성한다. vgg16의 특징 추출기 models.vgg16.features는 포함 하고, 사전 훈련 가중치도 포함한다. 분류기 models.vgg16.classifier는 포함하지 않고, 뉴런의 개수를 줄이고, 과적합 over-fitting)을 방지하기 위하여 nn.Dropout(0.2)을 추가한다. 출력층의 nn.Linear(100, 10)에서 out_features = 10은 분류 종류의 개수이다. nn.Softmax(dim = 1)에 의해 출력 값의 합은 1로 정규화 한다.

model = TransferVgg16(freeze = True).to(DEVICE)는 모델 model을 생성한다. freeze = True이면 model.features는 훈련하지 않고 분류기만 훈련하는 전이학습 transfer learning을 수행한다. 전이학습은 몇 번의 반복으로도 빠르게 훈련되는 장점이 있다. freeze = False이면 model.features를 포함하여 사전 훈련된 가중치를 미세조정 fine-tuning하여 모델을 훈련한다. 미세조정 학습은 정교한 하이퍼 파라미터 learning rate의 조정이 필요하다. print(model)는 간단한 모델 구조를 출력한다. torchsummary.summary()는 자세한 정보를 알 수 있다.

4 #3-1은 train_loader를 사용하여 모델 model을 EPOCHS 만큼 반복하여 훈련한다. 각 에폭 마다 train_loader에서 배치 데이터(X, y)를 가져와서 모델을 미니 배치 훈련한다. X는 배치

크기의 영상으로 X.shape = torch.Size([128, 3, 224, 224])이다. y는 배치 크기의 0에서 9까지 정수 레이블로 y.shape = torch.Size([128])이다. y가 정수 레이블이기 때문에 loss_fn = nn.CrossEntropyLoss()를 사용한다. 모델의 출력 ^{out}으로부터 out.max(1)에 의해 예측 레이블 ^{pred}을 계산한다. pred와 y의 일치 횟수를 correct에 누적한다. 각 에폭에서 훈련 데이터의 정확도 $^{train\_accuracy}$와 미니 배치의 평균 손실 오차 $^{train\_loss}$를 계산한다.

5️⃣ #3-2는 test_loader를 사용하여 테스트 데이터의 정확도 $^{test\_accuracy}$와 평균 손실 오차 $^{test\_}$ $_{loss}$를 계산한다. #4는 훈련된 모델을 ONNX 파일에 저장한다. #5는 훈련하는 동안 계산한 평균 손실 $^{loss\_list}$) 그래프로 표시한다([그림 5.8]).

6️⃣ "cifar10-adam-20.onnx" 파일은 Adam(model.parameters(), lr = 0.001)로 EPOCHS = 20회 훈련한 결과이다. train_accuracy = 0.9171, test_accuracy = 0.8505이다.

7️⃣ "cifar10-sgd-20.onnx" 파일은 SGD(model.parameters(), lr = 0.001, momentum = 0.9)로 EPOCHS = 20회 훈련한 결과이다. train_accuracy = 0.9277, test_accuracy = 0.8776로 약간 좋은 분류성능을 갖는다.

8️⃣ 메모리 부족으로 실행오류 ^{RuntimeError}가 발생하면 데이터로더의 배치 크기 $^{batch\_size}$ = 128를 작게 한다. 훈련 데이터의 정확도는 실행할 때마다 결과가 달라 질 수 있다. 배치 크기 $^{batch\_size}$ = 128를 작게 하면 계산 시간은 늘어나는 단점이 있다. 그러나 미니 배치에서 지역극값을 탈출할 기회가 더 많아지며, 훈련 데이터에 대한 과적합 $^{over-fitting}$이 적게 발생하여 일반화에 장점이 있다.

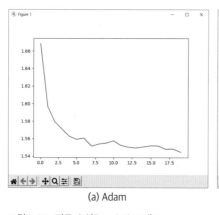 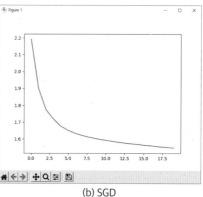

(a) Adam   (b) SGD

그림 5.8 ▷ 평균 손실(loss_list) 그래프

예제 5.17   PyTorch(torchvision) 4: CIFAR-10에 의한 분류

```
01  # 0517.py
02  import cv2
03  import numpy as np
```

```
04 from opencv_transforms import transforms
05 # pip install opencv_transforms
06
07 #1:
08 net = cv2.dnn.readNet('./dnn/cifar10.onnx')      # cifar10-sgd-20.onnx
09
10 #2
11 image_name = ['./data/cat.jpg', './data/dog.jpg',
12                './data/dog2.jpg', './data/eagle.jpg',
13                './data/horses.jpg']
14 src = cv2.imread(image_name[4])              # BGR
15 src_rgb = cv2.cvtColor(src, cv2.COLOR_BGR2RGB)  # src[..., ::-1]
16
17 #3
18 #3-1
19 def preprocess(img):
20     X = img.copy()
21     X = cv2.resize(X, dsize = (224, 224))
22     # interpolation = cv2.INTER_AREA
23
24     X = X / 255                            # [0, 1]
25
26     mean= (0.485, 0.456, 0.406)
27     std = (0.229, 0.224, 0.225)
28     X = (X - mean) / std
29
30     return np.float32(X)
31 img = preprocess(src_rgb)           # img.shape = (224, 224, 3), RGB
32
33 #3-2
34 transform = transforms.Compose([
35                 transforms.Resize((224, 224)),
36                 transforms.Lambda(lambda x: x / 255),
37                 transforms.Lambda(lambda x:
38                         np.float32((x - (0.485,
39                                      0.456, 0.406)) /
40                         (0.229, 0.224, 0.225)))
41             ])
42 img2 = transform(src_rgb)
43
44 #4
45 blob = cv2.dnn.blobFromImage(img)   # img2, (1, 3, 224, 224) : NCHW
46 net.setInput(blob)
47 out = net.forward()                 # out.shape = (1, 2)
48 pred = np.argmax(out, axis = 1)[0]
```

```
49  print('out=', out)
50  print('pred=', pred)
51
52  #5
53  cifar10_labels = ('plane', 'car', 'bird', 'cat', 'deer',
54                    'dog', 'frog', 'horse', 'ship', 'truck')
55
56  print('prediction:', cifar10_labels[pred])
57  cv2.imshow(cifar10_labels[pred] +" : " + str(out[0, pred]), src)
58
59  cv2.waitKey()
60  cv2.destroyAllWindows()
```

▶ 프로그램 설명

1 CIFAR10 데이터셋으로 훈련된 ONNX 모델을 OpenCV에서 로드하여 영상을 분류한다.

2 #1은 [예제 5.16]에서 훈련된 ONNX 모델('cifar10-sgd-20.onnx')을 net에 로드한다.

3 #2는 cv2.imread()로 image_name[0] 영상을 src에 로드한다. src는 BGR 채널 순서이다. cv2.cvtColor()로 RGB 영상 src_rgb을 생성한다.

4 #3은 영상 src_rgb을 net에 입력하기 위해 2가지 방법으로 전처리한다.

#3-1은 preprocess()로 src_rgb를 img에 전처리한다. 전처리된 영상(img)은 img.shape = (224, 224, 3)의 RGB 영상이고 [0, 1]로 스케일하여 ImageNet의 mean, std로 정규화 한다.

5 #3-2는 opencv_transforms로 src_rgb를 img2에 전처리한다. transforms.Normalize() 는 torch 텐서에서만 사용할 수 있다. 여기서는 Numpy 배열 src_rgb을 정규화하기 위하여 transforms.Lambda()를 사용한다. img2는 #3-1의 img와 같다.

6 #4에서 cv2.dnn.blobFromImage()로 img를 NCHW 형식의 blob로 변경한다. blob.shape = (1, 3, 224, 224)이다. net.setInput()로 net의 입력 blob을 설정한다. net.forward()로 net의 출력 out을 계산하고, np.argmax()로 pred를 찾는다. img2에 대해서도 같은 결과이다.

7 #5는 cifar10_labels를 이용하여, 입력 영상 src의 분류 결과 레이블 cifar10_labels[pred]을 출력 하고, cv2.imshow()로 영상을 표시한다([그림 5.9]). 영상 크기가 32×32인 CIFAR10 데이터셋 으로 훈련하였음에도 예제의 image_name 영상 모두 올바르게 분류한다.

(a) image_name[1]: 'dog.jpg'　　　　　　　　(b) image_name[4]: 'horses.jpg'

그림 5.9 ▷ CIFAR10 데이터셋을 이용한 영상 분류

CHAPTER 06 YOLO 물체검출

01 YOLO You Only Look Once

영상 분류에서는 영상의 전체 영역에 대해 분류를 수행하였다. 물체검출 object detection은 영상, 비디오에서 물체의 위치 localization와 분류 classification를 동시에 처리한다. 예를 들어 영상에서 고양이가 있는 위치를 사각형 박스로 검출한다. 영상에서 사각 윈도우를 움직여 가며 물체를 찾는 방법이 있다. 이러한 슬라이딩 윈도우 방법은 시간이 오래 걸린다. 다양한 물체의 크기를 고려하려면 윈도우의 크기를 변경하며 찾아야 한다. 다른 방법은 영상을 블록으로 나누고 각 블록에서 물체를 검출하는 방법이 있다. 또 다른 방법은 후보 영역을 먼저 검출하고 후보 영역을 분류하는 방법이 있다.

최근 R-CNN Region CNN, SSD Single Shot Multibox Detector, YOLO You Only Look Once 등의 합성곱 신경망 CNN 기반의 딥러닝 모델에서 물체검출 분야에 많은 발전을 이루었다. YOLO는 영상을 그리드로 나누어 그리드에서 앵커 박스를 이용하여 하나 이상의 물체를 검출하고 회귀 regression에 의한 최적화로 바운딩 박스의 위치를 검출한다.

YOLO는 Joseph Redmon에 의해 C언어로 구현된 Darknet 프레임워크에서 개발되었다. 2015년에는 v1("You Only Look Once: Unified, Real-Time Object Detection"), 2016년에 v2("YOLO9000: Better, Faster, Stronger"), v3("An Incremental Improvement")로 성능을 향상시키며 개선되었다. YOLOv4는 2020년 3월 Alexey Bochkovskiy에 의해 개발되었다. YOLOv5는 2020년 5월 ultralytics의 Glenn Jocher에 의해 PyTorch로 개발되었다.

여기서는 COCO 데이터셋으로 훈련된 YOLO v2, v3, v4 모델(*.cfg, *.weights)을 OpenCV DNN에서 로드하여 물체를 검출한다. YOLOv5의 사전 훈련 Nano 모델을 사용하여 물체를 검출하고 ONNX 파일을 생성하고 훈련하는 방법으로 ONNX 파일의 OpenCV DNN 로드에 의한 물체검출을 설명한다.

물체검출 방법은 바운딩 박스의 겹침 정도를 계산하는 IOU Intersection Over Union를 사용한다. [그림 6.1]의 IOU는 2개의 바운딩 박스의 교집합을 합집합으로 나누어 계산한다. 바운딩 박스의 크기가 같고 완전히 겹치면 IOU = 1이고, 분리되어 있으면 IOU = 0이다. [예제 6.3]의 bbox_iou(box1, box2) 함수는 IOU를 계산한다.

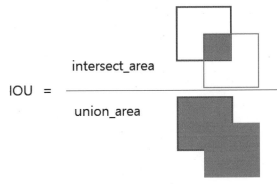

그림 6.1 ▷ IOU(Intersection Over Union)

YOLOv2 · YOLOv3 · YOLOv4 `02`

여기서는 YOLOv2, YOLOv3, YOLOv4의 간략한 특징을 설명한다.

YOLOv2 `01`

YOLOv2는 영상을 S×S 그리드 셀로 나눈다. 각 그리드에 대해 B개의 앵커 박스 ^{Anchor} 사용를 이용하여 바운딩 박스를 찾는다. yolo2.cfg에서 [maxpool] stride = 2에 의해 영상을 5회 축소 ^{downsampling}한다. 출력층은 [region]이다. num = 5에 의해 B = 5이다. classes = 80은 COCO 데이터셋의 클래스 개수이다. 예를 들어, 416×416 영상이면 5회(1/32) 축소하여 13×13 그리드이다. B = 5이면, 13×13×5 = 845개의 박스를 출력한다. 각 박스에 대해서 박스 좌표 $^{cx, cy, w, h}$와 물체가 존재하는지 여부에 대한 confidence / objectness(p0), 클래스 스코어(p1, ..., p80)의 85개 벡터 구조를 갖는다 ([그림 6.2]). 출력층의 모양은 845×85이다. [예제 6.2]에서 출력층의 이름은 out_layer_names = ['detection_out']이다.

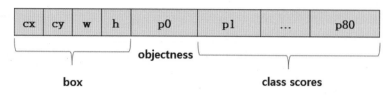

그림 6.2 ▷ YOLO 출력구조(COCO datasets, class = 80)

02 YOLOv3

YOLOv3은 Darknet53을 기반으로 3개의 스케일에서 출력을 갖는다. 각 출력에서 그리드 셀마다 3개의 Anchor 박스에 의한 바운딩 박스 출력한다. yolo3.cfg에서 [convolutional] stride = 2에 의해 영상을 5회 축소 downsampling한다. [upsample] stride = 2에 의해 2회 확대한다. 출력층인 [yolo]는 3회 있다. num = 9의 Anchors 중에서 mask = 6, 7, 8, mask = 3, 4, 5, mask = 0, 1, 2에 의해 3개씩 출력한다.

예를 들어, 416×416 영상이면 5회(1/32) 축소하여 13×13 그리드이다. mask = 6, 7, 8의 3개 바운딩 박스(13×13×3 = 507)를 출력한다. [upsample] stride = 2에 의해 26×26 그리드에서 mask = 3, 4, 5의 3개의 바운딩 박스(26×26×3 = 2028)를 출력한다. [upsample] stride = 2에 의해 52×52 그리드에서 mask = 0,1,2의 3개의 바운딩 박스(52×52×3 = 8112)를 출력한다. 전체 바운딩 박스의 개수는 507 + 2028 + 8112 = 10,647개이다. 608×608 영상이면, 3개의 스케일(19×19, 38×38, 76×76)에서 출력을 갖는다. [예제 6.2]에서 출력층의 이름은 out_layer_names = ['yolo_82', 'yolo_94', 'yolo_106']이다.

03 YOLOv4

YOLOv4는 성능 향상을 위해 특징을 추출하는 Backbone은 CSPDarknet53을 사용하고, 특징을 통합하는 Neck은 SPP Spatial Pyramid pooling, PANet Path Aggregation Network 등의 다양한 방법을 사용하고 있다. 모델 예측을 담당하는 Head 부분은 YOLO V3과 같이 3개의 스케일에서 출력을 갖는다. 416×416 영상이면, 3개의 스케일(52×52, 26×26, 13×13)에서 출력을 갖는다. 608×608 영상이면, 3개의 스케일(76×76, 38×

38, 19×19)에서 출력을 갖는다. [예제 6.2]에서 출력층의 이름은 out_layer_names = ['yolo_139', 'yolo_150', 'yolo_161']이다. .

YOLOv5 $\boxed{03}$

YOLOv5는 ultralytics의 Glenn Jocher에 의해 PyTorch로 개발되었다. YOLOv5는 백본 backbone과 헤드 head로 구성되어 있다. 모델의 크기에 따라 n nano, s small, m medium, l large, x extra 등의 다양한 버전이 있다. torch.hub.load( )로 모델을 로드할 수 있다. 버그수정, Roboflow의 무료 데이터셋의 통합, 소형 모바일 모델 Nano, TensorFlow and Keras Export, OpenCV DNN 호환성, 파일 이름, URI, OpenCV, PIL, torch 등 다양한 영상, 비디오 소스, Pandas 출력 등 사용자 편의성이 계속 추가 되고 있다. https://github.com/ultralytics/yolov5 에서 YOLOv5-master.zip를 다운로드하고 압축을 해제한다.

최신 배포 사전 훈련 가중치(yolov5n.pt, yolov5s.pt, yolov5s.pt, yolov5l.pt, yolov5x.pt 등)는 https://github.com/ultralytics/yolov/releases 에 있다. 여기서는 YOLOv5의 사전 훈련 Nano 모델을 사용하여 물체를 검출 detect.py 하고, ONNX 파일을 생성 export.py 하고, 훈련 train.py 하는 방법을 설명한다.

훈련된 모델을 이용한 물체검출: ONNX $\boxed{01}$

$\boxed{01}$ detect.py 사용

YOLOv5-master의 "detect.py"를 사용하면 훈련된 모델을 이용하여 검출할 수 있다. [그림 6.3]은 Nano 모델 yolov5n.pt을 사용하여 "eagle.jpg" 영상과 "vtest.avi" 동영상에서 물체를 검출한다(가중치 파일이 없으면 'yolov5-master' 폴더에 자동으로 다운로드한다). '--source' 옵션에 따라 0은 Webcam, 동영상, 유투브, rtsp 등 다양한 입력이 가능하다. 실행 결과는 'yolov5-master\runs\detect' 폴더에 저장된다([그림 6.4]).

```
# Command Line
# cd YOLOv5 folder
D:\> cd D:\OpenCV_DeepLearning_example_2022\yolov5-master
yolov5-master> python detect.py -h
...

yolov5-master> python detect.py --weight yolo5n.pt  --img 640 --source
../data/eagle.jpg
...
Results saved to runs\detect\exp

yolov5-master> python detect.py --weights yolov5n.pt --img 640 --source
../data/vtest.avi --view-img
...
Results saved to runs\detect\exp
```

그림 6.3 ▷ YOLOv5 물체검출('detect.py')

(a) eagle.jpg   (b) vtest.avi

그림 6.4 ▷ YOLOv5 물체검출, yolov5n.pt

02   export.py 사용

'export.py'를 사용하면 모델을 ONNX 파일로 변환하여 익스포트한다. 디폴트 옵셋은 14이다. 'yolov5-master' 폴더에 'yolov5n.onnx' 파일이 생성된다.

```
# Command Line
yolov5-master> python export.py -h
yolov5-master> python export.py --weights yolov5n.pt --img 640 --batch 1
```

그림 6.5 ▷ YOLOv5 익스포트('export.py')

YOLOv5: MS COCO Dataset 훈련(train.py) 02

여기서는 'train.py'로 YOLOv5 모델를 이용하여 데이터를 훈련하는 방법을 설명한다. 훈련을 위한 샘플 데이터셋은 https://blog.roboflow.com/how-to-train-yolov5-on-a-custom-dataset/에서 다운로드 할 수 있다.

01 MS COCO Dataset 다운로드

Roboflow의 커스텀 데이터셋에서 "YOLO v5 PyTorch" 포맷의 Microsoft COCO 2017 데이터셋을 다운로드 받아 'yolov5-master\datasets\MS_COCO' 폴더에 압축을 풀면 [그림 6.6]과 같은 구조를 갖는다. 'MS_COCO\train' 폴더는 훈련 데이터이고, 'MS_COCO\valid' 폴더는 검증 데이터이다. 'images' 폴더에는 영상이 있고, 'labels' 폴더에는 YOLO 마커를 사용하여 생성한 각 영상과 같은 이름의 '*.txt' 파일에 물체 정보(물체 번호, 바운딩 박스)가 있다.

'data.yaml' 파일에는 데이터셋에 대한 정보가 있다. train은 훈련 영상 폴더, val은 검증 영상 폴더, nc는 클래스 개수, names는 레이블 이름이다. path를 "../datasets/MS_COCO"로 설정하고, train, val을 path에 상대적으로 수정한다.

```
# MS_COCO: Folder Structure
# parent: OpenCV_DeepLearning_example_2022
#   ├── yolov5        # yolov5-master
#   └── datasets
#       └── MS_COCO
#           ├── train
#           │   ├── images
#           │   └── labels
#           └── valid
#               ├── images
#               └── labels
#           └── data.yaml
# data.yaml
# YOLOv5 🚀 by Ultralytics, GPL-3.0 license
# parent
#   ├── yolov5
#   └── datasets
#       └── MS_COCO
```

그림 6.6 ▷ MS COCO Dataset('data.yaml') 계속

```
path: ../datasets/MS_COCO       # dataset root dir
train: ./train/images           # train images (relative to 'path')
val: ./valid/images             # val images (relative to 'path')
nc: 80
names: ['aeroplane', 'apple', ..., , 'zebra']
```

그림 6.6 ▷ MS COCO Dataset('data.yaml')

02 ▷ train.py를 이용한 훈련

'train.py'는 데이터셋의 데이터 로더를 yolov5-master/utils/datasets.py의 create_dataloader() 함수로 생성한다.

[그림 6.7]은 Nano 모델(yolov5n)을 사용하여 데이터셋을 훈련한다. #1은 MS_COCO 데이터셋을 실행 옵션 '--img 640 --batch 128 --epochs 10'으로 훈련한다. 데이터셋의 규모가 크기 때문에 실행시간이 오래 걸린다.

#2는 'yolov5-master/data/coco128.yaml'을 사용하여 '--img 640 --batch 32 --epochs 100' 실행 옵션으로 실행하면, https://ultralytics.com/assets/coco128.zip을 'yolov5-master\datasets\coco128' 폴더에 다운로드하여 훈련한다.

```
#1:  ../datasets/MS_COCO/data.yaml
yolov5-master> python train.py --img 640 --batch 128 --epochs 10
                               --data ../datasets/MS_COCO/data.yaml
                               --cfg yolov5n.yaml
                               --weights yolov5n.pt --name yolov5_coco

Logging results to runs\train\yolov5n_coco
Starting training for 10 epochs...
...
Epoch   gpu_mem      box      obj      cls    labels   img_size
9/9      16G     0.05301  0.07121  0.02855      877        640:
        Class     Images   Labels        P        R    mAP@.5   mAP@.5:.95:
          all       5000    36335    0.527    0.391       0.4         0.231
....
```

그림 6.7 ▷ Microsoft COCO Dataset 훈련(train.py, yolov5n) 계속

```
#2: coco128.yaml
yolov5-master> python train.py --img 640 --batch 32 --epochs 100 --data
coco128.yaml --cfg yolov5n.yaml --weights yolov5n.pt --name yolov5n_coco128

Logging results to runs\train\yolov5n_coco128
Starting training for 100 epochs...
...
Epoch   gpu_mem      box      obj      cls    labels   img_size
99/99     5.65G  0.04271  0.05529  0.01081       412       640: ...
          Class   Images   Labels        P        R   mAP@.5   mAP@.5:.95:
            all      128      929    0.848    0.749    0.836          0.563
...
```

그림 6.7 ▷ Microsoft COCO Dataset 훈련(train.py, yolov5n)

03 훈련 결과

[그림 6.7]에서 #1의 훈련 결과는 'yolov5-master\runs\train\yolov5_coco' 폴더에 생성된다. [그림 6.8]은 다양한 성능기준의 그래프이다. 컨퓨전 행렬 confusion matrix, P_curve, R_Curve, PR_curve, F1_Curve 등이 생성된다. 모델의 훈련된 마지막 가중치 last.pt와 최적 가중치 best.pt를 weights 폴더에 저장한다.

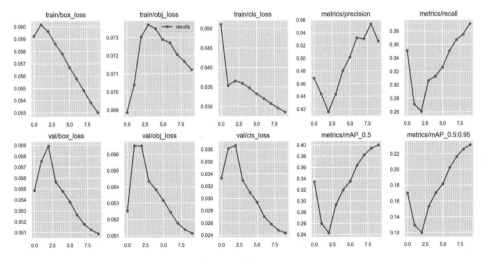

그림 6.8 ▷ 실행 결과(/runs/train/yolov5_coco/result.png)

정밀도 Precision는 예측 Pred을 기준으로 Positive 예측(TP + FP)에서 TP(True Positive)의 비율이다. 재현율 Recall은 실제 정답 actual positives, True을 기준으로 실제 Positive(TP + FN)에서 TP의 비율이다([그림 6.9]).

$$Precision = \frac{TP}{TP + FP}, \quad Recall = \frac{TP}{TP + FN}$$

		Pred	
		Positive	Positive
True	Positive	True Positive(TP)	False Negative(FN)
	Negative	False Positive(FP)	True Negative(TN)

그림 6.9 ▷ 이진 분류 컨퓨전 행렬(confusion matrix)

물체검출 및 분할에서 정밀도(P), 재현율(R)은 [그림 6.1]의 IOU의 임계값에 따라 달라진다. IOU의 임계값에 따라 PR Precision-Recall 그래프를 그리고, AP Average Precision은 PR 곡선의 아래 면적으로 계산한다. mAP mean Average Precision는 각 클래스의 AP의 평균으로 계산한다. [그림 6.7]에서 mAP@.5는 Pascal VOC 기준으로 IOU > 0.5로 계산한 결과이고, mAP@.5:.95은 COCO 기준으로 IOU를 [.5, .95] 범위에서 0.05 간격으로 여러 번 계산하여 평균을 계산한 결과이다(https://kharshit.github.io/blog/2019/09/20/evaluation-metrics-for-object-detection-and-segmentation 참고).

03 YOLOv5: Custom Dataset 훈련

여기서는 폴더에 저장된 영상을 YOLO 마커 LabelImg로 레이블을 생성하고, 훈련하는 방법을 설명한다. YOLO는 바운딩 박스를 제외한 영역의 배경으로 사용하므로 배경 영상이 별도로 필요 없다. 그럼에도 불구하고, Yolov5 문서는 레이블이 없는 배경영상을 0~10%까지 추가하면 오검출을 줄일 수 있다고 설명한다.

01 ▸ datasets\PetImages_Custom 폴더

'datasets\PetImages_Custom' 폴더에 [그림 6.10]의 폴더구조를 생성하고, 'train\Cat', 'train\Dog' 폴더에 각각 80개 영상을 복사한다. 'train\Background'에는 물체(cat, dog)가 없는 영상을 추가한다. 'valid\Cat', 'valid\Dog' 폴더에 각각 20개 영상을 복사한다.

[그림 6.6]의 MS COCO 데이셋과 같은 폴더구조를 사용하려면 영상의 파일이름을 다르게 변경한다. 'train\Cat\images', 'train\Cat\labels', 'train\Dog\images', 'train\Dog\labels'와 같이 영상(*.jpg)과 마커에 의해 생성되는 레이블(*.txt)을 구분하여 저장할 수 있다.

```
datasets/PetImages_Custom
            ├── train
            │    ├── Cat    # 80 images
            │    ├── Dog    # 80 images
            │    ├── Background  # 3 images
            └── valid
                 ├── Cat    # 20 images
                 └── Dog    # 20 images
```

그림 6.10 ▷ PetImages_Custom 폴더구조

02 ▸ LabelImg 다운로드

YOLO 마커를 사용하여 영상의 물체 정보(물체번호, 바운딩 박스)를 생성한다. 여기서는 https://tzutalin.github.io/labelImg/에서 Windows_v1.8.0 버전의 LabelImg를 사용한다. 'predefined_classes.txt' 파일을 물체 종류의 이름(cat, dog)으로 편집한다. 이름 순서로 0, 1의 물체번호 레이블을 갖는다.

```
# windows_v1.8.0/data/predefined_classes.txt
cat
dog
```

03 LabelImg를 이용한 물체 레이블링

labelImg 응용프로그램을 실행한다. [Open Dir] 버튼을 선택하여 'train\Cat' 폴더를 선택하고, 레이블링 파일(*.txt)의 저장 폴더도 같은 폴더를 선택한다. [Pacal VOC] 버튼을 클릭하여 [YOLO]로 변경한다([그림 6.11]). 키보드에서 Ⓦ를 선택하고, 마우스를 왼쪽 버튼을 드래그하여 물체(cat, dog)를 사각형 박스로 선택하고, 대화상자에서 레이블 (cat, dog)을 선택한다. [Next Image] 버튼으로 다음 영상으로 이동하면 영상 같은 이름의 TXT 파일에 물체 정보를 저장한다. 생성된 박스, 레이블의 수정 편집도 가능하고, 하나의 영상에서 여러 개의 박스도 가능하다. "train/Cat/0.txt" 파일은 cat = 0, cx = 0.458000, cy = 0.470667, w = 0.492000, h = 0.370667 레이블 정보를 깆는다. 박스 좌표 크기는 [0, 1]로 정규화된다.

```
# datasets/PetImages_Custom/train/Cat/0.txt
0  0.458000 0.170667 0.492000 0.370667
```

기존에 생성된 레이블을 보려면 선택한 폴더에 물체 이름이 있는 'classes.txt' 파일이 있어야한다. LabelImg를 이용하여 'train\Dog', 'valid\Cat', 'valid\Dog' 폴더의 영상에 대해서도 같은 방법으로 레이블링하여 TXT 파일을 생성한다. 배경영상은 'train\Background' 폴더에 레이블을 생성하지 않는다.

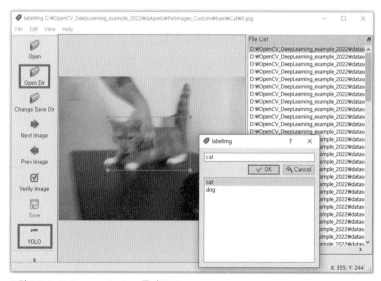

그림 6.11 ▷ PetImages_Custom 폴더구조

04 train.txt · valid.txt 파일 생성

'train_valid_txt_file.py'를 사용하여 'train', 'valid' 폴더의 영상파일 리스트를 'train.txt', 'valid.txt' 파일에 생성한다([그림 6.12]).

```
# train_valid_txt_file.py
#1: train.txt'

train_images = glob.glob("./train/**/*.jpg", recursive = True)

##for file in train_images:
##    print(file)

with open('./train.txt', 'w') as f:
    f.write('\n'.join(train_images))


#2: valid.txt

valid_images = glob.glob("./valid/**/*.jpg", recursive = True)

##for file in valid_images:
##    print(file)

with open('./valid.txt', 'w') as f:
    f.write('\n'.join(valid_images))
```

그림 6.12 ▷ datasets\PetImages_Custom\train_valid_txt_file.py

05 데이터 정보 생성, petimages.yaml

'yolov5-master\data' 폴더의 'coco.yaml'을 복사하여 'petimage.yaml'을 생성하고, 데이터셋에 대한 정보를 변경한다([그림 6.13]). path를 "../datasets/PetImages_Custom"로 설정하고, train, val을 path에 상대적으로 수정한다.

```
# YOLOv5 🚀 by Ultralytics, GPL-3.0 license
# parent
# ├── yolov5
# └── datasets
#     └── PetImages_Custom
# Train/val/test sets as 1) dir: path/to/imgs, 2) file: path/to/imgs.
txt, or 3) list:    # [path/to/imgs1, path/to/imgs2, ..]
```

그림 6.13 ▷ yolov5-master/data/petimage.yaml 계속

```
path: ../datasets/PetImages_Custom    # dataset root dir
train: train.txt               # train images (relative to 'path')
val:  valid.txt                # val images (relative to 'path')

# test: train.txt
# Classes

nc: 2                          # number of classes
names: ['cat', 'dog']          # class names
```

그림 6.13 ▷ yolov5-master/data/petimage.yaml

06 PetImages_Custom 데이터 훈련

'train.py'로 Nano 모델(yolov5n)을 사용하여 'petimage.yaml'의 데이터셋을 옵션 '--img 640 --batch 8 --epochs 100'으로 훈련한다([그림 6.14]). 전체 43개의 레이블 중에서 cat이 22개, dog이 21개이다. [그림 6.15]는 분류 결과 컨퓨전 행렬이다. 실제 cat을 cat으로 올바르게 77% 예측하고, 23%는 배경으로 잘못 예측했다. 실제 dog을 dog으로 올바르게 86% 예측하고, 14%는 배경으로 잘못 예측했다. 실제 배경은 전부 dog으로 예측했다.

```
yolov5-master> python train.py --img 640 --batch 8 --epochs 100 --data
petimage.yaml --cfg yolov5n.yaml --weights yolov5n.pt --name yolov5n_
petimage

...

100 epochs completed in 0.043 hours.
Optimizer stripped from runs\train\yolov5n_petimage\weights\last.pt,
3.9MB
Optimizer stripped from runs\train\yolov5n_petimage\weights\best.pt,
3.9MB

Validating runs\train\yolov5n_petimage\weights\best.pt...
Fusing layers...
Model Summary: 213 layers, 1761871 parameters, 0 gradients
   Class   Images   Labels      P        R      mAP@.5   mAP@.5:.95:
     all       40       43      0.9    0.909      0.93        0.459
     cat       40       22    0.925    0.818     0.879        0.339
     dog       40       21    0.875        1     0.981        0.578
Results saved to runs\train\yolov5n_petimage
```

그림 6.14 ▷ PetImages_Custom Dataset 훈련(train.py, yolov5n)

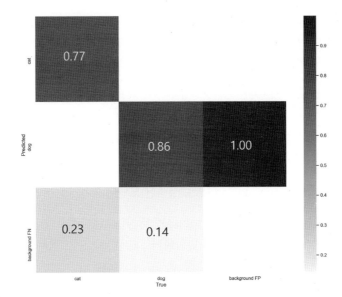

그림 6.15 ▷ yolov5n_petimage/confusion_matrix.png

OpenCV YOLO 물체검출 04

여기서는 OpenCV의 DNN 모듈을 이용하여 훈련된 YOLO 모델을 cv2.dnn.readNet() 으로 로드하고, cv2.dnn_DetectionModel()로 출력을 계산하고, 모델의 출력을 이용하여 검출한 물체를 영상에 표시한다.

cv2.dnn_DetectionModel() 01

물체검출을 위한 DetectionModel을 생성한다. SSD, Faster R-CNN, YOLO등을 지원 한다. model.detect()로 물체를 검출할 수 없을 수 있다. 이때는 model.predict()로 모델의 출력을 계산한 다음 후처리해야 한다.

```
cv2.dnn_DetectionModel(model[, config]) -> <dnn_DetectionModel object>
cv2.dnn_DetectionModel(network) -> <dnn_DetectionModel object>
cv2.dnn_DetectionModel.detect(frame[,confThreshold[, nmsThreshold]])
                                    -> classIds, confidences, boxes
cv2.dnn_Model.setInputParams([, scale[, size[, mean[,
                              swapRB[, crop]]]]]) -> None
```

① model은 훈련된 가중치를 포함한 이진파일이고, config는 네트워크 구성 텍스트 파일이다.

② network은 cv2.dnn.readNet()으로 생성한 모델이다.

③ cv2.dnn_DetectionModel.detect()는 영상(frame)에서 물체를 검출하여, classIds, confidences, boxes를 반환한다.

④ cv2.dnn_Model.setInputParams()는 영상에 대한 전처리를 설정한다. cv2.dnn.blobFromImage()의 파라미터와 같은 의미이다.

01   cv2.dnn.NMSBoxes()

cv2.dnn.NMSBoxes()는 bboxes, scores를 이용하여 비-최대값 억제 NMS, non-maximum suppression 알고리즘을 수행하여 겹치는 지역에서 중복검출을 제거한다. NMS는 SSD, YOLO 등의 물체검출기에서 겹치는 영역에서 낮은 신뢰도를 갖는 영역을 제거한다.

```
cv2.dnn.NMSBoxes(bboxes, scores, score_threshold, nms_threshold[,
                 eta[, top_k]]) -> indices
cv2.dnn.NMSBoxesRotated(bboxes, scores, score_threshold,
                        nms_threshold[, eta[, top_k]]) -> indices
```

① bboxes는 입력 바운딩 박스 배열이고, scores는 대응하는 신뢰도 confidences 배열이다.

② scores 〈 score_threshold인 박스를 제거한다.

③ IOU 〉 nms_threshold인 박스를 제거한다([그림 6.1]).

④ score_threshold는 작을수록 많은 박스가 검출되고, 박스 중복 허용 nms_threshold는 클수록 많은 박스를 검출한다.

예제 6.1 | YOLO 물체검출 1: cv2.dnn_DetectionModel(net)

```python
01 # 0601.py
02 '''
03 https://github.com/pjreddie/darknet
04 https://pjreddie.com/media/files/yolov2.weights
05 https://pjreddie.com/media/files/yolov3.weights
06 https://github.com/AlexeyAB/darknet/wiki/YOLOv4-model-zoo
07 https://gist.github.com/YashasSamaga/e2b19a6807a13046e399f4bc3cca3a49
08 https://github.com/opencv/opencv/blob/master/samples/dnn/object_
09 detection.py
10 '''
11
12 import cv2
13 import numpy as np
14
15 #1
16 with open("./dnn/PreTrained/coco.names", "r") as f:
17     class_names = [line.strip() for line in f.readlines()]
18
19 COLORS = [(0, 0, 255), (0, 255, 0), (255, 0, 0),
20          (255, 255, 0), (0, 255, 255), (255, 0, 255),
21          (255, 128, 255)]
22
23 #2
24 image_name = ['./data/dog.jpg', './data/person.jpg',
25              './data/horses.jpg']
26 src = cv2.imread(image_name[0])
27
28 #3
29 net  = cv2.dnn.readNet("./dnn/PreTrained/yolov2.cfg",
30                       "./dnn/PreTrained/yolov2.weights")
31 #net = cv2.dnn.readNet("./dnn/PreTrained/yolov3.cfg",
32                       "./dnn/PreTrained/yolov3.weights")
33 #net = cv2.dnn.readNet("./dnn/PreTrained/yolov4.cfg",
34                       "./dnn/PreTrained/yolov4.weights")
35
36 model = cv2.dnn_DetectionModel(net)
37
38 #4
39 #4-1
40 model.setInputParams(scale = 1 / 255, size = (416, 416),
41                      swapRB = True)
42 #out = model.predict(src)
43
```

```
44  #4-2
45  labels, scores, boxes = model.detect(src, confThreshold = 0.5,
46                                          nmsThreshold = 0.5)
47
48  #5
49  for (label, score, box) in zip(labels, scores, boxes):
50      color = COLORS[label%len(COLORS)]
51      text = "%s : %f" % (class_names[label], score)
52      cv2.rectangle(src, box, color, 2)
53      cv2.putText(src, text, (box[0], box[1]-10),
54                  cv2.FONT_HERSHEY_SIMPLEX, 0.5, color, 2)
55  cv2.imshow("src", src)
56  cv2.waitKey(0)
57  cv2.destroyAllWindows()
```

프로그램 설명

1 #1은 "coco.names"에서 80개 클래스 이름을 class_names에 로드한다.

2 #2는 cv2.imread()로 영상 src을 로드한다. 영상은 BGR 영상이다.

3 #3은 cv2.dnn.readNet()로 YOLO 버전에 따라 모델(*.cfg, *.weights)을 net에 로드한다. cv2.dnn_DetectionModel(net)로 물체검출 모델 model을 생성한다.

4 #4-1은 model.setInputParams(scale = 1 / 255, size = (416, 416), swapRB = True)로 입력 영상에 대한 전처리를 설정한다. scale = 1 / 255는 화소값을 [0, 1] 범위로 변환한다. size = (416, 416)는 영상 크기를 변환한다. swapRB = True는 RGB 영상으로 변경한다. model.predict(src)는 모델의 출력 out을 계산한다.

5 #4-2는 model.detect(src, confThreshold = 0.5, nmsThreshold = 0.4)로 물체 labels, scores, boxes를 검출한다. labels, scores의 모양은 (n,)이고, boxes.shape = (n, 4)이다. 여기서 n은 검출된 물체의 개수이다.

(a) nmsThreshold = 0.4

(a) nmsThreshold = 0.9

그림 6.16 ▷ YOLOv2, confThreshold = 0.5 ('dog.jpg')

⑥ #5는 검출된 물체를 영상에 표시한다. class_names[label]는 클래스 이름이다.

⑦ [그림 6.16]은 YOLOv2로 'dog.jpg' 영상에서 검출된 물체('bicycle', 'truck', 'dog')이다. confThreshold = 0.5이다. [그림 6.16](a)는 nmsThreshold = 0.4 > IOU인 물체는 제거한 결과이다. [그림 6.16](b)는 nmsThreshold = 0.9 > IOU인 물체는 제거한 결과로 자전거에서 겹치는 영역이 많이 남아 있다. [그림 6.17]은 YOLOv3, YOLOv4에서 confThreshold = 0.5, nmsThreshold = 0.9로 검출한 결과이다.

(a) YOLOv3

(a) YOLOv4

그림 6.17 ▷ YOLO: confThreshold = 0.5, nmsThreshold = 0.9 ('dog.jpg')

예제 6.2 YOLO 물체검출 2: net.forward(out_layer_names)

```python
01 # 0602.py
02 '''
03 https://pysource.com/2019/06/27/yolo-object-detection-using-opencv-with-
04 python/
05 https://opensourcelibs.com/lib/yolov-4
06 https://medium.com/clique-org/panet-path-aggregation-network-in-yolov4-
07 b1a6dd09d158
08 '''
09
10 import cv2
11 import numpy as np
12
13 #1
14 with open("./dnn/PreTrained/coco.names", "r") as f:
15     class_names = [line.strip() for line in f.readlines()]
16
17 COLORS = [(  0,   0, 255), (0, 255,   0), (255, 0,   0),
18          (255, 255,   0), (0, 255, 255), (255, 0, 255),
19          (255, 128, 255)]
```

```
20  #2
21  image_name = ['./data/dog.jpg', './data/person.jpg',
22                './data/horses.jpg']
23  src = cv2.imread(image_name[0])
24  height, width, channels = src.shape
25
26  #3
27  net  = cv2.dnn.readNet("./dnn/PreTrained/yolov2.cfg",
28                         "./dnn/PreTrained/yolov2.weights")
29  #net = cv2.dnn.readNet("./dnn/PreTrained/yolov3.cfg",
30                         "./dnn/PreTrained/yolov3.weights")
31  #net = cv2.dnn.readNet("./dnn/PreTrained/yolov4.cfg",
32                         "./dnn/PreTrained/yolov4.weights")
33
34  #4
35  #4-1
36  blob = cv2.dnn.blobFromImage(image = src, scalefactor = 1 / 255,
37                               size = (416, 416),
38                               #size = (608, 608),
39                               mean =(0, 0, 0), swapRB = True)
40
41  #4-2
42  net.setInput(blob)
43  out_layer_names = net.getUnconnectedOutLayersNames()
44  print('out_layer_names=', out_layer_names)
45
46  #4-3
47  outs = net.forward(out_layer_names)
48        # out_layer_names[:1], out_layer_names[:2]
49  print('len(outs)=', len(outs))
50  for i in range(len(outs)):
51      print(" outs[{}].shape={}".format(i, outs[i].shape))
52
53  #4-4
54  def detect(outs, img_size, confThreshold = 0.5, nmsThreshold = 0.4):
55      width, height = img_size
56
57      labels    = []
58      class_scores = []
59      boxes = []
60      for out in outs:
61          for detection in out:
62              scores = detection[5:]
63              label   = np.argmax(scores)
64              class_score = scores[label]
65              conf =  detection[4]          # confidence, objectness.
```

```
66          if conf < confThreshold:
67              continue
68
69          # conf >= confThreshold:  object detected
70          cx= int(detection[0] * width)
71          cy= int(detection[1] * height)
72          w = int(detection[2] * width)
73          h = int(detection[3] * height)
74
75          x = int(cx - w / 2)
76          y = int(cy - h / 2)
77          boxes.append([x, y, w, h])
78          class_scores.append(float(class_score))
79          labels.append(label)
80
81   indices = cv2.dnn.NMSBoxes(boxes, class_scores,
82                          confThreshold, nmsThreshold)
83   #if len(indices) != 0:
84   #    indices = indices.flatten()
85
86   if len(indices) == 0:            # empty array
87       boxes = np.array(boxes)
88       class_scores = np.array(class_scores)
89       labels = np.array(labels)
90   else:
91       boxes = np.array(boxes)[indices]
92       class_scores = np.array(class_scores)[indices]
93       labels = np.array(labels)[indices]
94
95   return labels, class_scores, boxes
96
97 labels, scores, boxes = detect(outs, (height, width))
98
99 #5
100 for (label, score, box) in zip(labels, scores, boxes):
101     color = COLORS[label%len(COLORS)]
102     text = "%s : %f" % (class_names[label], score)
103     cv2.rectangle(src, box, color, 2)
104     cv2.putText(src, text, (box[0], box[1]-10),
105             cv2.FONT_HERSHEY_SIMPLEX, 0.5, color, 2)
106 cv2.imshow("src", src)
107 cv2.waitKey(0)
108 cv2.destroyAllWindows()
```

실행 결과 1: yolov2

out_layer_names= ['detection_out']
len(outs)= 1

#4-1: size= (416, 416)
outs[0].shape=(845, 85)

#4-1: size= size= (608, 608)
outs[0].shape=(1805, 85)

실행 결과 2: yolov3

out_layer_names= ['yolo_82', 'yolo_94', 'yolo_106']
len(outs)= 3

#4-1: size= (416, 416)
outs[0].shape=(507, 85)
outs[1].shape=(2028, 85)
outs[2].shape=(8112, 85)

#4-1: size= size= (608, 608)
outs[0].shape=(1083, 85)
outs[1].shape=(4332, 85)
outs[2].shape=(17328, 85)

실행 결과 3: yolov4

out_layer_names= ['yolo_139', 'yolo_150', 'yolo_161']
len(outs)= 3

#4-1: size= (416, 416)
outs[0].shape=(8112, 85)
outs[1].shape=(2028, 85)
outs[2].shape=(507, 85)

#4-1: size= size= (608, 608)
outs[0].shape=(17328, 85)
outs[1].shape=(4332, 85)
outs[2].shape=(1083, 85)

프로그램 설명

1 net.forward(out_layer_names)를 이용하여 물체를 검출한다. #1은 "coco.names"에서 80개 클래스 이름을 class_names에 로드한다.

2 #2는 cv2.imread()로 영상 src을 로드한다. 영상은 BGR 영상이다.

❸ #3은 cv2.dnn.readNet()로 YOLO 버전에 따라 모델(*.cfg, *.weights)을 net에 로드한다.

❹ #4-1은 cv2.dnn.blobFromImage()로 입력 영상 src을 전처리하여 blob를 생성한다. blob. shape = (1, 3, 416, 416)이다. 영상 크기 size에 따라 네트워크의 출력 outs의 크기가 변경된다.

❺ #4-2는 net.setInput(blob)로 net의 입력을 blob로 설정한다. net.getUnconnected OutLayersNames()로 net에서 출력층의 이름을 out_layer_names에 저장한다. yolov2는 out_layer_names = ['detection_out']이다.

yolov3은 out_layer_names = ['yolo_82', 'yolo_94', 'yolo_106']이다.

yolov4는 out_layer_names = ['yolo_139', 'yolo_150', 'yolo_161']이다.

❻ #4-3은 net.forward(out_layer_names)로 출력 outs을 계산한다. yolov3에서 net. forward(out_layer_names[:1])는 'yolo_82'의 출력만을 계산한다. for문으로 출력의 모양 (outs[i].shape)을 출력한다.

❼ #4-4는 detect(outs, (height, width))로 물체 labels, scores, boxes를 검출한다. detect() 함수 에서 scores = detection[5:], label = np.argmax(scores), class_score = scores[label]를 계산한다.

conf = detection[4]는 물체가 있는지를 나타낸다. class_score와 detection[4]는 유사한 값을 갖지만 그렇지 않을 수 있다([예제 6.6] 참조).

conf < confThreshold이면 제거하고, conf >= confThreshold인 물체 labels, class_scores, boxes의 리스트를 검출한다. conf = detection[4]를 사용할 수 있다. cv2.dnn.NMSBoxes()로 boxes, class_scores에서 겹치는 영역을 제거하고, 유지할 물체의 인덱스 indices를 계산한다. nmsThreshold가 크면, nmsThreshold 보다 작은 물체를 모두 검출하여 겹치는 물체가 많이 검출된다. indices를 이용하여 검출된 물체만을 추출한다.

❽ #5는 검출된 물체를 영상에 표시한다. class_names[label]는 클래스 이름이다.

❾ [그림 6.18](a)는 yolov3로 'person.jpg' 영상에서 물체('person', 'horse', 'dog')를 검출한 결과이다. [그림 6.18](b)는 yolov4로 'horses.jpg' 영상에서 물체('horse')를 검출한 결과이다.

(a) yolov3

(b) yolov4

그림 6.18 ▷ YOLO 물체검출, size= (416, 416)

예제 6.3   YOLO 물체검출 3: "yolov2-coco-9.onnx"

```python
01  # 0603.py
02  '''
03  ref1: https://github.com/onnx/models/tree/master/vision/object_detection_
04  segmentation/yolov2-coco
05  ref2: https://github.com/experiencor/keras-yolo2/tree/8bc3fcdc123a5d6b962
06  4ed4188e07b876b79dac5
07  '''
08  import cv2
09  import numpy as np
10
11  #1
12  #1-1
13  with open("./dnn/PreTrained/coco.names", "r") as f:
14      class_names = [line.strip() for line in f.readlines()]
15
16  COLORS = [(0,     0, 255), (0, 255,   0), (255, 0,   0),
17           (255, 255,   0), (0, 255, 255), (255, 0, 255),
18           (255, 128, 255)]
19
20  #1-2
21  image_name = ['./data/dog.jpg',    './data/person.jpg',
22               './data/horses.jpg', './data/eagle.jpg']
23  src = cv2.imread(image_name[0])
24  #height, width, channels = src.shape
25  #image_shape = np.array([height, width],
26                      dtype = np.float32).reshape(1, 2)
27
28  #2
29  #2-1
30  net = cv2.dnn.readNet("./dnn/PreTrained/yolov2-coco-9.onnx")
31  model = cv2.dnn_DetectionModel(net)
32  model.setInputParams(scale = 1 / 255, size = (416, 416),
33                  swapRB = True)
34  outs = model.predict(src)         # (1x425x13x13)
35  print('outs[0].shape=', outs[0].shape)
36
37  #2-2
38  ##blob = cv2.dnn.blobFromImage(image = src, scalefactor = 1 / 255,
39  ##                             size = (416, 416),
40  ##                             swapRB = True)
41  ##net.setInput(blob)
42  ##out_layer_names = net.getUnconnectedOutLayersNames()
43  ##print('out_layer_names=',out_layer_names)
44  ##outs = net.forward(out_layer_names)
```

```
45 ##print('outs[0].shape=', outs[0].shape)
46
47 #2-3
48 outs = outs[0].squeeze()              #  outs.shape = (425x13x13)
49 outs = outs.reshape(5, 85, 13, 13)
50 outs = outs.transpose([2, 3, 0, 1])   # outs.shape= (13, 13, 5, 85)
51 print('outs.shape=', outs.shape)
52
53 #3: ref2
54 #3-1
55 class BoundBox:
56     def __init__(self, xmin, ymin, xmax, ymax,
57                  c = None, classes = None):
58         self.xmin = xmin
59         self.ymin = ymin
60         self.xmax = xmax
61         self.ymax = ymax
62
63         self.c       = c
64         self.classes = classes
65
66         self.label = -1
67         self.score = -1
68
69     def get_label(self):
70         if self.label == -1:
71             self.label = np.argmax(self.classes)
72
73         return self.label
74
75     def get_score(self):
76         if self.score == -1:
77             self.score = self.classes[self.get_label()]
78
79         return self.score
80
81 def _sigmoid(x):
82     return 1. / (1. + np.exp(-x))
83
84 def _softmax(x, axis = -1):
85     c = x - np.max(x)
86     e_x = np.exp(c)
87     return e_x / e_x.sum(axis, keepdims = True)
88
89 def _interval_overlap(interval_a, interval_b):
90     x1, x2 = interval_a
```

```
 91        x3, x4 = interval_b
 92
 93        if x3 < x1:
 94            if x4 < x1:
 95                return 0
 96            else:
 97                return min(x2, x4) - x1
 98        else:
 99            if x2 < x3:
100                return 0
101            else:
102                return min(x2, x4) - x3
103
104    def bbox_iou(box1, box2):
105        intersect_w = _interval_overlap([box1.xmin, box1.xmax],
106                                        [box2.xmin, box2.xmax])
107        intersect_h = _interval_overlap([box1.ymin, box1.ymax],
108                                        [box2.ymin, box2.ymax])
109
110        intersect = intersect_w * intersect_h
111
112        w1, h1 = box1.xmax - box1.xmin, box1.ymax - box1.ymin
113        w2, h2 = box2.xmax - box2.xmin, box2.ymax - box2.ymin
114
115        union = w1 * h1 + w2 * h2 - intersect
116
117        return float(intersect) / union
118
119    #3-2
120    def decode_netout(netout, anchors, nb_class, obj_threshold = 0.5,
121                      nms_threshold = 0.4):
122        grid_h, grid_w, nb_box = netout.shape[:3]
123
124        boxes = []
125        # decode the output by the network
126        netout[..., 4]  = _sigmoid(netout[..., 4])
127        netout[..., 5:] = netout[..., 4][..., np.newaxis] *
128                          _softmax(netout[..., 5:])
129        netout[..., 5:] *= netout[..., 5:] > obj_threshold
130
131        for row in range(grid_h):
132            for col in range(grid_w):
133                for b in range(nb_box):
134                    # from 4th element onwards are confidence
135                    # and class classes
136                    classes = netout[row, col, b, 5:]
```

```
137             if np.sum(classes) > 0:
138                 # first 4 elements are x, y, w, and h
139                 x, y, w, h = netout[row,col,b,:4]
140
141                 x = (col + _sigmoid(x)) / grid_w
142                 # center position, unit: image width
143                 y = (row + _sigmoid(y)) / grid_h
144                 # center position, unit: image height
145                 w = anchors[2 * b + 0] * np.exp(w) / grid_w
146                 # unit: image width
147                 h = anchors[2 * b + 1] * np.exp(h) / grid_h
148                 # unit: image height
149                 confidence = netout[row, col, b, 4]
150
151                 box = BoundBox(x - w / 2, y - h / 2,
152                               x + w / 2, y + h / 2,
153                               confidence, classes)
154
155                 boxes.append(box)
156
157     # suppress non-maximal boxes
158     for c in range(nb_class):
159         sorted_indices =
160             list(reversed(np.argsort([box.classes[c] \
161                     for box in boxes])))
162
163         for i in range(len(sorted_indices)):
164             index_i = sorted_indices[i]
165
166             if boxes[index_i].classes[c] == 0:
167                 continue
168             else:
169                 for j in range(i + 1, len(sorted_indices)):
170                     index_j = sorted_indices[j]
171
172                     if bbox_iou(boxes[index_i],
173                             boxes[index_j]) >= nms_threshold:
174                         boxes[index_j].classes[c] = 0
175     # remove the boxes which are less likely than a obj_threshold
176     boxes =
177         [box for box in boxes if box.get_score() > obj_threshold]
178     return boxes
179
180 #3-3
181 ANCHORS = [0.57273, 0.677385,
```

```
182              1.87446, 2.06253,
183              3.33843, 5.47434,
184              7.88282, 3.52778,
185              9.77052, 9.16828]
186 boxes = decode_netout(outs,
187                       obj_threshold = 0.5,
188                       nms_threshold = 0.4,        # 0.8
189                       anchors = ANCHORS,
190                       nb_class = 80)
191
192 #4
193 ##for box in boxes:
194 ##     print("box.get_label()=", box.get_label())
195 ##     print("box.get_score()=", box.get_score())
196
197 def draw_boxes(image, boxes, class_names):
198     image_h, image_w, _ = image.shape
199
200     for box in boxes:
201         xmin = int(box.xmin * image_w)
202         ymin = int(box.ymin * image_h)
203         xmax = int(box.xmax * image_w)
204         ymax = int(box.ymax * image_h)
205
206         label= box.get_label()
207         color = COLORS[label % len(COLORS)]
208
209         cv2.rectangle(image, (xmin, ymin), (xmax, ymax),
210                     (0, 255, 0), 2)
211         cv2.putText(image,
212                     class_names[label] + ' ' + str(box.get_score()),
213                     (xmin, ymin - 13),
214                     cv2.FONT_HERSHEY_SIMPLEX,
215                     1e-3 * image_h,
216                     (0, 255, 0), 2)
217     return image
218
219
220 dst = draw_boxes(src, boxes, class_names)
221 cv2.imshow("dst", dst)
222 cv2.waitKey(0)
223 cv2.destroyAllWindows()
```

프로그램 설명

1 ref1의 COCO 데이터 셋에 대한 YOLOv2의 PyTorch 버전을 ONNX(opset 9)로 변환한 "yolov2-coco-9.onnx"를 이용하여 물체를 검출한다. [예제 6.1], [예제 6.2]의 Darknet에 의한 YOLOv2("yolov2.cfg", "yolov2.weights")와 같은 모델이지만, 모델의 출력 모양이 (1×425×13×13)로 다르다. 후처리 과정은 ref2를 참고한다.

2 #1-1은 "coco.names"에서 80개 클래스 이름을 class_names에 로드한다. #1-2는 cv2.imread()로 영상 ^{src}을 로드한다. 영상은 BGR 영상이다.

3 #2-1은 cv2.dnn.readNet()로 "yolov2-coco-9.onnx"을 net에 로드한다. cv2.dnn_DetectionModel(net)로 물체검출 모델 ^{model}을 생성한다. model.setInputParams()로 입력 영상에 대한 전처리를 설정한다. scale = 1 / 255는 화소값을 [0, 1] 범위로 변환한다. size = (416, 416)는 영상 크기를 변환한다. swapRB = True는 RGB 영상으로 변경한다. model.predict(src)는 모델의 출력 ^{outs}을 계산한다. outs[0].shape = (1, 425, 13, 13)이다. #2-2의 출력 ^{outs}은 #2-1과 같다. model.detect()는 오류가 발생한다.

4 #2-3은 outs.shape = (13, 13, 5, 85)의 모양으로 변경한다. 13×13은 최종 그리드 크기이다. 각 그리드 셀에 대해 B = 5의 바운딩 박스가 있다. 바운딩 박스의 개수는 845개이다. 각 바운딩 박스에 대해 박스 좌표(cx, cy, w, h), 물체가 존재하는지 여부에 대한 confidence / objectness(p0), 클래스 스코어(p1, ..., p80)의 85개 값을 갖는다([그림 6.2]).

5 #3-1의 BoundBox 클레스, _sigmoid, _softmax, _interval_overlap, bbox_iou 함수, #3-2의 decode_netout 함수, #4의 draw_boxes 함수는 ref2의 utils.py의 일부이다.

6 #3-3에서 decode_netout() 함수를 호출하여 결과 ^{outs}로부터 obj_threshold = 0.5, nms_threshold = 0.4인 바운딩 박스 ^{boxes}를 반환한다.

7 #4의 draw_boxes() 함수는 영상 ^{image}에 바운딩 박스 ^{boxes}를 표시한다. 실행 결과는 [예제 6.1], [예제 6.2]의 Darknet에 의한 YOLOv2와 유사하다.

예제 6.4   YOLO 물체검출 4: "yolov3-10.onnx"

```
01  # 0604.py
02  '''
03  ref1: https://github.com/onnx/models/tree/master/vision/object_detection_
04  segmentation/yolov3
05  ref2: https://github.com/qqwweee/keras-yolo3
06  '''
07
08  import cv2
09  import numpy as np
10  import onnxruntime as ort
11
```

```
12  #1
13  #1-1
14  with open("./dnn/PreTrained/coco.names", "r") as f:
15      class_names = [line.strip() for line in f.readlines()]
16
17  COLORS = [(  0,   0, 255), (0, 255,   0), (255, 0, 0),
18            (255, 255,   0), (0, 255, 255), (255, 0, 255),
19            (255, 128, 255)]
20
21  #1-2
22  image_name = ['./data/dog.jpg', './data/person.jpg',
23                './data/horses.jpg', './data/eagle.jpg']
24  src = cv2.imread(image_name[0])
25  height, width, channels = src.shape
26  image_shape = np.array([height, width],
27                         dtype = np.float32).reshape(1, 2)
28
29  #2
30  def preprocess(img, size = (416, 416)):
31      X = img.copy()
32      ih, iw = img.shape[:2]
33
34      w, h = size
35      scale = min(w / iw, h / ih)
36      nw = int(iw * scale)
37      nh = int(ih * scale)
38      #print("scale=", scale)
39      #print("nh=", nh, "nw=", nw)
40
41      X = cv2.resize(X, dsize = (nw, nh),
42                     interpolation = cv2.INTER_CUBIC)
43      #cv2.imshow("X", X)
44
45      new_image = np.ones(shape = (h, w, 3)) * 128
46      #print("new_image.shape=", new_image.shape)
47
48      x0 = (w - nw) // 2
49      y0 = (h - nh) // 2
50      #print("x0=", x0, "y0=", y0)
51      new_image[y0:y0 + nh, x0:x0 + nw] = X
52      #cv2.imshow("new_image", np.uint8(new_image))
53
54      new_image= new_image / 255      # [0, 1]
55      new_image = new_image[..., ::-1]
56
```

```
57      new_image= new_image.transpose([2, 0, 1,])
58      new_image = np.expand_dims(new_image, 0)
59
60      return np.float32(new_image)
61
62  image_data = preprocess(src)    # image_data.shape = (1, 3, 416, 416)
63
64  #3
65  sess = ort.InferenceSession("./dnn/PreTrained/yolov3-10.onnx")
66  output_names = [output.name for output in sess._outputs_meta]
67  input_name = sess.get_inputs()[0].name
68  input_shape= sess.get_inputs()[1].name
69  outs = sess.run(output_names,  # None
70                  input_feed = {input_name:  image_data,
71                                input_shape: image_shape})
72  #print("len(outs)=", len(outs))
73
74  '''
75  ref1:
76  The model has 3 outputs.
77  boxes: (1x'n_candidates'x4),the coordinates of all anchor boxes
78  scores: (1x80x'n_candidates'), the scores of all anchor boxes per class
79  indices:('nbox'x3), selected indices from the boxes tensor.
80          The selected index format is (batch_index, class_index, box_index)
81  '''
82
83  #4
84  #4-1
85  boxes, scores, indices = outs
86  ##print('boxes.shape=', boxes.shape)
87  ##print('scores.shape=', scores.shape)
88  ##print('indices.shape=', indices.shape)
89
90  out_boxes, out_scores, out_labels = [], [], []
91  for idx_ in indices:
92      out_labels.append(idx_[1])
93      out_scores.append(scores[tuple(idx_)])
94      idx_1 = (idx_[0], idx_[2])
95      out_boxes.append(boxes[idx_1])
96
97  #4-2: score_threshold = 0.3, nms_threshold = 0.45
98  for (label, score, box) in zip(out_labels, out_scores, out_boxes):
99      color = COLORS[label%len(COLORS)]
100     text = "%s : %f" % (class_names[label], score)
101
```

```
102      y1, x1, y2, x2 = np.int32(box)
103      cv2.rectangle(src, (x1, y1), (x2, y2), color, 2)
104      cv2.putText(src, text, (x1, y1 - 10),
105              cv2.FONT_HERSHEY_SIMPLEX, 0.5, color, 2)
106  cv2.imshow("src", src)
107
108  #4-3:
109  boxes = boxes.squeeze()
110  scores = scores.squeeze()
111  scores = scores.T           # transpose([1, 0])
112  pred = np.argmax(scores, axis = 1)
113
114  class_scores = []
115  class_boxes  = []
116  for i, k in enumerate(pred):
117      class_scores.append(float(scores[i, k]))
118      y1, x1, y2, x2 = boxes[i]
119      class_boxes.append([int(x1), int(y1),
120                      int(x2 - x1), int(y2 - y1)])
121
122  indices2 = cv2.dnn.NMSBoxes(class_boxes, class_scores,
123                      score_threshold = 0.5,
124                      nms_threshold = 0.4)
125  #print("indices2=", indices2)
126
127  #4-4
128  dst = src.copy()
129  for k in indices2:
130      label = pred[k]
131      score  = class_scores[k]
132      color = COLORS[label%len(COLORS)]
133      text = "%s : %f" % (class_names[label], score)
134
135      box = boxes[k]
136      y1, x1, y2, x2 = np.int32(box)
137      cv2.rectangle(dst, (x1, y1), (x2, y2), color, 2)
138      cv2.putText(dst, text, (x1, y1 - 10),
139              cv2.FONT_HERSHEY_SIMPLEX, 0.5, color, 2)
140
141  cv2.imshow("dst", dst)
142  cv2.waitKey(0)
143  cv2.destroyAllWindows()
```

◤ 프로그램 설명

1 ref1, ref2의 COCO 데이터 셋에 대한 YOLOv3의 keras 버전을 ONNX(opset 10)로 변환한 "yolov3-10.onnx"를 onnxruntime으로 물체를 검출한다.

2 #1-1은 "coco.names"에서 80개 클래스 이름을 class_names에 로드한다. #1-2는 cv2. imread()로 영상 src을 로드한다. 영상은 BGR 영상이다. image_shape = (1, 2)의 배열이다.

3 #2의 preprocess() 함수는 ref1에 따라 영상을 전처리한다. image_data = preprocess(src)로 src 영상을 전처리하여 image_data.shape = (1, 3, 416, 416)이다.

4 #3은 ONNX 실행환경 onnxruntime으로 모델을 추론한다. ort.InferenceSession()으로 "yolov3-10.onnx"을 로드하여 세션 sess을 생성한다.

출력 이름 output_names과 input_name, input_shape로 input_feed를 설정하여 ort_sess. run()을 실행하여 모델의 출력 outs을 계산한다. 모델은 3개의 출력(boxes, scores, indices)을 갖는다.

5 #4-1은 outs를 boxes, scores, indices에 저장한다. 바운딩 박스는 boxes.shape = (1, 10647, 4)이고, 클래스 스코어는 scores.shape = (1, 80, 10647)이다. indices는 score_threshold = 0.3, nms_threshold = 0.45의 박스에 대한 인덱스(batch_index, class_index, box_index)로 image_name[0] 영상에 대해 indices.shape = (3, 3)이다.

indices를 이용하여 검출된 물체의 out_boxes, out_scores, out_labels를 생성한다.

#4-2는 영상 src에 검출된 물체의 박스를 출력한다.

6 #4-3은 boxes, scores로부터 모든 바운딩 박스와 스코어를 class_boxes, class_scores에 저장하고, cv2.dnn.NMSBoxes()로 score_threshold = 0.5, nms_threshold = 0.8을 적용하여 indices2를 계산한다.

7 #4-4는 indices2를 이용하여 검출된 바운딩 박스를 영상 dst에 표시한다. 실행 결과는 [예제 6.1], [예제 6.2]의 Darknet에 의한 YOLOv3과 유사하다. #4-3, #4-4의 결과는 nms_threshold = 0.8에 의해 더 많은 바운딩 박스를 검출한다.

예제 6.5 | YOLO 물체검출 5: YOLOv5, torch.hub.load()

```
01  # 0605.py
02  '''
03  ref1:https://github.com/ultralytics/yolov5/releases
04  ref2: https://github.com/ultralytics/yolov5/blob/master/detect.py
05  ref3: https://github.com/ultralytics/yolov5/blob/master/export.py
06      C:/Users/kdk/.cache/torch/hub/ultralytics_yolov5_master/export.py
07  # pip install PyYAML
08  '''
09  import torch
10  import onnx
```

```
11  import cv2
12  import numpy as np
13
14  #torch.hub.set_dir('D:/.cache/torch/hub')    # hub folder
15
16  #1
17  DEVICE = 'cuda' if torch.cuda.is_available() else 'cpu'
18  model = torch.hub.load('ultralytics/yolov5',
19                          'yolov5n', pretrained=True)  # 'yolov5n6'
20  model = model.to(DEVICE)
21
22  #2
23  #imgs = ['https://ultralytics.com/images/zidane.jpg']
24  image_names = ['./data/dog.jpg', './data/eagle.jpg']
25  imgs = []
26  for file_name in image_names:
27      src = cv2.imread(file_name)
28      imgs.append(src)
29
30  #3: inference
31  results = model(imgs)
32  results.print()
33  results.save()                          # save_dir = 'runs/detect/exp'
34  #results.show()
35
36  #print("results.names=", results.names)      # COCO dataset 80 names
37  for i in range(results.n):
38      print(f"results.xyxy[{i}]=", results.xyxy[i])
39
40  for i in range(results.n):
41      print(f"results.pandas().xyxy[{i}]=", results.pandas().xyxy[i])
42      # DataFrame
43
44  #4: export ONNX
45  #4-1
46  # cmd> python export.py --weights yolov5n.pt --img 640 --batch 1
47
48  #4-2
49  dummy_input = torch.randn(1, 3, 640, 640).to(DEVICE)
50  y = model(dummy_input)                          # dry runs
51
52  torch.onnx.export(model, dummy_input, "./dnn/yolov5n_0605.onnx",
53                      opset_version = 12, #yolov5n6_0605.onnx
54                      #training = torch.onnx.TrainingMode.EVAL,
55                      #input_names = ['images'],
```

```
56                    #output_names = ['output'],
57                    #do_constant_folding = False,
58                    #dynamic_axes = None
59                    )
60
61  #5: check model
62  onnx_model = onnx.load("./dnn/0605_yolov5n.onnx")
63  onnx.checker.check_model(onnx_model)
64  print("model checked!")
```

실행 결과

results.print()

Fusing layers...
Model Summary: 213 layers, 1867405 parameters, 0 gradients
Adding AutoShape...
image 1/2: 576x768 1 bicycle, 1 car, 1 dogw
image 2/2: 512x773 1 bird
Speed: 1.5ms pre-process, 531.7ms inference, 4.0ms NMS per image at shape (2, 3, 480, 640)

results.xyxy[0]=

tensor([[1.33063e+02, 2.16105e+02, 3.08716e+02, 5.47951e+02, 8.03999e-01, 1.60000e+01],
        [4.65882e+02, 7.77842e+01, 6.85492e+02, 1.72121e+02, 7.72200e-01, 2.00000e+00],
        [1.60013e+02, 1.33438e+02, 5.61265e+02, 4.22715e+02, 5.71098e-01, 1.00000e+00]], device='cuda:0')

results.xyxy[1]=

results.xyxy[1]= tensor([[146.07715, 72.19293, 595.04828, 448.72186,   0.84216, 14.00000]], device='cuda:0')

results.pandas().xyxy[0]=

	xmin	ymin	xmax	ymax	confidence	class	name
0	133.062927	216.105499	308.716003	547.950806	0.803999	16	dog
1	465.881531	77.784210	685.492432	172.120758	0.772200	2	car
2	160.012909	133.438019	561.264832	422.715240	0.571098	1	bicycle

results.pandas().xyxy[1]=

	xmin	ymin	xmax	ymax	confidence	class	name
0	146.077148	72.192932	595.048279	448.721863	0.84216	14	bird

Warning (from warnings module):
File "C:\Users\kdk\.cache\torch\hub\ultralytics_yolov5_master\models\yolo.py", line 57
....
model checked!

프로그램 설명

1 여기서는 torch.hub.load()로 크기가 작은 YOLOv5n, YOLOv5n6 모델을 로드하고, 영상에서 물체를 검출한다. 모델을 다운로드한 cache의 'export.py'에서 상대경로를 사용한다. cache 폴더가 예제 소스 코드('0605.py')와 다른 드라이브에 위치하면 torch.hub.set_dir()로 hub 폴더를 변경한다.

2 #1의 torch.hub.load('ultralytics/yolov5', 'yolov5n', pretrained = True)는 'ultralytics/yolov5'에서 훈련된 모델 가중치(yolov5n.pt)와 모델구조(*.yaml), 데이터, 유틸리티 파일 등을 컴퓨터에 다운로드한다. 기본 Python IDLE를 사용하는 경우 명령창에서 모델을 로드하는 것이 빠르다. 윈도우즈를 사용하는 필자의 경우 'C:\Users\kdk\.cache\torch\hub\ultralytics_yolov5_master', 가중치 파일(*.pt)은 프로그램 실행 폴더에 다운로드 된다. type(model) = 'models.common.AutoShape' 클래스는 자동 입력 크기의 전처리를 포함한 모델이다.

3 #2는 imgs 리스트에 OpenCV로 영상을 로드한다.

4 #3의 results = model(imgs)은 imgs의 모델 예측결과를 생성한다. type(results)은 'models.common.Detections' 클래스이다. results.n = 2이다. results.names은 COCO 데이터셋의 80 클래스 문자열이다. results.imgs는 검출 결과의 BGR 영상이다. results.s = torch.Size([2, 3, 480, 640])이다.

results.print()는 검출 결과 정보를 출력한다. results.show()와 results.display(show = True)는 results.imgs의 검출 결과 영상을 PIL을 사용하여 표시한다. PIL은 RGB 채널 순서를 사용하므로 영상의 컬러가 올바르게 출력되지 않는다. results.imgs를 cv2.imshow()로 출력하면 올바르게 출력된다. results.save()는 results.imgs의 영상을 save_dir 폴더에 저장한다 ([그림 6.19]).

검출된 물체 정보(xmin, ymin, xmax, ymax, confidence, class)의 텐서는 results.xyxy[i]에 저장되고, results.pandas().xyxy[i]는 Pandas의 DataFrame으로 저장된다.

5 #4는 YOLOV5의 export.py를 참조하여 모델을 ONNX 파일에 출력한다([ref3 참고]). #4-1은 명령 창에서 YOLOv5 다운로드 폴더에서 'export.py'를 사용하여 ONNX 파일로 변환할 수 있다.

6 #4-2는 dummy_input 입력을 생성하고, y = model(dummy_input)로 모델을 실행한다. torch.onnx.export()로 모델을 ONNX의 opset_version = 12 버전, "yolov5n_0605.onnx" 파일에 출력한다. #5는 모델을 로드하여 유효성을 체크한다.

(a) 'dog.jpg'

(b) 'eagle.jpg'

그림 6.19 ▷ YOLOv5(yolov5n) 물체검출

| 예제 6.6 | YOLO 물체검출 6: YOLOv5, cv2.dnn.readNet("yolov5n.onnx") |

```
01 # 0606.py
02 '''
03 ref1:https://github.com/ultralytics/yolov5/releases
04 ref2:https://github.com/ultralytics/yolov5/releases/tag/v5.0
05 '''
06 import torch
07 import cv2
08 import numpy as np
09
10 #1
11 #1-1
12 with open("./dnn/PreTrained/coco.names", "r") as f:
13     class_names = [line.strip() for line in f.readlines()]
14 COLORS = [(0,    0, 255), (0, 255,   0), (255, 0,   0),
15          (255, 255,   0), (0, 255, 255), (255, 0, 255),
16          (255, 128, 255)]
17
18 #1-2
19 image_name = ['./data/dog.jpg',    './data/person.jpg',
20               './data/horses.jpg', './data/eagle.jpg']
21 src = cv2.imread(image_name[3])
22 height, width, channels = src.shape
23
24 #2: OpenCV DNN
25 net = cv2.dnn.readNet("./dnn/yolov5n.onnx")         # [ref1]
26 #net = cv2.dnn.readNet("./dnn/yolov5n_0605.onnx")   # [예제 6.5]
27 #path =
28 #    "C:/Users/kdk/.cache/torch/hub/ultralytics_yolov5_master/yolov5n.onnx"
29 #net = cv2.dnn.readNet(path)
30 model = cv2.dnn_DetectionModel(net)
31
32 #3
33 input_size = 640, 640                  # model width, height
34 model.setInputParams(scale = 1 / 255, size = input_size,
35                      swapRB = True, crop = False)
36 outs = model.predict(src)[0]
37 print('outs.shape=', outs.shape)       # outs.shape= (1, 25200, 85)
38
39 #4
40 def detect(outs, input_size, img_size,
41            confThreshold = 0.5, nmsThreshold = 0.4):
42     # size_w, size_h = input_size       # model's input size
43     # width, height = img_size
44
```

```
45        ratio_w, ratio_h = width / input_size[0], height / input_size[1]
46
47        labels = []
48        class_scores = []
49        boxes = []
50
51        #for out in outs:                    # only 1 batch
52        outs = outs.squeeze()               # outs = outs[0]
53        for detection in out:
54            scores = detection[5:]
55            label  = np.argmax(scores)
56            class_score = scores[label]
57            conf = detection[4] # confidence, objectness
58            if conf < confThreshold:
59                continue
60            cx = int(detection[0] * ratio_w)
61            cy = int(detection[1] * ratio_h)
62            w  = int(detection[2] * ratio_w)
63            h  = int(detection[3] * ratio_h)
64            x  = int(cx - w / 2)
65            y  = int(cy - h / 2)
66
67            boxes.append([x, y, w, h])
68            class_scores.append(float(class_score))
69            labels.append(label)
70
71        indices = cv2.dnn.NMSBoxes(boxes, class_scores,
72                                   confThreshold, nmsThreshold)
73        if len(indices) == 0:                   # empty array
74            boxes = np.array(boxes)
75            class_scores = np.array(class_scores)
76            labels = np.array(labels)
77        else:
78            boxes = np.array(boxes)[indices]
79            class_scores = np.array(class_scores)[indices]
80            labels = np.array(labels)[indices]
81
82        return labels, class_scores, boxes
83
84  labels, scores, boxes = detect(outs, input_size, (width, height))
85
86  #5
87  for (label, score, box) in zip(labels, scores, boxes):
88      color = COLORS[label%len(COLORS)]
89      text = "%s : %f" % (class_names[label], score)
90      cv2.rectangle(src, box, color, 2)
```

```
91    cv2.putText(src, text, (box[0], box[1] - 10),
92                cv2.FONT_HERSHEY_SIMPLEX, 0.5, color, 2)
93 cv2.imshow("src", src)
94 cv2.waitKey(0)
95 cv2.destroyAllWindows()
```

프로그램 설명

① COCO 데이터셋을 640×640 영상 크기로 훈련된 YOLOv5의 ONNX 파일("yolov5n.onnx")을 OpenCV DNN 모듈을 이용하여 로드하여 실행한다.

② #1은 class_names에 COCO 데이터 클래스 이름을 로드하고 src에 영상을 로드한다.

③ #2는 cv2.dnn.readNet()으로 ONNX 파일("yolov5n.onnx", "yolov5n_0605.onnx")을 net에 로드한다. cv2.dnn_DetectionModel(net)으로 모델 model을 생성한다.

④ #3은 model.setInputParams()로 입력 영상의 전처리를 scale = 1 / 255, size = input_size, swapRB = True, crop = False로 설정한다. model.predict(src)[0]로 입력 영상 src을 모델에 적용하여 출력 outs을 계산한다. outs.shape = (1, 25200, 85)이다.

⑤ #4는 [예제 6.2]의 detect() 함수를 변경하여 작성한다. 모델의 입력 크기 input_size, 영상의 크기 img_size를 이용하여 스케일 변환 비율 ratio_w, ratio_h를 계산하고, 모델의 출력의 바운딩 박스를 스케일 한다. detection의 85개 항목의 의미는 [그림 6.2]와 같다. class_score와 conf가 유사한 값이 아닐 수 있다. detection[:4]를 ratio_w, ratio_h를 이용하여 스케일 변환 한다. cv2.dnn.NMSBoxes(boxes, class_scores, confThreshold, nmsThreshold)에 의해 비최대값 억제 NMS를 수행한다. labels, scores, boxes = detect(outs, input_size, (width, height))로 모델출력 outs에서 검출된 물체 정보(labels, scores, boxes)를 계산한다.

⑥ #5는 검출된 물체를 영상 src에 표시한다. class_names[label]는 클래스 이름이다.

⑦ [그림 6.20]은 'dog.jpg' 영상에서 검출한 결과이다. confThreshold = 0.5는 자전거를 검출하지 못한다([그림 6.20](a)). confThreshold = 0.3은 자전거를 검출한다([그림 6.20](b)). [예제 6.5]의 ONNX 출력("yolov5n_0605.onnx")도 같은 결과를 갖는다.

(a) confThreshold = 0.5   (b) confThreshold = 0.3

그림 6.20 ▷ net = cv2.dnn.readNet("./dnn/yolov5n.onnx")

8 [그림 6.21]은 [예제 6.5]의 'yolov5n6' 모델의 ONNX 출력("yolov5n6_0605.onnx")에 대한 confThreshold = 0.5의 결과이다.

(a) 'dog.jpg'   (b) 'person.jpg'

그림 6.21 ▷ "yolov5n6_0605.onnx", confThreshold = 0.5

예제 6.7 | YOLO 비디오 물체검출 1: YOLOv4

```
01  # 0607.py
02  '''
03  ref: 0601.py
04  '''
05  import cv2
06  import numpy as np
07
08  #1
09  with open("./dnn/PreTrained/coco.names", "r") as f:
10      class_names = [line.strip() for line in f.readlines()]
11
12  #2: random a list of colors
13  np.random.seed(1111)
14  COLORS = np.random.randint(0, 255, size = (len(class_names), 3),
15                          dtype = "uint8").tolist()
16
17  #3:
18  net = cv2.dnn.readNet("./dnn/PreTrained/yolov4.cfg",
19                       "./dnn/PreTrained/yolov4.weights")
20  model = cv2.dnn_DetectionModel(net)
21  model.setInputParams(scale = 1 / 255, size = (416, 416),
22                       swapRB = True)
23
24  #4-1
25  #cap = cv2.VideoCapture(0)      # 0번 카메라
```

```
26  cap = cv2.VideoCapture('./data/vtest.avi')
27
28  while True:
29  #4-2
30      ret, frame = cap.read()
31      if not ret: break
32
33  #4-3
34      labels, scores, boxes = model.detect(frame, confThreshold = 0.4,
35                                            nmsThreshold = 0.5)
36
37  #4-4
38      for (label, score, box) in zip(labels, scores, boxes):
39          color = COLORS[label]
40          text = "%s : %f" % (class_names[label], score)
41          cv2.rectangle(frame, box, color, 2)
42          cv2.putText(frame, text, (box[0], box[1] - 5),
43                      cv2.FONT_HERSHEY_SIMPLEX, 0.5, color, 2)
44      cv2.imshow('frame',frame)
45
46      key = cv2.waitKey(1)
47      if key == 27:                # Esc
48          break
49  if cap.isOpened():
50      cap.release()
51  cv2.destroyAllWindows()
```

프로그램 설명

1 [예제 6.1]을 이용하여 비디오에서 물체를 검출한다. #1은 "coco.names"에서 80개 클래스 이름을 class_names에 로드한다.

2 #2는 COLORS에 len(class_names) 개의 컬러 리스트를 생성한다.

3 #3은 cv2.dnn.readNet()로 YOLO 모델(*.cfg, *.weights)을 net에 로드한다. cv2.dnn_ DetectionModel(net)로 물체검출 모델 model을 생성한다.
model.setInputParams(scale = 1 / 255, size = (416, 416), swapRB = True)로 입력 영상의 전처리를 설정한다. model.predict(src)는 모델의 출력 out을 계산한다.

4 #4-1은 cv2.VideoCapture()로 웹 카메라(0), 비디오파일('vtest.avi')에서 비디오 객체(cap)를 생성한다. #4-2는 cap.read()로 프레임 frame에 영상을 캡처한다.

5 #4-3은 model.detect(src, confThreshold = 0.5, nmsThreshold = 0.4)로 물체(labels, scores, boxes)를 검출한다.

6 #4-4는 검출된 물체를 frame에 표시한다([그림 6.22]).

(a)   (b)

그림 6.22 ▷ YOLOv4 비디오('vtest.avi') 물체검출

예제 6.8   YOLO 비디오 물체검출 2: YOLOv5

```python
01  # 0608.py
02  '''
03  ref: 0606.py, 0607.py
04  '''
05  import cv2
06  import numpy as np
07  #1
08  with open("./dnn/PreTrained/coco.names", "r") as f:
09      class_names = [line.strip() for line in f.readlines()]
10
11  #2: random a list of colors
12  np.random.seed(1111)
13  COLORS = np.random.randint(0, 255, size = (len(class_names), 3),
14                      dtype = "uint8").tolist()
15
16  #3:
17  net = cv2.dnn.readNet("./dnn/yolov5n.onnx")
18  model = cv2.dnn_DetectionModel(net)
19
20  input_size = 640, 640                   # model width, height
21  model.setInputParams(scale = 1 / 255, size = input_size,
22                  swapRB = True)
23  #model.setInputParams(scale = 1 / 127.5, size = input_size,
24  #                   mean = (127.5, 127.5, 127.5), swapRB = True)
25
26  #4-1
27  #cap = cv2.VideoCapture(0)               # 0번 카메라
28  cap = cv2.VideoCapture('./data/vtest.avi')
29  width, height = (int(cap.get(cv2.CAP_PROP_FRAME_WIDTH)),
30                  int(cap.get(cv2.CAP_PROP_FRAME_HEIGHT)))
```

```
31
32  #4-2
33  def detect(outs, input_size, img_size, confThreshold = 0.5,
34          nmsThreshold = 0.4):
35      # size_w, size_h = input_size      # model's input size
36      # width, height = img_size
37
38      ratio_w, ratio_h = width / input_size[0], height / input_size[1]
39
40      labels    = []
41      class_scores = []
42      boxes = []
43
44      #for out in outs: # only 1 batch
45      outs = outs.squeeze()   #outs = outs[0]
46      for detection in outs:
47          scores = detection[5:]
48          label  = np.argmax(scores)
49          class_score = scores[label]
50          conf = detection[4]            # confidence, objectness
51          if conf < confThreshold:
52              continue
53          cx = int(detection[0] * ratio_w)
54          cy = int(detection[1] * ratio_h)
55          w  = int(detection[2] * ratio_w)
56          h  = int(detection[3] * ratio_h)
57          x  = int(cx - w / 2)
58          y  = int(cy - h / 2)
59
60        boxes.append([x, y, w, h])
61        class_scores.append(float(class_score))
62        labels.append(label)
63
64      indices = cv2.dnn.NMSBoxes(boxes, class_scores, confThreshold,
65                          nmsThreshold)
66      if len(indices) == 0:                # empty array
67          boxes = np.array(boxes)
68          class_scores = np.array(class_scores)
69          labels = np.array(labels)
70      else:
71          boxes = np.array(boxes)[indices]
72          class_scores = np.array(class_scores)[indices]
73          labels = np.array(labels)[indices]
74
75      return labels, class_scores, boxes
```

```
76
77  while True:
78  #4-3
79      retval, frame = cap.read()
80      if not retval: break
81  #4-4
82      outs = model.predict(frame)[0]  # outs.shape = (1, 25200, 85)
83      labels, scores, boxes = detect(outs, input_size,
84                                      (width, height))
85
86  #4-5
87      for (label, score, box) in zip(labels, scores, boxes):
88          color = COLORS[label]
89          text = "%s : %f" % (class_names[label], score)
90          cv2.rectangle(frame, box, color, 2)
91          cv2.putText(frame, text, (box[0], box[1]-5),
92                      cv2.FONT_HERSHEY_SIMPLEX, 0.5, color, 2)
93      cv2.imshow('frame',frame)
94      key - cv2.waitKey(1)
95      if key == 27:                     # Esc
96          break
97  if cap.isOpened():
98      cap.release()
99  cv2.destroyAllWindows()
```

▼ 프로그램 설명

1 [예제 6.6]의 YOLOv5 Nano 모델의 ONNX 파일을 이용하여 비디오에서 물체를 검출한다. #1은 "coco.names"에서 80개 클래스 이름을 class_names에 로드한다.

2 #2는 COLORS에 len(class_names) 개의 컬러 리스트를 생성한다.

3 #3은 cv2.dnn.readNet()로 YOLOv5 모델("yolov5n.onnx")을 net에 로드한다. cv2.dnn_DetectionModel(net)로 물체검출 모델 model을 생성한다. input_size = (640, 640)이고, model.setInputParams(scale = 1 / 255, size = input_size, swapRB = True)로 입력 영상의 전처리를 설정한다.

4 #4-1은 cv2.VideoCapture()로 웹 카메라(0), 비디오파일('vtest.avi')에서 비디오 객체(cap)를 생성한다. 비디오 프레임의 크기를 width, height에 저장한다.

5 #4-2의 detect() 함수는 모델의 출력 outs에서 물체(labels, class_scores, boxes)를 검출한다.

6 #4-3은 cap.read()로 프레임 frame에 영상을 캡처한다.

7 #4-4는 model.predict(frame)[0]로 모델의 출력 outs을 계산한다. model.detect(src, confThreshold = 0.5, nmsThreshold = 0.4)로 물체(labels, scores, boxes)를 검출한다. detect(outs, input_size, (width, height))로 모델의 출력 outs으로부터 물체(labels, class_scores, boxes)를 검출한다.

8 #4-5는 검출된 물체를 frame에 표시한다. YOLOv5 Nano 모델을 사용하여 [예제 6.7] 보다 빠르게 실행하며, 실행 결과는 [그림 6.22]와 유사하다.

CHAPTER 07 R-CNN·SSD 물체검출

01 Faster R-CNN

영역 기반 region based의 물체검출 방법으로 R-CNN Region CNN, Fast R-CNN, Faster R-CNN, Mask R-CNN, SSD Single Shot Multibox Detector 등이 있다.

01 R-CNN Region CNN

[그림 7.1]은 Girshick이 제안한 R-CNN(2014) 구조이다. R-CNN은 네트워크와 독립적인 선택적 탐색 selective search 알고리즘을 이용하여 2,000개의 후보 영역 region proposals을 생성한다. 각 후보 영역을 224×224 영상으로 변환하고, 4096-차원의 CNN 특징을 추출한다. 특징을 클래스별로 선형 SVM Support Vector Machine을 사용하여 분류한다. 바운딩 박스 회귀 bounding box regression를 통해 물체 위치의 정확도를 높인다.

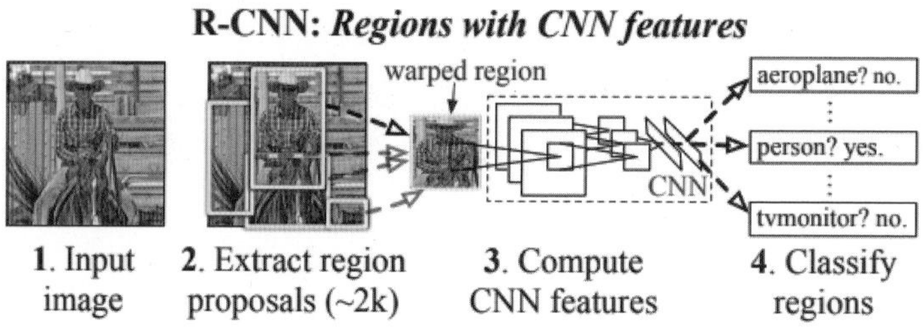

R-CNN: Regions with CNN features

1. Input image
2. Extract region proposals (~2k)
3. Compute CNN features
4. Classify regions

그림 7.1 ▷ R-CNN 구조 [ref: Ross Girshick et al, "Rich feature hierarchies for accurate object detection and semantic segmentation," arXiv:1311.2524v5]

02 Fast R-CNN

[그림 7.2]는 Girshick이 R-CNN(2015)의 속도를 향상시켜 제안한 Fast R-CNN 구조이다. 후보 영역 region proposals은 R-CNN과 같이 선택적 탐색 알고리즘에 의해 네트워크와 독립적으로 생성한다.

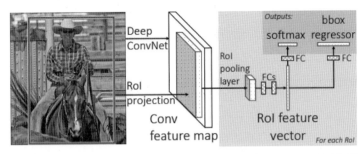

그림 7.2 ▷ Fast R-CNN 구조[ref: Ross Grishick, "Fast R-CNN," arXiv:1504.08083v2]

Fast R-CNN은 후부 영역별로 CNN 특징을 추출하지 않고, 영상 전체에서 CNN 특징을 추출한다. 선택적 탐색으로 생성한 후보 영역을 CNN 특징에 투영하여, 후보 영역에 대한 CNN 특징을 추출하여 분류한다. 후보 영역의 CNN 특징을 추출하기 위하여 Kaiming He의 SPPnet[2015]에서 사용한 풀링 층과 유사한 RoI Regions of Interest 풀링 층을 사용한다. RoI 특징 벡터는 2개의 FC(완전연결) 층에 의해 하나는 softmax에 의한 영역 분류 스코어를 출력하고, 다른 하나는 바운딩 박스 회귀 bounding box regression 출력한다.

분류와 바운딩 박스 회귀를 결합한 손실함수를 SGD Stochastic Gradient Descent 최적화 방법으로 모델을 훈련한다. 각 훈련 물체영역 training RoI은 클래스 레이블과 바운딩 박스 위치를 목표 값으로 제공한다.

Faster R-CNN 　03

[그림 7.3]은 Shaoqing Ren, Kaiming He Ross Girshick, Jian Sun 등에 의해 제안된 Faster R-CNN(2015)의 RPN Region Proposal Networks 구조이다. Faster R-CNN은 Fast R-CNN에 후보 영역을 추출하는 RPN을 제안하여 검출과 속도를 향상시켰다.

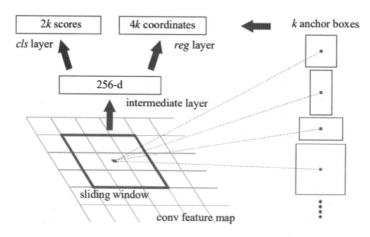

그림 7.3 ▷ Region Proposal Network (RPN) 구조[ref: Shaoqing Ren, Kaiming He, Ross Girshick, Jian Sun, "Faster R-CNN: Towards Real-Time Object Detection with Region Proposal Networks." arXiv:1506.01497v3]

RPN은 완전 CNN fully convolutional network이다. RPN의 입력은 CNN(예 ZF, VGG16) 특징 맵이다. CNN 특징에 대해 3×3 슬라이딩 윈도우 각각에 대하여 저차원 벡터 256-d in ZF net, 512-d in VGG를 계산한다. 저차원 특징 벡터는 박스 분류를 위한 cls(box-classification layer) 층, 바운딩 박스 회귀를 위한 reg(box-regression layer) 층에 입력한다.

3×3 슬라이딩 윈도우 각각에 대하여 k-개의 후보 영역 region proposal을 예측한다. reg 회귀 층은 k-개의 박스에 대한 4k 출력, cls 분류 층은 각 영역에 대해 2진 분류 object, not-object에 대한 2k개 스코어 score를 출력한다. k-개의 후보 영역은 k-개의 참조 박스 reference box인 앵커 anchors의 변환함수로 표현한다. 각 슬라이딩 윈도우의 중심에서, 3-스케일(128, 256, 512), 3-종횡비(1:1, 1:2, 2:1)에 의해 k = 9개의 앵커를 생성한다. 예를 들어, W×H의 CNN 특징맵에 대해, 전체 앵커의 개수는 W×H×k 개다. 1000×600 영상에 대해, 대략 20,000(60×40×9)개의 앵커가 생성된다. 경계가 겹치는 것을 제외하면 대략 6,000개의 앵커가 남는다. cls 스코어, IoU = 0.7의 임계값을 사용하여 NMS non-maximum suppression를 적용하면 2,000개의 앵커가 남는다. 훈련에서는 20,00개의 박스를 사용하고, 테스트에서는 스코어 값이 큰 top-N(예 N = 300)의 후보 영역을 사용하면 보다 빨리 물체를 검출할 수 있다.

RPN에 의해 검출된 영역은 Fast R-CNN에 전달되어 물체를 분류와 바운딩 박스 회귀를 수행한다. RPN과 Fast R-CNN이 CNN 특징을 공유하는 단일 네트워크로 통합하고 교차 최적화 alternating optimization를 통해 특징을 공유하는 4-단계 훈련 알고리즘을 사용한다. 1단계는 ImageNet을 사전 훈련 모델을 사용하여 RPN을 미세조정 fine-tuning 학습한다. 2단계는 1-단계의 후보 영역을 이용하여 ImageNet을 사전 훈련 모델을 사용하여 Fast R-CNN 모델을 훈련한다. 3단계는 공유 CNN 계층은 고정하고, RPN으로의 계층만 미세조정한다. 4단계는 공유 CNN 계층은 고정하고, Fast R-CNN의 FC 계층만 미세조정 학습하여 CNN 계층을 공유하는 통합 네트워크를 구성한다.

| 예제 7.1 | Faster-RCNN ResNet-50: TensorFlow |

```
01  # 0701.py
02  '''
03  ref: https://github.com/opencv/opencv/wiki/TensorFlow-Object-Detection-API
04  '''
05  import cv2
06  import numpy as np
07
08  #1
09  with open("./dnn/PreTrained/coco90-2017.names", "r") as f:
10      class_names = [line.strip() for line in f.readlines()]
11
12  COLORS = [(  0,   0, 255), (0, 255,   0), (255,  0,   0),
13           (255, 255,   0), (0, 255, 255), (255,  0, 255),
14           (255, 128, 255)]
15  #2
16  image_name = ['./data/dog.jpg',    './data/person.jpg',
17                './data/horses.jpg', './data/eagle.jpg']
18  src = cv2.imread(image_name[0])
19  height, width, channels = src.shape
20
21  #3
22  #3-1
23  path = "./dnn/PreTrained/faster_rcnn_resnet50_coco_2018_01_28/"
24  net = cv2.dnn.readNet(
25                  path + "frozen_inference_graph.pb",
26                  path + "faster_rcnn_resnet50_coco_2018_01_28.pbtxt")
27
28  #3-2
29  blob = cv2.dnn.blobFromImage(src, size = (300, 300),
30                               swapRB = True, crop = False)
31  net.setInput(blob)
32  outs = net.forward()
```

```
33  print("outs.shape = ", outs.shape)      # outs.shape =  (1, 1, 100, 7)
34
35  ##model = cv2.dnn_DetectionModel(net)
36  ##model.setInputParams(size = (300, 300), mean = (0, 0, 0),
37                          swapRB = True)
38  ##outs = model.predict(src)[0]
39  ##outs = cv2.dnn_SegmentationModel(net)
40
41  #4
42  for detection in outs[0, 0, :, :]:
43      label = int(detection[1])
44      score = float(detection[2])
45
46      color = COLORS[label%len(COLORS)]
47      text = "%s : %f" % (class_names[label], score)
48
49      if score > 0.5:
50          left = int(detection[3] * width)
51          top  = int(detection[4] * height)
52          right= int(detection[5] * width)
53          bottom=int(detection[6] * height)
54          cv2.rectangle(src, (left, top), (right, bottom),
55                          color, thickness=2)
56          cv2.putText(src, text, (left, top - 10),
57                      cv2.FONT_HERSHEY_SIMPLEX, 0.5, color, 2)
58
59  cv2.imshow('src', src)
60  cv2.waitKey()
61  cv2.destroyAllWindows()
```

프로그램 설명

1 깃허브(ref)에서 사전 훈련 모델(Faster-RCNN ResNet-50)의 모델구조 ^{cfg}와 가중치 ^{weight} 파일을 다운로드하여 OpenCV의 DNN 모듈로 물체를 검출한다.

2 #1은 "coco90-2017.names"에서 90개(공백 포함) 클래스 이름을 class_names에 로드한다.

3 #2는 cv2.imread()로 영상 ^{src}을 로드한다. 영상은 BGR 영상이다.

4 #3-1은 ref에서 다운로드한 가중치 파일 "frozen_inference_graph.pb"과, 모델구조 파일 "faster_rcnn_resnet50_coco_2018_01_28.pbtxt"를 이용하여 cv2.dnn.readNet()로 net 객체를 생성한다. #3-2는 cv2.dnn.blobFromImage()로 영상 ^{src}을 네트워크의 입력을 위한 NCHW 형식의 blob를 생성한다. blob.shape = (1, 3, 300, 300)이다.
net.setInput(blob)로 입력을 설정하고, outs = net.forward()로 네트워크의 출력 ^{outs}을 계산한다. outs.shape = (1, 1, 100, 7)이다. 100은 검출된 박스의 개수이다.

5 #4는 네트워크의 출력 outs에서 score > 0.5인 물체의 바운딩 박스를 검출하고 표시한다. detection[1]은 물체의 분류 레이블 label, detection[2]는 스코어 score, detection[3:7]은 박스 정보이다.

(a) 'dog.jpg' (b) 'person.jpg'

그림 7.4 ▷ Faster-RCNN ResNet-50: TensorFlow

예제 7.2	Faster-RCNN: ONNX

```
01  # 0702.py
02  '''
03  ref:
04  https://github.com/onnx/models/tree/master/vision/object_detection_
05  segmentation/faster-rcnn
06  '''
07
08  import cv2
09  import numpy as np
10  import onnxruntime as ort
11
12  #1
13  with open("./dnn/PreTrained/coco.names", "r") as f:
14      class_names = [line.strip() for line in f.readlines()]
15
16  COLORS = [(  0,   0, 255), (0, 255,   0), (255, 0,   0),
17           (255, 255,   0), (0, 255, 255), (255, 0, 255),
18           (255, 128, 255)]
19
20  #2
21  image_name = ['./data/dog.jpg',    './data/person.jpg',
22               './data/horses.jpg', './data/eagle.jpg']
23  src = cv2.imread(image_name[0])                    # BGR
24  height, width, channels = src.shape
```

```python
25
26  def preprocess(image):                              # BGR
27      height, width, channels = image.shape
28
29      # resize
30      ratio = 800 / min(image.shape[0], image.shape[1])
31      image =  cv2.resize(image, dsize = (int(ratio * width),
32                          int(ratio * height)),
33                          interpolation = cv2.INTER_LINEAR)
34                          # cv2.INTER_AREA, cv2.INTER_CUBIC
35
36      image = np.float32(image)
37      #print("OpenCV: image.shape=", image.shape)
38
39      # HWC -> CHW
40      image = np.transpose(image, [2, 0, 1])
41      #print("OpenCV: image.shape=", image.shape)
42
43      # normalize by ImageNet BGR mean
44      mean_vec = np.array([102.9801, 115.9465, 122.7717])
45      for i in range(3):
46          #image[i, :, :] = image[i, :, :] - mean_vec[i]
47          image[i] = image[i] - mean_vec[i]
48
49      # pad to be divisible of 32
50      import math
51      padded_h = int(math.ceil(image.shape[1] / 32) * 32)
52      padded_w = int(math.ceil(image.shape[2] / 32) * 32)
53
54      padded_image = np.zeros((3, padded_h, padded_w),
55                              dtype = np.float32)
56      padded_image[:, :image.shape[1], :image.shape[2]] = image
57      image = padded_image
58      return image
59
60  image_data = preprocess(src)
61      # image_data.shape = CHW = (3, 800, 1088)
62  #print("image_data.shape=", image_data.shape)
63
64  #3
65  sess = ort.InferenceSession("./dnn/PreTrained/FasterRCNN-10.onnx")
66  output_names = [output.name for output in sess._outputs_meta]
67  input_name = sess.get_inputs()[0].name
68
69  outs = sess.run(output_names,                       # None
70                  input_feed= {input_name: image_data})
```

```
70  boxes, labels, scores = outs
71  print("boxes.shape=",  boxes.shape)
72  print("labels.shape=", labels.shape)
73  print("scores.shape=", scores.shape)
74
75  #4
76  def display_detect_object(image, boxes, labels, scores,
77                           score_threshold = 0.6):
78      # resize boxes
79      ratio = 800/min(image.shape[0], image.shape[1])
80      boxes /= ratio
81
82      for box, label, score in zip(boxes, labels, scores):
83          if score > score_threshold:
84              x1, y1, x2, y2 = np.round(box).astype(np.int32)
85
86              color = COLORS[label%len(COLORS)]
87
88              cv2.rectangle(image, (x1, y1), (x2, y2), color, 2)
89              text = class_names[label-1] + ':' +
90                      str(np.round(score, 2))
91              cv2.putText(image, text, (x1, y1 - 10),
92                          cv2.FONT_HERSHEY_SIMPLEX,
93                          0.5, color, 2)
94
95      cv2.imshow("image", image)
96      cv2.waitKey(0)
97      cv2.destroyAllWindows()
98
99  display_detect_object(src, boxes, labels, scores)
```

▼ 프로그램 설명

1 깃허브(ref)에서 Faster R-CNN R-50-FPN의 ONNX (opset) 10의 사전 훈련 모델 ("FasterRCNN-10.onnx")을 다운로드한다. OpenCV DNN의 cv2.dnn.readNet() 로드는 오류가 발생한다. 여기서는 ONNX 실행환경 onnxruntime으로 물체를 검출한다.

2 #1은 "coco.names"에서 80개 클래스 이름을 class_names에 로드한다.

3 #2는 cv2.imread()로 영상 src을 로드한다. 영상은 BGR 영상이다. preprocess() 함수는 영상 image의 가로와 세로 중 작은 쪽을 800 크기로 고정하고, CHW 순서로 변경하고, ImageNet 평균을 뺄셈하고, 크기가 32의 배수가 되도록 패딩하여 전처리한다.
입력 영상 src을 preprocess()로 image_data에 전처리한다. 'dog.jpg' 영상은 image_data. shape = (3, 800, 1088)이다. 'person.jpg' 영상은 image_data.shape = (3, 800, 1216)이다.

4 #3은 ONNX 실행환경으로 모델을 추론한다. ort.InferenceSession()으로 "FasterRCNN-10.

onnx"을 로드하여 세션 ^{sess}을 생성한다. 출력 이름(output_names = ['6379', '6381', '6383'])과 input_feed를 설정하여 ort_sess.run()을 실행하여 모델의 출력 ^{outs}을 계산한다. 모델은 3개의 출력(boxes, labels, scores)을 갖는다. 'dog.jpg' 영상은 boxes.shape = (20, 4), labels.shape = (20,), scores.shape = (20,)이다. 'person.jpg' 영상은 boxes.shape = (7, 4), labels.shape = (7,), scores.shape = (7,)이다.

⑤ #4에서 display_detect_object() 함수는 ratio를 계산하여 boxes /= ratio로 박스의 크기를 복원하고, score > score_threshold인 바운딩 박스를 image에 출력한다.

⑥ [예제 7.1]과 같은 Faster-RCNN 모델이지만, 실제 구현이 다르기 때문에 입력을 위한 전처리 및 출력 결과가 약간 다르다.

02 Mask R-CNN

[그림 7.5]는 Kaiming He 등에 의해 제안한 Mask R-CNN(2017)의 구조이다. Faster R-CNN에 물체의 마스크 ^{mask} 영역을 예측 할 수 있는 네트워크를 추가하여, 검출된 박스 ^{localization} 내에서 마스크에 의한 물체영역 분할 $^{instance\ segmentation}$ 검출한다. Mask R-CNN은 3개의 네트워크 label prediction, bounding box prediction, mask prediction으로 구성된다. Mask R-CNN은 2-단계 물체검출이다. 1-단계는 Faster R-CNN과 같이 RPN을 이용하여 후보 영역 ^{proposals}을 생성한다. 2-단계에서는 클래스, 박스 오프셋, 각 RoI에 대해 이진 마스크를 출력한다.

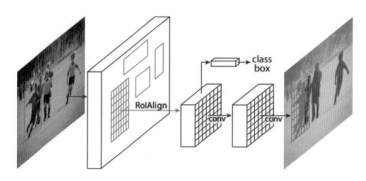

그림 7.5 ▷ Mask R-CNN 구조[ref: Kaiming He, Georgia Gkioxari, Piotr Dollar, Ross Girshick, "Mask R-CNN," arXiv:1703.06870v3]

예제 7.3	Mask-RCNN Inception v2: TensorFlow

```python
01 # 0703.py
02 '''
03 ref1:
04     https://github.com/opencv/opencv/wiki/TensorFlow-Object-Detection-API
05 ref2: https://www.pyimagesearch.com/2018/11/19/mask-r-cnn-with-opencv/
06 '''
07
08 import cv2
09 import numpy as np
10
11 #1
12 with open("./dnn/PreTrained/coco90-2017.names", "r") as f:
13     class_names = [line.strip() for line in f.readlines()]
14
15 COLORS = [(  0,   0, 255), (0, 255,   0), (255, 0,   0),
16          (255, 255,   0), (0, 255, 255), (255, 0, 255),
17          (255, 128, 255)]
18
19 #2
20 image_name = ['./data/dog.jpg',    './data/person.jpg',
21              './data/horses.jpg', './data/eagle.jpg']
22 src = cv2.imread(image_name[0])
23 H, W, C = src.shape
24
25 #3
26 #3-1
27 path = "./dnn/PreTrained/mask_rcnn_inception_v2_coco_2018_01_28/"
28 net = cv2.dnn.readNet(
29             path + "frozen_inference_graph.pb",
30             path + "mask_rcnn_inception_v2_coco_2018_01_28.pbtxt")
31
32 #3-2
33 blob = cv2.dnn.blobFromImage(src, size = (300, 300),
34                             swapRB = True, crop = False)
35 net.setInput(blob)
36 boxes, masks = net.forward(["detection_out_final",
37                            "detection_masks"])
38 print("boxes.shape = ",
39        boxes.shape)            # boxes.shape =  (1, 1, 100, 7)
40 print("masks.shape = ",
41        masks.shape)            # masks.shape  = (100, 90, 15, 15)
42
43 #4
44 dst = src.copy()
```

```python
45  for i in range(0, boxes.shape[2]):
46
47      label = int(boxes[0, 0, i, 1])
48      score =    boxes[0, 0, i, 2]
49
50      box = boxes[0, 0, i, 3:7] * np.array([W, H, W, H])
51      x1, y1, x2, y2 = box.astype("int")
52      boxW = x2 - x1
53      boxH = y2 - y1
54
55      color = np.array(COLORS[label % len(COLORS)])
56
57      if score > 0.5:
58          clone = src.copy()
59          mask = masks[i, label]
60          mask = cv2.resize(mask, (boxW, boxH),
61                            interpolation = cv2.INTER_NEAREST)
62          mask = (mask > 0.1)
63          roi = clone[y1:y2, x1:x2]
64
65          roi = roi[mask]
66          blended = ((0.4 * color) + (0.6 * roi)).astype("uint8")
67          clone[y1:y2, x1:x2][mask] = blended
68          dst[y1:y2, x1:x2][mask] = blended
69
70          color = [int(c) for c in color]
71          cv2.rectangle(clone, (x1, y1), (x2, y2), color, 2)
72          cv2.rectangle(dst,   (x1, y1), (x2, y2), color, 2)
73
74          text = "{}: {:.4f}".format(class_names[label], score)
75          cv2.putText(clone, text, (x1, y1 - 5),
76                      cv2.FONT_HERSHEY_SIMPLEX, 0.5, color, 2)
77          cv2.putText(dst, text, (x1, y1 - 5),
78                      cv2.FONT_HERSHEY_SIMPLEX, 0.5, color, 2)
79
80          cv2.imshow("Output", clone)
81          cv2.waitKey()
82
83  cv2.imshow('dst', dst)
84  cv2.waitKey()
85  cv2.destroyAllWindows()
```

▼ 프로그램 설명

1 깃허브(ref1)에서 텐서플로 사전 훈련 모델(Mask-RCNN Inception v2)의 가중치 ^{pb}와 모델 구조(*.pbtxt") 파일을 다운로드하여 OpenCV DNN 모듈로 물체를 검출한다.

2 #1은 "coco90-2017.names"에서 90개(공백 포함) 클래스 이름을 class_names에 로드한다. #2는 cv2.imread()로 영상 src을 로드한다. 영상은 BGR 영상이다.

3 #3-1은 ref1에서 다운로드한 "frozen_inference_graph.pb", "faster_rcnn_resnet50_coco_2018_01_28.pbtxt" 파일을 이용하여 cv2.dnn.readNet()로 net 객체를 생성한다.

4 #3-2는 cv2.dnn.blobFromImage()로 영상 src을 네트워크의 입력을 위한 NCHW 형식의 blob를 생성한다. blob.shape = (1, 3, 300, 300)이다. 영상 크기 size는 변경 가능하다. net.setInput(blob)로 입력을 설정하고, boxes, masks = net.forward(["detection_out_final", "detection_masks"])로 네트워크의 출력 boxes, masks을 계산한다. boxes.shape = (1, 1, 100, 7)이다. 100은 검출된 박스의 개수이다. label = int(boxes[0, 0, i, 1]), score = boxes[0, 0, i, 2], box = boxes[0, 0, i, 3:7]이다. box는 영상의 크기 np.array([W, H, W, H])로 스케일 한다. masks.shape = (100, 90, 15, 15)이다. 100은 검출된 박스, len(class_names) = 90의 각 물체종류 레이블 정보, 15×15는 마스크의 크기이다.

5 #4는 net의 출력 boxes의 각 박스에서, label, score, box를 검출하고, score > 0.5인 물체의 바운딩 박스와 마스크를 검출하고 표시한다. 각 바운딩 박스의 물체를 표시하기 위해 영상 src을 clone에 복사한다. mask = masks[i, label]로 i번째 박스 box의 레이블 label에 대한 마스크 mask를 찾고, cv2.resize()로 15×15 크기의 마스크를 박스 크기 boxW, boxH로 변환한다. 훈련된 마스크에 임계값 mask > 0.1을 적용하여 마스크를 생성한다. roi = clone[y1:y2, x1:x2]는 복사된 영상 clone에서 박스 위치의 영상을 roi에 저장한다. visMask와 instance로 마스크와 검출된 물체를 표시할 수 있다. roi = roi[mask]는 roi에서 mask = 255(물체)인 화소만 roi에 저장한다. blended = ((0.4 * color) + (0.6 * roi)).astype("uint8")는 label에 의한 color와 roi의 컬러를 혼합하여 blended를 생성한다. blended를 clone, dst에 복사한다. cv2.rectangle()로 clone, dst에 바운딩 박스를 표시하고, 물체 정보인 text를 출력한다. [그림 7.6]은 'dog.jpg' 영상에 대한 실행 결과이다. boxes.shape = (1, 1, 100, 7)로, 100개의 물체 박스가 검출된다. [그림 7.6](a)은 boxes[0, 0, 0, :], [그림 7.6](b)은 boxes[0, 0, 1, :], [그림 7.6](c)은 boxes[0, 0, 2, :]이고 [그림 7.6](d)은 검출된 모든 박스의 표시한 dst 영상이다. boxes[0, 0, 3:, :]은 score 값이 작아 검출되지 않았다.

(a) boxes[0, 0, 0, :])   (b) boxes[0, 0, 1, :])

그림 7.6 ▷ TensorFlow(Mask-RCNN Inception v2) : 'dog.jpg' 계속

(c) boxes[0, 0, 2, :])   (d): dst

그림 7.6 ▷ TensorFlow(Mask-RCNN Inception v2) : 'dog.jpg'

예제 7.4	MASK-RCNN: ONNX

```
01  # 0704.py
02  '''
03  ref:
04  https://github.com/onnx/models/tree/master/vision/object_detection_
05  segmentation/mask-rcnn
06  '''
07
08  import cv2
09  import numpy as np
10  import onnxruntime as ort
11
12  #1
13  with open("./dnn/PreTrained/coco.names", "r") as f:
14      class_names = [line.strip() for line in f.readlines()]
15
16  COLORS = [(  0,   0, 255), (0, 255,   0), (255, 0,   0),
17           (255, 255,   0), (0, 255, 255), (255, 0, 255),
18           (255, 128, 255)]
19
20  #2
21  image_name = ['./data/dog.jpg',    './data/person.jpg',
22                './data/horses.jpg', './data/eagle.jpg']
23  src = cv2.imread(image_name[1])                    # BGR
24
25  def preprocess(image):                             # BGR
26      H, W, C = image.shape
27
28      # resize
29      ratio = 800 / min(H, W)
```

```
30      image = cv2.resize(image,
31                          dsize = (int(ratio * W), int(ratio * H)),
32                          interpolation = cv2.INTER_LINEAR)
33      image = np.float32(image)
34
35      # HWC -> CHW
36      image = np.transpose(image, [2, 0, 1])
37
38      # normalize by ImageNet BGR mean
39      mean_vec = np.array([102.9801, 115.9465, 122.7717])
40      for i in range(3):
41          #image[i, :, :] = image[i, :, :] - mean_vec[i]
42          image[i] = image[i] - mean_vec[i]
43
44      # pad to be divisible of 32
45      import math
46      padded_h = int(math.ceil(image.shape[1] / 32) * 32)
47      padded_w = int(math.ceil(image.shape[2] / 32) * 32)
48
49      padded_image = np.zeros((3, padded_h, padded_w),
50                              dtype = np.float32)
51      padded_image[:, :image.shape[1], :image.shape[2]] = image
52      image = padded_image
53      return image
54
55  image_data = preprocess(src)
56
57  #3
58  sess = ort.InferenceSession("./dnn/PreTrained/MaskRCNN-10.onnx")
59  output_names = [output.name for output in sess._outputs_meta]
60  input_name = sess.get_inputs()[0].name
61
62  outs = sess.run(output_names,                    # None
63                  input_feed = {input_name: image_data})
64  boxes, labels, scores, masks = outs
65
66  print("boxes.shape=",  boxes.shape)
67  print("labels.shape=", labels.shape)
68  print("scores.shape=", scores.shape)
69  print("masks.shape=",  masks.shape)
70
71  #4
72  def display_detect_object(image, boxes, labels, scores,
73                            masks, score_threshold = 0.6):
74      dst = image.copy()
```

```
75      ratio = 800 / min(image.shape[0], image.shape[1])
76      boxes /= ratio                      # resize boxes
77
78      for box, label, score, mask in zip(boxes, labels,
79                                      scores, masks):
80          if score > score_threshold:
81              clone = image.copy()
82              x1, y1, x2, y2 = np.round(box).astype(np.int32)
83              color = COLORS[label % len(COLORS)]
84
85              boxW = x2 - x1
86              boxH = y2 - y1
87              mask = cv2.resize(mask[0], (boxW, boxH),
88                          interpolation = cv2.INTER_NEAREST)
89              mask = (mask > 0.1)
90
91              contours, hierarchy =
92                      cv2.findContours(mask.astype(np.uint8),
93                      cv2.RETR_EXTERNAL, cv2.CHAIN_APPROX_SIMPLE)
94              cv2.drawContours(clone[y1:y2, x1:x2],
95                          contours, -1, color, 3)
96
97              roi = clone[y1:y2, x1:x2]
98              roi = roi[mask]
99
100             color = np.array(color)
101             blended = ((0.4 * color) + (0.6 * roi)).astype("uint8")
102
103             clone[y1:y2, x1:x2][mask] = blended
104             dst[y1:y2, x1:x2][mask] = blended
105
106             color = [int(c) for c in color]
107             cv2.rectangle(clone, (x1, y1), (x2, y2), color, 2)
108             cv2.rectangle(dst, (x1, y1), (x2, y2), color, 2)
109
110             text = "{}: {:.4f}".format(class_names[label], score)
111             cv2.putText(clone, text, (x1, y1 - 10),
112                     cv2.FONT_HERSHEY_SIMPLEX, 0.5, color, 2)
113             cv2.putText(dst, text, (x1, y1 - 10),
114                     cv2.FONT_HERSHEY_SIMPLEX, 0.5, color, 2)
115
116             cv2.imshow("Output", clone)
117             cv2.waitKey()
118     return dst
119
```

```
120  dst = display_detect_object(src, boxes, labels, scores, masks)
121
122  cv2.imshow("dst", dst)
123  cv2.waitKey(0)
124  cv2.destroyAllWindows()
```

◢ 프로그램 설명

1 ref에서 ONNX opset 10의 사전 훈련 모델("MaskRCNN-10.onnx")을 다운로드하여 ONNX 실행환경으로 물체를 검출한다. OpenCV DNN의 cv2.dnn.readNet() 로드는 오류가 발생한다.

2 #1은 "coco.names"에서 80개 클래스 이름을 class_names에 로드한다.

3 #2는 cv2.imread()로 영상 ^{src}을 로드한다. 영상은 BGR 영상이다. preprocess() 함수는 영상 ^{image}의 가로와 세로 중에서 작은 쪽의 크기를 800으로 고정하고, CHW 순서로 변경하고, ImageNet의 평균을 뺄셈하고, 크기가 32의 배수가 되도록 패딩하여 전처리한다. 입력 영상 ^{src}을 preprocess()로 image_data에 전처리한다. 'person.jpg' 영상은 image_data. shape = (3, 800, 1216)이다.

4 #3은 ONNX 실행환경으로 모델을 추론한다. ort.InferenceSession()으로 "MaskRCNN-10. onnx"을 로드하여 세션 ^{sess}을 생성한다. 출력 이름(output_names = ['6568', '6570', '6572', '6887'])과 input_feed를 설정하여 ort_sess.run()을 실행하여 모델의 출력 ^{outs}을 계산한다. 모델은 4개의 출력 $^{boxes,\ labels,\ scores,\ masks}$을 갖는다. 'person.jpg' 영상은 boxes. shape = (10, 4), labels.shape = (10,), scores.shape = (10,), masks.shape = (10, 1, 28, 28)이다.

5 #4에서 display_objdetect_image() 함수는 [예제 7.3]과 유사하게 모델의 출력에서, label, score, box, mask를 검출하고, score > score_threshold인 물체의 바운딩 박스와 마스크를 검출하고 표시한다. cv2.findContours()로 mask.astype(np.uint8)에서 윤곽선 ^{contours}을 검출하고, cv2.drawContours()로 clone[y1:y2, x1:x2]에 윤곽선을 표시한다. [그림 7.7]은 실행 결과이다. masks의 크기가 (28, 28)로 약간 커서, [그림 7.6]보다 윤곽선을 자세히 검출한다.

(a) 'dog.jpg'   (b) 'person.jpg'

그림 7.7 ▷ ONNX("MaskRCNN-10.onnx"), score_threshold = 0.6

03 SSD Single Shot multibox Detector

[그림 7.8]은 Wei Liu 등이 제안한 VGG-16을 백본으로 하는 SSD(2015) 모델구조이다. SSD는 YOLO와 같이 한 단계 검출기 1 stage detector이다.

SSD는 서로 다른 스케일의 그리드 셀에서 다양한 디폴트 박스 default box로 물체를 검출한다. VGG-16, Inception, MobileNet 등의 다양한 백본을 사용할 수 있다. 멀티 스케일 특징맵(38×38, 19×19, 10×10, 5×5, 3×3, 1×1)에서 물체를 검출한다. 각 셀에서 스케일, 종횡비를 이용하여 다양한 모양, 크기의 디폴트 박스를 생성한다. 영상 크기가 300×300인 경우 8732($38 \times 38 \times 4 + 19 \times 19 \times 6 + 10 \times 10 \times 6 + 5 \times 5 \times 6 + 3 \times 3 \times 4 + 1 \times 1 \times 4$)개 디폴트 박스를 생성한다. 예를 들어 38×38의 각 셀에서 4개의 디폴트 박스, 19×19의 각 셀에서 6개의 디폴트 박스가 있다.

디폴트 박스를 기준으로 분류와 회귀를 적용하여 물체를 검출한다. 80개 클래스의 COCO 데이터 셋에 대한 출력은 각 박스에 대해서 분류를 위한 score = 81개(80 class + 1 background)와 바운딩 박스 오프셋 4개(dx, dy, dw, dh)를 갖는다. 전체 출력은 score = 8732×81, 박스 출력은 8732×4이다. NMS non-maximum-suppression를 적용하여 최종 출력한다.

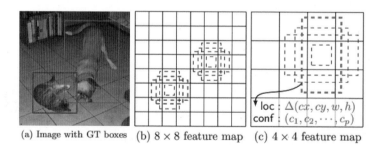

(a) Image with GT boxes   (b) 8×8 feature map   (c) 4×4 feature map

그림 7.8 ▷ SSD 네트워크 구조[ref: Wei Liu et al, "SSD: Single Shot MultiBox Detector," arXiv:1512.02325v5] 계속

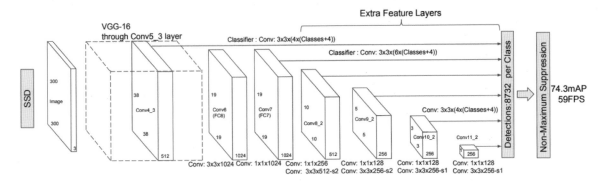

그림 7.8 ▷ SSD 네트워크 구조[ref: Wei Liu et al, "SSD: Single Shot MultiBox Detector,"
arXiv:1512.02325v5]

예제 7.5　　MobileNet-SSD v3: cv2.dnn.readNet(), net.forward()

```
01 # 0705.py
02 '''
03 ref: https://github.com/opencv/opencv/wiki/TensorFlow-Object-Detection-API
04 model: MobileNet-SSD v3(weights, config)
05 '''
06
07 import cv2
08 import numpy as np
09 #1
10 with open("./dnn/PreTrained/coco90-2017.names", "r") as f:
11     class_names = [line.strip() for line in f.readlines()]
12
13 class_names.insert(0, '')                # class_names[1] = 'person'
14
15 COLORS = [(  0,   0, 255), (0, 255,   0), (255, 0,   0),
16           (255, 255,   0), (0, 255, 255), (255, 0, 255),
17           (255, 128, 255)]
18
19 #2
20 image_name = ['./data/dog.jpg', './data/person.jpg',
21               './data/horses.jpg']
22 src = cv2.imread(image_name[0])
23 H, W, C = src.shape
24
25 #3
26 #3-1
27 path = "./dnn/PreTrained/ssd_mobilenet_v3_large_coco_2020_01_14/"
```

```
28  net = cv2.dnn.readNet(
29              path + "frozen_inference_graph.pb",
30              path + "ssd_mobilenet_v3_large_coco_2020_01_14.pbtxt")
31
32  #3-2
33  blob = cv2.dnn.blobFromImage(src, size = (320, 320),
34                               mean = (127.5, 127.5, 127.5),
35                               scalefactor = 1.0 / 127.5,
36                               swapRB = True, crop = False)
37  print("np.min(blob) = ", np.min(blob))        # -1
38  print("np.max(blob) = ", np.max(blob))        # 1
39
40  net.setInput(blob)
41  outs = net.forward()
42  print('outs.shape=', outs.shape)        # outs.shape = (1, 1, 100, 7)
43
44  #4:
45  for detection in outs[0, 0, :, :]:
46
47      label = int(detection[1])
48      score = detection[2]
49      box =   detection[3:7] * np.array([W, H, W, H])
50
51      x1, y1, x2, y2 = box.astype("int")
52      boxW = x2 - x1
53      boxH = y2 - y1
54
55      color = COLORS[label % len(COLORS)]
56
57      if score > 0.6:
58          cv2.rectangle(src, (x1, y1), (x2, y2), color, 2)
59
60          text = "{}: {:.4f}".format(class_names[label], score)
61          cv2.putText(src, text, (x1, y1 - 5),
62                      cv2.FONT_HERSHEY_SIMPLEX, 0.5, color, 2)
63
64  cv2.imshow('src', src)
65  cv2.waitKey()
66  cv2.destroyAllWindows()
```

▼ **프로그램 설명**

1 깃허브(ref)에서 사전 훈련 모델(MobileNet-SSD v3)의 모델 구조 config와 가중치 weights 파일을 다운로드하여 OpenCV DNN 모듈로 물체를 검출한다.

2 #1은 "coco90-2017.names"에서 90개(공백 포함) 클래스 이름을 class_names에 로드한다. class_names.insert(0, ' ')는 index = 0에 공백을 삽입한다. class_names[1] = 'person'이다.

③ #2는 cv2.imread()로 영상 ^{src}을 로드한다. 영상은 BGR 영상이다.

④ #3-1은 ref에서 다운로드한 가중치 파일 "frozen_inference_graph.pb"과, 모델 구조 파일 "ssd_mobilenet_v3_large_coco_2020_01_14.pbtxt"를 이용하여 cv2.dnn.readNet()로 net 객체를 생성한다. #3-2는 cv2.dnn.blobFromImage()로 영상 ^{src}을 네트워크의 입력을 위한 NCHW 형식의 blob를 생성한다. blob.shape = (1, 3, 320, 320)이다. np.min(blob) = -1, np.max(blob)) = 1로 정규화 한다.
net.setInput(blob)로 입력을 설정하고, outs = net.forward()로 네트워크의 출력 ^{outs}을 계산한다. outs.shape = (1, 1, 100, 7)이다. top-100의 물체 정보이다.

⑤ #4는 네트워크의 출력 outs에서, score > 0.6인 물체의 바운딩 박스를 검출하고 표시한다 ([그림 7.9]). detection[1]은 물체의 분류 ^{label}, detection[2]는 스코어 ^{score}, detection[3:7]은 박스 정보이다.

(a) 'dog.jpg'

(b) 'person.jpg'

그림 7.9 ▷ MobileNet-SSD v3: cv2.dnn.readNet(), score > 0.6

| 예제 7.6 | MobileNet-SSD v3: cv2.dnn_DetectionModel(), model.detect() |

```
01 # 0706.py
02 '''
03 https://github.com/NVIDIA/DeepLearningExamples/tree/master/PyTorch/
04 Detection/SSD
05 model: MobileNet-SSD v3(weights, config)
06 '''
07 import cv2
08 import numpy as np
09
10 #1
11 with open("./dnn/PreTrained/coco90-2017.names", "r") as f:
12     class_names = [line.strip() for line in f.readlines()]
13 class_names.insert(0, '')
```

```
14
15 COLORS = [(  0,   0, 255), (0, 255,   0), (255, 0,   0),
16           (255, 255,   0), (0, 255, 255), (255, 0, 255),
17           (255, 128, 255)]
18
19 #2
20 image_name = ['./data/dog.jpg', './data/person.jpg',
21               './data/horses.jpg']
22 src = cv2.imread(image_name[0])
23 H, W, C = src.shape
24
25 #3
26 #3-1
27 path = "./dnn/PreTrained/ssd_mobilenet_v3_large_coco_2020_01_14/"
28 ##net = cv2.dnn.readNet(
29 ##            path + "frozen_inference_graph.pb",
30 ##            path + "ssd_mobilenet_v3_large_coco_2020_01_14.pbtxt")
31 ##
32 ##model = cv2.dnn_DetectionModel(net)
33
34 model = cv2.dnn_DetectionModel(
35             path + "frozen_inference_graph.pb",
36             path + "ssd_mobilenet_v3_large_coco_2020_01_14.pbtxt")
37
38 #3-2
39 ##model.setInputSize(320, 320)
40 ##model.setInputScale(1.0 / 127.5)
41 ##model.setInputMean((127.5, 127.5, 127.5))
42 ##model.setInputSwapRB(True)
43 model.setInputParams(scale = 1.0/127.5,
44                      size = (320, 320),
45                      mean = (127.5, 127.5, 127.5),
46                      swapRB = True)
47
48 #3-3
49 classes, scores, boxes = model.detect(src, confThreshold = 0.6)
50
51 #4
52 for label, score, box in zip(classes.flatten(),
53                              scores.flatten(), boxes):
54
55     color = COLORS[label%len(COLORS)]
56     cv2.rectangle(src, box, color, 2)
57
58     text = "{}: {:.4f}".format(class_names[label], score)
```

```
59        cv2.putText(src, text, (box[0], box[1] - 5),
60                    cv2.FONT_HERSHEY_SIMPLEX, 0.5, color, 2)
61
62 cv2.imshow('src', src)
63 cv2.waitKey()
64 cv2.destroyAllWindows()
```

▼ **프로그램 설명**

1 [예제 7.5]를 cv2.dnn_DetectionModel()로 다시 작성한다.

2 #1은 "coco90-2017.names"에서 90개(공백 포함) 클래스 이름을 class_names에 로드한다. class_names.insert(0, ' ')는 index = 0에 공백을 삽입한다. class_names[1] = 'person'이다.

3 #3-1은 ref에서 다운로드한 가중치 파일 "frozen_inference_graph.pb"과, 모델 구조 파일 "ssd_mobilenet_v3_large_coco_2020_01_14.pbtxt"를 이용하여 cv2.dnn_Detection Model()로 모델 model을 생성한다.

#3-2는 model.setInputParams()로 scale = 1.0/127.5, size = (320, 320), mean = (127.5, 127.5, 127.5), swapRB = True의 모델 파라미터를 설정한다.

#3-3은 model.detect()로 입력 영상 src을 모델에 적용하고, 임계값 confThreshold = 0.6을 적용하여 물체 정보 classes, scores, boxes를 검출한다.

4 #4는 모델의 출력의 바운딩 박스를 표시한다. 실행 결과는 [그림 7.9]와 같다.

예제 7.7 | **SSD300 v1.1 For PyTorch**

```
01 # 0707.py
02 '''
03 ref1: https://github.com/NVIDIA/DeepLearningExamples/tree/master/PyTorch/
04 Detection/SSD
05 ref2: https://pytorch.org/docs/stable/hub.html
06 '''
07 import cv2
08 import numpy as np
09 import torch
10
11 #1
12 with open("./dnn/PreTrained/coco.names", "r") as f:
13     class_names = [line.strip() for line in f.readlines()]
14
15 COLORS = [(  0,   0, 255), (0, 255,   0), (255, 0,   0),
16          (255, 255,   0), (0, 255, 255), (255, 0, 255),
17          (255, 128, 255)]
18 #2
19 image_name = ['./data/dog.jpg',    './data/person.jpg',
20               './data/horses.jpg', './data/eagle.jpg']
```

```python
21  src = cv2.imread(image_name[0])
22
23  #3: load from torch.hub
24  #3-1:
25  ##entrypoints = torch.hub.list('pytorch/vision',
26  ##                             force_reload = True)
27  ##print(entrypoints)           # entrypoints[0] = 'alexnet'
28  ##model = torch.hub.load('pytorch/vision',
29                           entrypoints[0], pretrained = True)
30
31  ##entrypoints=torch.hub.list('NVIDIA/DeepLearningExamples:torchhub',
32  ##                            force_reload=True)
33  ##print(entrypoints)           # entrypoints[0] = 'nvidia_ssd'
34
35  #3-2
36  DEVICE = 'cuda' if torch.cuda.is_available() else 'cpu'
37  ssd_model = torch.hub.load('NVIDIA/DeepLearningExamples:torchhub',
38                             'nvidia_ssd').to(DEVICE)
39  utils = torch.hub.load('NVIDIA/DeepLearningExamples:torchhub',
40                         'nvidia_ssd_processing_utils')
41
42  #3-3
43  ##print('torch.onnx.export: start...')
44  ##dummy_input = torch.randn(1, 3, 300, 300).to(DEVICE)
45  ##torch.onnx.export(ssd_model, dummy_input, "./dnn/ssd_model.onnx")
46  ##print('torch.onnx.export: end')
47
48  #4:
49  #4-1
50  ##inputs = [utils.prepare_input(img) for img in image_name]
51      #inputs[0].shape =(300, 300, 3)
52  ##tensor = utils.prepare_tensor(inputs).to(DEVICE)
53  ##print('tensor.shape=', tensor.shape)
54      # tensor.shape=(4, 3, 300, 300)
55
56  #4-2
57  inputs = [cv2.imread(img) for img in image_name]
58  blob = cv2.dnn.blobFromImages(inputs, size = (300, 300),
59                                mean = (127.5, 127.5, 127.5),
60                                scalefactor = 1.0 / 127.5,
61                                swapRB = True, crop = False)
62  tensor=torch.Tensor(blob).to(DEVICE)
63  print('tensor.shape=', tensor.shape)
64      # tensor.shape = (4, 3, 300, 300)
65
```

```
66  #4-3
67  ##blob = cv2.dnn.blobFromImage(src, size = (300, 300),
68  ##                               mean = (127.5, 127.5, 127.5),
69  ##                               scalefactor = 1.0 / 127.5,
70  ##                               swapRB = True, crop = False)
71  ##tensor=torch.Tensor(blob).to(DEVICE)
72  ##print('tensor.shape=', tensor.shape)
73      # tensor.shape = (1, 3, 300, 300)
74
75  #5
76  #5-1
77  ssd_model.eval()
78  with torch.no_grad():
79      outs = ssd_model(tensor)        # outs = ssd_model.forward(tensor)
80
81  print("outs[0].shape=", outs[0].shape)
82      # torch.Size([tensor.shape[0], 4, 8732])
83  print("outs[1].shape=", outs[1].shape)
84      # torch.Size([tensor.shape[0], 81, 8732])
85
86  #5-2
87  results  = utils.decode_results(outs )
88  best_results = [utils.pick_best(detections, threshold = 0.5) \
89                   for detections  in results]
90  classes_to_labels = utils.get_coco_object_dictionary() # class_names
91  print('len(best_results)=',len(best_results))      # tensor.shape[0]
92
93  #5-3
94  def display_detect_object(image, boxes, labels, scores):
95      H, W, C = image.shape
96      for box, label, score in zip(boxes, labels, scores):
97          label -= 1              # 0, 1, ...
98
99          color = COLORS[label%len(COLORS)]
100
101         box =   box * np.array([W, H, W, H])
102         x1, y1, x2, y2 = box.astype("int")
103         cv2.rectangle(image, (x1, y1), (x2, y2), color, 2)
104
105         text = "{}: {:.4f}".format(class_names[label], score)
106         cv2.putText(image, text, (x1, y1-5),
107                     cv2.FONT_HERSHEY_SIMPLEX, 0.5, color, 2)
108
109 #5-4: src in #4-3
110 ##boxes, labels, scores = best_results[0]
```

```
111  ##display_detect_object(src, boxes, labels, scores)
112  ##cv2.imshow('src', src)
113  ##cv2.waitKey()
114
115  #5-5: inputs in (#4-1, #4-2)
116
117  for i in range(len(best_results)):
118      boxes, labels, scores = best_results[i]
119      display_detect_object(inputs[i], boxes, labels, scores)
120      cv2.imshow('inputs[%d]'%i, inputs[i])
121      cv2.waitKey()
122
123  cv2.destroyAllWindows()
```

▼ **프로그램 설명**

1 깃허브(ref1)에서 사전 훈련 모델(SSD300 v1.1 For PyTorch)의 PyTorch 모델을 다운로드하여 물체를 검출한다. ref2는 Pytorch에서 사용할 수 있는 사전 훈련 모델을 제공한다.

2 #1은 "coco.names"에서 80개 클래스 이름을 class_names에 로드한다.

3 #3-1의 torch.hub.list()는 Pytorch에서 사용할 수 있는 사전 훈련 모델의 리스트이다. torch.hub.load()로 모델을 로드할 수 있다.

4 #3-2는 torch.hub.load()로 ref1에서 'nvidia_ssd' 모델을 ssd_model에 다운로드하고, 전처리와 후처리를 위한 'nvidia_ssd_processing_utils'를 utils에 로드한다.

5 #3-3은 torch.onnx.export()로 로드한 모델 ssd_model을 임시 입력 dummy_input을 사용하여 ONNX("./dnn/ssd_model.onnx") 파일로 출력한다.

6 #4는 입력 영상을 이용하여 NCHW 형태의 모델 입력 텐서 tensor를 생성한다.
#4-1은 utils.prepare_input()로 image_name의 각 영상을 리스트 inputs에 로드하고, utils.prepare_tensor()를 사용하여 텐서 tensor로 변경한다. inputs[0].shape = (300, 300, 3)와 같이 각 영상은 300×300 크기, 각 화소 값은 [-1, 1] 범위로 정규화 된다.
tensor.shape = torch.Size([4, 3, 300, 300])이다.

7 #4-2는 OpenCV를 이용하여 영상을 image_name의 각 영상을 리스트 inputs에 로드하고, cv2.dnn.blobFromImages()를 사용하여 blob로 변경하고, torch.Tensor()를 이용하여 텐서 tensor로 변경한다. inputs[0].shape = (576, 768, 3)와 같이 원본영상 크기 그대로 로드한다. blob.shape = (4, 3, 300, 300)이고, 각 화소 값은 [-1, 1] 범위로 정규화된다. 텐서 tensor는 #4-1과 같이 tensor.shape = torch.Size([4, 3, 300, 300])이다.

8 #4-3은 cv2.dnn.blobFromImage()를 사용하여 하나의 영상 src을 blob로 변경하고, 텐서 tensor로 변경한다. tensor.shape = torch.Size([1, 3, 300, 300])이다.

9 #5-1은 모델 ssd_model에 입력 텐서 tensor를 적용하여 예측 출력 outs을 생성한다. len(outs) = 2이고, outs[0].shape = torch.Size([tensor.shape[0], 4, 8732])로 8732개의 박스 오프셋

이고, outs[1].shape = torch.Size([tensor.shape[0], 81, 8732])로 8732개의 박스의 COCO 데이터셋의 81(80 class + 1 background) 클래스의 scores(confidences)이다.

⑩ #5-2는 utils.decode_results()로 예측결과 outs를 results로 디코드하고, utils.pick_best()를 사용하여 threshold = 0.5를 적용하여 best_results를 생성한다.
len(best_results)은 입력 영상의 개수, tensor.shape[0]과 같다. classes_to_labels는 #1의 class_names와 같다.

⑪ #5-3에서 display_detect_object() 함수는 영상 image에 검출된 물체정보(boxes, labels, scores)를 표시한다. label -= 1은 영상 레이블을 0부터 시작하기 위함이다.

⑫ #5-4는 #4-3에서 하나의 영상 src을 이용하여 생성한 텐서 tensor를 모델에 적용했을 때의 최적의 결과 best_results[0]를 표시한다.

⑬ #5-5는 #4-1, #4-2에서 4개의 영상 리스트 inputs를 이용하여 생성한 텐서 tensor를 모델에 적용했을 때의 최적의 결과 best_results를 각 영상에 표시한다.

⑭ [그림 7.10]은 utils.pick_best(detections, threshold = 0.5)로 best_results를 검출한 결과이다. [그림 7.10](a)은 bicycle: 0.6180, dog: 0.8866, car: 0.5314, truck: 0.6046로 검출한다. [그림 7.10](b)은 cow: 0.5967, cow: 0.8476, horse: 0.8530로 검출한다.

| (a) 'dog.jpg' | (b) 'horses.jpg' |

그림 7.10 ▷ SSD300 v1.1 For PyTorch: threshold=0.5

| 예제 7.8 | SSD300 v1.1 For PyTorch: "ssd_model.onnx" |

```
01  # 0708.py
02  '''
03  ref1: https://github.com/NVIDIA/DeepLearningExamples/tree/master/PyTorch/
04  Detection/SSD/ssd/utils.py
05  ref2: https://github.com/kuangliu/pytorch-ssd/blob/master/encoder.py
06  ref3: https://github.com/rbgirshick/fast-rcnn/blob/master/lib/utils/nms.py
07  ref4: https://learnopencv.com/non-maximum-suppression-theory-and-implementa
08  tion-in-pytorch/
09  '''
```

```
10  import cv2
11  import numpy as np
12  import itertools
13
14  #1
15  #1-1
16  with open("./dnn/PreTrained/coco.names", "r") as f:
17      class_names = [line.strip() for line in f.readlines()]
18
19  COLORS = [(  0,   0, 255), (0, 255,   0), (255, 0,   0),
20           (255, 255,   0), (0, 255, 255), (255, 0, 255),
21           (255, 128, 255)]
22
23  #1-2
24  image_name = ['./data/dog.jpg', './data/person.jpg',
25                './data/horses.jpg']
26  src = cv2.imread(image_name[0])
27  height, width, channels = src.shape
28
29  #2
30  #2-1
31  net = cv2.dnn.readNet("./dnn/ssd_model.onnx")   # [예제 7.7], #3-3
32  model = cv2.dnn_DetectionModel(net)
33
34  #2-2
35  #model.setInputParams(scale = 1 / 255, size = (300, 300),
36                  swapRB = True)
37  model.setInputParams(scale = 1 / 127.5, size = (300, 300),
38                  mean = (127.5, 127.5, 127.5), swapRB = True)
39  outs = model.predict(src)
40
41  #2-3
42  ##blob = cv2.dnn.blobFromImage(image = src, scalefactor = 1 / 127.5,
43  ##                          size= (300, 300),
44  ##                          mean = (127.5, 127.5, 127.5),
45  ##                          swapRB = True)
46  ##net.setInput(blob)
47  ##
48  ##out_layer_names = net.getUnconnectedOutLayersNames()
49  ##print('out_layer_names=', out_layer_names)    # ('645', '646')
50  ##outs = net.forward(out_layer_names)
51      # out_layer_names[:1], out_layer_names[:2]
52
53  print('len(outs)=', len(outs))              #2
54  print("outs[0].shape=", outs[0].shape)      # (1, 4, 8732)
55  print("outs[1].shape=", outs[1].shape)      # (1, 81, 8732)
```

```
56  #3: ref1(utils.py), ref2
57  #3-1
58  class DefaultBoxes(object):
59      def __init__(self, fig_size, feat_size, steps, scales,
60                   aspect_ratios, scale_xy = 0.1, scale_wh = 0.2):
61
62          self.feat_size = feat_size
63          self.fig_size = fig_size
64
65          self.scale_xy_ = scale_xy
66          self.scale_wh_ = scale_wh
67
68          # According to https://github.com/weiliu89/caffe
69          # Calculation method slightly different from paper
70          self.steps = steps
71          self.scales = scales
72
73          fk = fig_size / np.array(steps)
74          self.aspect_ratios = aspect_ratios
75
76          self.default_boxes = []
77          # size of feature and number of feature
78          for idx, sfeat in enumerate(self.feat_size):
79
80              sk1 = scales[idx] / fig_size
81              sk2 = scales[idx + 1] / fig_size
82              sk3 = np.sqrt(sk1 * sk2)
83              all_sizes = [(sk1, sk1), (sk3, sk3)]
84
85              for alpha in aspect_ratios[idx]:
86                  w, h = sk1 * np.sqrt(alpha), sk1 / np.sqrt(alpha)
87                  all_sizes.append((w, h))
88                  all_sizes.append((h, w))
89              for w, h in all_sizes:
90                  for i, j in itertools.product(range(sfeat),
91                                                repeat = 2):
92                      cx, cy = (j + 0.5) / fk[idx], (i + 0.5) / fk[idx]
93                      self.default_boxes.append((cx, cy, w, h))
94
95          #self.dboxes = torch.tensor(self.default_boxes,
96          #                           dtype = torch.float)
97          #self.dboxes.clamp_(min = 0, max = 1)
98
99          self.dboxes = np.float32(self.default_boxes)
100         self.dboxes.clip(min = 0, max = 1)
```

```
101         # For IoU calculation
102         #self.dboxes_ltrb = self.dboxes.clone()
103         self.dboxes_ltrb = self.dboxes.copy()
104
105         self.dboxes_ltrb[:, 0] = self.dboxes[:, 0] - 0.5 *
106                               self.dboxes[:, 2]
107         self.dboxes_ltrb[:, 1] = self.dboxes[:, 1] - 0.5 *
108                               self.dboxes[:, 3]
109         self.dboxes_ltrb[:, 2] = self.dboxes[:, 0] + 0.5 *
110                               self.dboxes[:, 2]
111         self.dboxes_ltrb[:, 3] = self.dboxes[:, 1] + 0.5 *
112                               self.dboxes[:, 3]
113
114     @property
115     def scale_xy(self):
116         return self.scale_xy_
117
118     @property
119     def scale_wh(self):
120         return self.scale_wh_
121
122     def __call__(self, order = "ltrb"):
123         if order == "ltrb": return self.dboxes_ltrb
124         if order == "xywh": return self.dboxes
125
126 #3-2
127 def dboxes300_coco():
128     figsize = 300
129     feat_size = [38, 19, 10, 5, 3, 1]
130     steps = [8, 16, 32, 64, 100, 300]
131     # use the scales here:
132     # https://github.com/amdegroot/ssd.pytorch/blob/master/data/config.py
133     scales = [21, 45, 99, 153, 207, 261, 315]
134     aspect_ratios = [[2], [2, 3], [2, 3], [2, 3], [2], [2]]
135     dboxes = DefaultBoxes(figsize, feat_size, steps,
136                         scales, aspect_ratios)
137     return dboxes
138
139 #4:
140 #4-1: ref5
141 def _softmax(x, axis = -1, t = -100.):        # ref5
142     x = x - np.max(x)
143     if np.min(x) < t:
144         x = x/np.min(x)*t
145     e_x = np.exp(x)
146     return e_x / e_x.sum(axis, keepdims = True)
```

```
147
148  #4-2: ref1(utils.py), ref2
149  class Encoder(object):
150      def __init__(self, dboxes):
151          self.dboxes = dboxes(order = "ltrb")
152          #self.dboxes_xywh =
153          #    dboxes(order = "xywh").unsqueeze(dim = 0)        # KDK
154          self.dboxes_xywh =
155                  np.expand_dims(dboxes(order = "xywh"), axis = 0)
156          print("self.dboxes.shape=", self.dboxes.shape)
157          #self.nboxes = self.dboxes.size(0)
158          self.nboxes = self.dboxes.shape[0]                   # KDK
159          self.scale_xy = dboxes.scale_xy
160          self.scale_wh = dboxes.scale_wh
161
162  #4-3
163      def scale_back_batch(self, bboxes_in, scores_in):
164          """
165              Do scale and transform from xywh to ltrb
166              suppose input Nx4xnum_bbox Nxlabel_numxnum_bbox
167          """
168  ## KDK
169          bboxes_in = bboxes_in.transpose([0, 2, 1])           # KDK
170          scores_in = scores_in.transpose([0, 2, 1])           # KDK
171
172          bboxes_in[:, :, :2] = self.scale_xy * bboxes_in[:, :, :2]
173          bboxes_in[:, :, 2:] = self.scale_wh * bboxes_in[:, :, 2:]
174
175          bboxes_in[:, :, :2] =
176              bboxes_in[:, :, :2] * self.dboxes_xywh[:, :, 2:] +\
177                              self.dboxes_xywh[:, :, :2]
178          bboxes_in[:, :, 2:] = np.exp(bboxes_in[:, :, 2:]) * \
179                              self.dboxes_xywh[:, :, 2:]
180          #bboxes_in[:, :, 2:] = bboxes_in[:, :, 2:].exp() * \
181          #                  self.dboxes_xywh[:, :, 2:]         # KDK
182
183          # Transform format to ltrb
184          l, t, r, b = bboxes_in[:, :, 0] - 0.5 * bboxes_in[:, :, 2],\
185                      bboxes_in[:, :, 1] - 0.5 * bboxes_in[:, :, 3],\
186                      bboxes_in[:, :, 0] + 0.5 * bboxes_in[:, :, 2],\
187                      bboxes_in[:, :, 1] + 0.5 * bboxes_in[:, :, 3]
188
189          bboxes_in[:, :, 0] = l
190          bboxes_in[:, :, 1] = t
191          bboxes_in[:, :, 2] = r
```

```
192    bboxes_in[:, :, 3] = b
193    #return bboxes_in, F.softmax(scores_in, dim = -1)
194    return bboxes_in, _softmax(scores_in)         # KDK
195
196 #4-4: KDK modify decode_batch() in ref2
197    def decode(self, bboxes_in, scores_in, score_threshold = 0.3,
198            nms_threshold = 0.7, nms = True):
199        bboxes, probs = self.scale_back_batch(bboxes_in, scores_in)
200        #print("bboxes.shape=", bboxes.shape)         # (1, 8732, 4)
201        #print("probs.shape=", probs.shape)           # (1, 8732, 81)
202        bboxes_out = []
203        scores_out = []
204        labels_out = []
205
206        bboxes = bboxes.squeeze(0)                    # (8732, 4)
207        probs  =  probs.squeeze(0)                    # (8732, 81)
208        for bbox, prob in zip(bboxes, probs):
209            prob = prob[1:]                          # 0: back ground
210            class_id    = np.argmax(prob)
211            class_score = prob[class_id]
212            if class_score > score_threshold:
213                bboxes_out.append(bbox)
214                scores_out.append(float(class_score))
215                labels_out.append(class_id)
216        bboxes_out= np.array(bboxes_out)
217        scores_out= np.array(scores_out)
218        labels_out= np.array(labels_out)
219        if nms:
220            indices = self.nms(bboxes_out, scores_out,
221                             nms_threshold)
222            #print("indices=", indices)
223            bboxes_out = bboxes_out[indices]
224            scores_out = scores_out[indices]
225            labels_out = labels_out[indices]
226        return bboxes_out, scores_out, labels_out
227
228 #4-5: ref3, ref4
229    def nms(self, boxes, scores, thresh):
230        # NMS(non-maximum-suppression)
231        '''
232        boxes:  (n, 4)
233        scores: (n, )
234        '''
235        x1 = boxes[:, 0]
236        y1 = boxes[:, 1]
```

```
237        x2 = boxes[:, 2]
238        y2 = boxes[:, 3]
239
240        areas = (x2 - x1 + 1) * (y2 - y1 + 1)
241        order = scores.argsort()[::-1]
242            # get boxes with more ious first
243
244        keep = []
245        while order.size > 0:
246            i = order[0]                    # pick maxmum iou box
247            keep.append(i)
248            xx1 = np.maximum(x1[i], x1[order[1:]])
249            yy1 = np.maximum(y1[i], y1[order[1:]])
250            xx2 = np.minimum(x2[i], x2[order[1:]])
251            yy2 = np.minimum(y2[i], y2[order[1:]])
252
253            w = np.maximum(0.0, xx2 - xx1 + 1)     # maximum width
254            h = np.maximum(0.0, yy2 - yy1 + 1)     # maxiumum height
255            inter = w * h
256            ovr = inter / (areas[i] + areas[order[1:]] - inter)
257
258            inds = np.where(ovr <= thresh)[0]
259            order = order[inds + 1]
260        return np.array(keep)
261
262 #4-6:
263 dboxes = dboxes300_coco()
264 encoder = Encoder(dboxes)
265
266 #5: experiments
267 #5-1:
268 def display_detect_boxes(img, boxes, scores, labels):
269     height, width, channels = img.shape
270     dst = img.copy()
271     for (classid, score, _box) in zip(labels, scores, boxes):
272         box = _box.copy()
273         box[0] = box[0] * width
274         box[1] = box[1] * height
275         box[2] = box[2] * width
276         box[3] = box[3] * height
277         x1, y1, x2, y2 = np.int32(box)
278
279         color = COLORS[classid%len(COLORS)]
280         text = "%s : %f" % (class_names[classid], score)
281         cv2.rectangle(dst, (x1, y1), (x2, y2), color, 2)
```

```
282          cv2.putText(dst, text, (x1, y1 - 10),
283                     cv2.FONT_HERSHEY_SIMPLEX, 0.5, color, 2)
284     return dst
285
286 #5-2: nms = False
287 pred_boxes, pred_scores = model.predict(src)        # outs
288 boxes, scores, labels =
289         encoder.decode(pred_boxes, pred_scores, nms = False)
290 #print("boxes.shape=", boxes.shape)
291 #print("scores.shape=", scores.shape)
292 #print("labels.shape=", labels.shape)
293
294 dst = display_detect_boxes(src, boxes, scores, labels)
295 cv2.imshow("nms=False", dst)
296
297 #5-3: nms = True
298 pred_boxes, pred_scores = model.predict(src)        # outs
299 boxes, scores, labels = encoder.decode(pred_boxes, pred_scores)
300     #  nms=True
301 dst = display_detect_boxes(src, boxes, scores, labels)
302 cv2.imshow("nms=True", dst)
303
304 #5-4: nms = False, cv2.dnn.NMSBoxes()
305 pred_boxes, pred_scores = model.predict(src)        # outs
306 boxes, scores, labels =
307         encoder.decode(pred_boxes, pred_scores, nms = False)
308
309 indices = cv2.dnn.NMSBoxes(boxes, scores, score_threshold = 0.3,
310                           nms_threshold = 0.7)
311 print("indices.shape=", indices.shape)
312 boxes = boxes[indices]
313 scores = scores[indices]
314 labels = labels[indices]
315
316 dst = display_detect_boxes(src, boxes, scores, labels)
317 cv2.imshow("cv2.dnn.NMSBoxes", dst)
318 cv2.waitKey(0)
319 cv2.destroyAllWindows()
```

▼ 프로그램 설명

1 사전 훈련 모델(SSD300 v1.1 For PyTorch)에 대한 [예제 7.7]의 #3-3에서 ONNX로 저장한 "ssd_model.onnx" 모델을 OpenCV DNN 모듈로 로드하여 물체를 검출한다. #1-1은 "coco. names"에서 80개 클래스 이름을 class_names에 로드한다. #1-2는 src에 영상을 읽는다.

2 #2-1은 v2.dnn_DetectionModel("./dnn/ssd_model.onnx")로 모델을 생성한다.

#2-2는 model.setInputParams()로 scale = 1.0 / 127.5, mean = (127.5, 127.5, 127.5), size = (300, 300), swapRB = True의 모델 파라미터를 설정한다. 모델의 입력 영상은 300×300 크기, 각 화소 값은 [-1, 1] 범위로 정규화 된다. model.predict(src)로 입력 영상의 모델 출력 outs를 계산한다.

#2-3은 #2-1에서 net = cv2.dnn.readNet()으로 로드한 경우, v2.dnn.blobFromImage()로 입력 영상 src의 blob를 생성하고, net.setInput(blob)로 입력을 설정하고, net.forward()로 출력층 out_layer_names의 결과를 계산한다.

3 #3 ref1의 'utils.py' 파일에서 DefaultBoxes 클래스를 파이토치 텐서 부분을 numpy로 일부 변경했다. #3-1의 DefaultBoxes는 SSD의 디폴트 박스를 생성한다.

#3-2의 dboxes300_coco() 함수는 DefaultBoxes()로 영상 크기가 300×300에서 멀티 스케일 특징맵(38×38, 19×19, 10×10, 5×5, 3×3, 1×1)에 대한 8,732개의 디폴트 박스를 생성 반환한다.

4 #4-1의 _softmax()는 소프트맥스 함수이다.

#4-2는 ref1의 'utils.py' 파일의 Encoder 클래스를 수정한다. 파이토치 텐서를 numpy로 변경 하였다. #4-3의 scale_back_batch() 메서드는 박스를 스케일하고, xywh 형식을 ltrb 형식으로 변경하고, 스코어는 소프트맥스를 수행한다.

5 #4-3의 decode() 메서드는 ref1의 'utils.py' 파일의 Encoder 클래스의 decode_batch() 메서드를 참고하여, bboxes_in, scores_in의 1개의 배치로부터, bboxes_out, scores_out, labels_out를 계산하여 반환한다.

6 #4-5의 nms()메서드로 NMS non-maximum-suppression 처리하여 중복을 제거한다(ref3).

7 #4-6은 dboxes300_coco() 함수로 영상 크기가 300×300에서 멀티 스케일 특징맵에 대한 8,732개의 디폴트 박스를 dboxes에 생성한다. dboxes.dboxes.shape = (8732, 4)이다. encoder = Encoder(dboxes)로 SSD 모델의 출력 outs으로부터 바운딩 박스, 스코어, 레이블을 추출하기 위한 Encoder 객체 encoder를 생성한다.

8 #5-1의 display_detect_boxes()는 boxes, scores, labels를 영상에 표시하여 반환한다.

9 #5-2는 model.predict(src)의 출력(pred_boxes, pred_scores)을 계산한다. encoder. decode()에서 nms = False로 NMS 적용하지 않고 바운딩 박스 boxes, 스코어 scores, 레이블 labels로 변환하여 검출한다. display_detect_boxes()로 검출된 물체를 영상에 표시하고 화면에 보인다([그림 7.11](a)).

10 #5-3은 encoder.decode()에서 nms = True로 NMS 적용하여 박스(boxes), 스코어(scores), 레이블(labels)로 변환하여 검출한다. display_detect_boxes()로 검출된 물체를 영상에 표시하 고 화면에 보인다([그림 7.11](b)).

11 #5-4는 모델의 출력(pred_boxes, pred_scores)을 encoder.decode()에서 nms = False로 NMS 적용하지 않고 바운딩 박스 boxes, 스코어 scores, 레이블 labels로 변환하고, cv2.dnn. NMSBoxes(score_threshold = 0.3, nms_threshold = 0.7)로 NMS 적용하여 indices를 계산

하고, boxes = boxes[indices], scores = scores[indices], labels = labels[indices]로 중복
제거하여 결과를 검출한다([그림 7.11](c)). score_threshold는 작을수록 많은 박스가 검출
되고, 박스 중복 허용 nms_threshold는 클수록 많은 박스를 검출한다.

⑫ [그림 7.11]은 'dog.jpg' 영상의 실행 결과이다. [그림 7.11](a)은 #5-2의 encoder.decode()
에서 nms = False로 많은 중복 박스를 검출한다. [그림 7.11](b)은 #5-3의 encoder.decode()
에서 score_threshold = 0.3, nms_threshold = 0.7, nms = True)로 중복을 제거하여 검출
한다. [그림 7.11](c)은 #5-4의 encoder.decode()에서 nms = False로 중복 박스를 검출한
다음에 cv2.dnn.NMSBoxes(score_threshold = 0.3, nms_threshold = 0.7)로 NMS 적용
하여 검출한 결과로 [그림 7.11](b)과 같다.

(a) #5-2: nms = False

(b) #5-3: nms = True   (c) #5-4: cv2.dnn.NMSBoxes()

그림 7.11 ▷ SSD300: "ssd_model.onnx"